"十四五"职业教育国家规划教材

机械CAD/CAM
——CAXA制造工程师实用教程
（第2版）

主　编　范　军　吴泽军　胥　进
副主编　赵和平　赵　波　郑　勇　黄万华
主　审　陈德航

北京理工大学出版社
BEIJING INSTITUTE OF TECHNOLOGY PRESS

内容简介

本书是根据教育部最新颁布的专业教学标准,并参照相关的最新国家职业技能标准和行业职业技能鉴定规范中的有关要求编写而成的。本书以 CAXA 制造工程师软件为教学对象,内容包括 CAD/CAM 基础知识、二维图形绘制、线架造型实例、曲面造型及编辑、实体造型及编辑、数控加工六个项目。

本书选题经典、内容精练、点面结合、深入浅出、启发性强,特别适合职业院校学生学习;可作为职业院校机电、数控技术应用专业及相关专业的教学用书,还可作为相关行业的岗位培训教材及自学用书。

版权专有　侵权必究

图书在版编目(CIP)数据

机械CAD/CAM / 范军, 吴泽军, 胥进主编. -- 2版
. -- 北京:北京理工大学出版社, 2019.10(2024.1重印)
CAXA制造工程师实用教程
ISBN 978-7-5682-7770-9

Ⅰ.①机… Ⅱ.①范… ②吴… ③胥… Ⅲ.①机械设计-计算机辅助设计-应用软件-职业技能-鉴定-教材
②机械制造-计算机辅助制造-职业技能-鉴定-教材
Ⅳ.①TH122 ②TH164

中国版本图书馆 CIP 数据核字(2019)第 239888 号

责任编辑: 陆世立		**文案编辑:** 陆世立	
责任校对: 周瑞红		**责任印制:** 边心超	

出版发行 / 北京理工大学出版社有限责任公司
社　　址 / 北京市丰台区四合庄路 6 号
邮　　编 / 100070
电　　话 / (010)68914026(教材售后服务热线)
　　　　　　(010)68944437(课件资源服务热线)
网　　址 / http://www.bitpress.com.cn
版 印 次 / 2024 年 1 月第 2 版第 6 次印刷
印　　刷 / 定州启航印刷有限公司
开　　本 / 787 mm×1092 mm　1/16
印　　张 / 15
字　　数 / 350 千字
定　　价 / 43.00 元

图书出现印装质量问题,请拨打售后服务热线,负责调换

前　言

党的二十大报告提出："推动战略性新兴产业融合集群发展，构建新一代信息技术、人工智能、生物技术、新能源、新材料、高端装备、绿色环保等一批新的增长引擎。""统筹职业教育、高等教育、继续教育协同创新，推进职普融通、产教融合、科教融汇，优化职业教育类型定位。"CAXA软件是国产CAD/CAM软件的典范，也是赋能智能制造的典范。本书根据教育部颁布的《中等职业学校专业教学标准》，并参照相关的最新国家职业技能标准和行业职业技能鉴定规范中的有关要求编写而成。

本书按照职业教育"专业与产业、职业岗位对接，专业课程内容与职业标准对接，教学过程与生产过程对接，学历证书与职业资格证书对接，职业教育与终身学习对接"的职教理念为指导思想，针对学生知识基础，吸收企业、行业专家、高职院校专家意见，结合中等职业教育培养目标和教学实际需求，特别针对中等职业学生学习基础较差、理性认识较差、感性认识较强的特点，遵循由浅入深、由易到难、由简易到复杂的循序渐进规律编写而成。编写中，形成了以下职教特色：

（1）以"工作过程系统化"为导向，以"任务驱动、行动导向"为指导思想，利用任务载体来承载和组织教学内容，知识围绕任务载体搭建，技能围绕任务载体实施。

（2）教学内容充实，教学内容源于生产实际，精心选择和设计教学载体，利用源于企业实际的载体来组织教学和承载技能与知识，排序合理，符合学生的认知规律，知识结构由易到难、由简到繁，再到综合应用。

（3）教学形式新颖，教学过程实行任务驱动，实现了教学过程与工作过程相融合，在内容清晰、强调基本功扎实的同时，又将理论与实践相结合。

（4）选题经典、内容精练、点面结合、深入浅出、启发性强，特别适合中等职业学校学生学习。

（5）参与编写的都是从事多年中职学校教学的一线骨干教师、企业一线技师、企业专家，编者经验丰富，了解学生，能很好地把握知识的重点、难点，并能很好地结合实际操作进行教学。

本书以项目为载体，以任务为驱动，建议教师在上课时可以采用分组式教学，小组内可以进行成员任务分配，让课堂气氛更加活跃。教学中以理论为辅，实训为主，坚持"做中学，学中做"，掌握得更加牢固。前面简单的项目可以上连堂课，2至4节课时为宜，后面有难度的项目可以参考工作单的课时。

本书以四川职业技术学院为主任单位，联合包括首批国家改革发展示范中职学校四川省射洪市职业中专学校等多所中等职业学校的骨干教师、企业专家编写而成。四川职业技术学院承担了四川省教育体制改革试点项目"构建终身教育体系与人才培养立交桥，全面提升职业院校社会服务能力"的探索与研究，积极搭建中高职衔接互通立交桥。构建中高职衔接教材体系，既满足中等职业院校学生在技能方面的培养需求，也能满足学生在升入高等职业院校学习时对于专业理论知识的需要。

本书由四川职业技术学院范军教授、遂宁市船山职业技术学校、遂宁市"吴泽军机械加工技能大师工作室"领衔人吴泽军老师，省特级教师胥进老师担任主编，邀请企业专家、技师黄万华参与，参与编写的还有赵和平、赵波和郑勇老师，冯垒鑫、王媛和何露老师对本书的编写提供了大量的帮助。全书由陈德航老师主审。

由于编者学识和水平所限，本书难免存在不足和疏漏之处，恳请广大读者批评指正。

编　者

目 录

▲项目一　CAD/CAM 基础知识 ····· 1
学习目的 ····· 1
任务一　CAD/CAM 的基本概念 ····· 1
一、CAD/CAM 的概念 ····· 1
二、CAD/CAM 技术的基本特点 ····· 2
三、CAD/CAM 技术在机械制造行业中的发展趋势 ····· 3
任务二　数控铣削基础知识 ····· 4
一、数控铣削的特点及工艺范围 ····· 4
二、数控铣削加工的安全生产要求和操作规程 ····· 4
三、铣削加工刀具 ····· 5
四、平口钳的工作原理及注意事项 ····· 6
五、数控铣床编程指令 ····· 8
任务三　CAXA 制造工程师基础知识 ····· 10
一、认识 CAXA 制造工程师 ····· 10
二、CAXA 制造工程师的基本操作 ····· 11
课后习题及上机操作训练 ····· 15

▲项目二　二维图形绘制 ····· 16
学习目的 ····· 16
任务一　曲线生成 ····· 16
一、点的绘制 ····· 16
二、直线的绘制 ····· 18
三、圆的绘制 ····· 20
四、圆弧的绘制 ····· 22
五、矩形的绘制 ····· 24
六、椭圆的绘制 ····· 25
七、样条曲线的绘制 ····· 26
八、等距线的绘制 ····· 27

九、正多边形的绘制 ………………………………………………… 28
　　十、其他曲线的绘制 ………………………………………………… 29
　任务二　曲线编辑 …………………………………………………………… 31
　　一、曲线裁剪 ………………………………………………………… 31
　　二、曲线过渡 ………………………………………………………… 32
　　三、曲线打断、组合、拉伸 ………………………………………… 34
　任务三　几何变换 …………………………………………………………… 36
　　一、平移 ……………………………………………………………… 36
　　二、旋转 ……………………………………………………………… 38
　　三、镜像 ……………………………………………………………… 39
　　四、阵列 ……………………………………………………………… 42
　　五、缩放 ……………………………………………………………… 43
　任务四　二维图形绘制综合实例 …………………………………………… 45
　　一、完成图 2-41 二维图形吊钩的绘制 …………………………… 45
　　二、完成图 2-46 二维图形电话座机的绘制 ……………………… 47
　课后习题及上机操作训练 …………………………………………………… 49

▲项目三　线架造型实例 ……………………………………………………… 52

　学习目的 ……………………………………………………………………… 52
　任务一　一般几何体线架结构的绘制 ……………………………………… 52
　　一、完成图 3-1 所示长方体线架结构的绘制 …………………… 52
　　二、完成图 3-3 所示六棱柱线架结构的绘制 …………………… 53
　　三、完成图 3-5 所示正六棱锥线架结构的绘制 ………………… 54
　任务二　典型零件线架结构的绘制 ………………………………………… 55
　　一、完成图 3-7 所示组合体零件线架结构的绘制 ……………… 55
　　二、完成图 3-13 所示换向联结器线架结构的绘制 …………… 58
　课后习题及上机操作训练 …………………………………………………… 64

▲项目四　曲面造型及编辑 …………………………………………………… 67

　学习目的 ……………………………………………………………………… 67
　任务一　曲面的生成 ………………………………………………………… 67
　　一、直纹面的绘制 …………………………………………………… 67

二、旋转面 ··· 68
　　三、扫描面 ··· 69
　　四、导动面 ··· 70
　　五、等距面 ··· 72
　　六、平面 ·· 73
　　七、边界面 ··· 76
　　八、放样面 ··· 77
　　九、网格面 ··· 78
　　十、实体表面 ·· 79
任务二　曲面的编辑 ··· 80
　　一、曲面裁剪 ·· 80
　　二、曲面过渡 ·· 82
　　三、曲面拼接 ·· 85
　　四、曲面缝合 ·· 86
　　五、其他曲面编辑方式 ·· 87
任务三　曲面造型综合实例 ·· 88
　　一、完成图 4-39 曲面模型的绘制 ···································· 88
　　二、完成图 4-42 所示罩壳曲面模型的绘制 ······················· 89
　　三、完成图 4-48 所示笔筒曲面模型的绘制 ······················· 91
课后习题及上机操作训练 ··· 94

▲项目五　实体造型及编辑 ·· 96

　学习目的 ·· 96

任务一　草图绘制 ··· 96
　　一、基准平面 ·· 96
　　二、草图 ·· 98
任务二　特征生成 ··· 99
　　一、拉伸增料 ··· 100
　　二、拉伸除料 ··· 101
　　三、旋转增料 ··· 104
　　四、旋转除料 ··· 107
　　五、放样增料 ··· 110
　　六、放样除料 ··· 112

七、导动增料 ………………………………………………………………… 114
　　八、导动除料 ………………………………………………………………… 118
　　九、曲面加厚 ………………………………………………………………… 121
　　十、曲面裁剪除料 …………………………………………………………… 127
任务三　实体编辑 ………………………………………………………………… 129
　　一、过渡 ……………………………………………………………………… 129
　　二、倒角 ……………………………………………………………………… 130
　　三、筋板 ……………………………………………………………………… 131
　　四、抽壳 ……………………………………………………………………… 133
　　五、拔模 ……………………………………………………………………… 134
　　六、打孔 ……………………………………………………………………… 135
　　七、线性阵列 ………………………………………………………………… 135
　　八、环形阵列 ………………………………………………………………… 136
任务四　实体造型综合实例 …………………………………………………… 138
　　一、完成图 5-114 所示实体圆环的造型 …………………………………… 138
　　二、完成图 5-120 所示风扇轮的造型 ……………………………………… 140
　　三、完成图 5-143 所示槽轴的造型 ………………………………………… 146
课后习题及上机操作训练 ……………………………………………………… 150

▲项目六　数控加工　　156

　学习目的 …………………………………………………………………………… 156
任务一　基本知识 ………………………………………………………………… 156
　　一、CAXA 制造工程师实现数控加工的过程 ……………………………… 156
　　二、铣加工 …………………………………………………………………… 156
　　三、工件坐标系 ……………………………………………………………… 156
　　四、轮廓、区域和岛 ………………………………………………………… 157
　　五、刀具 ……………………………………………………………………… 157
　　六、编程初始设置 …………………………………………………………… 157
　　七、刀具相对于加工边界的位置 …………………………………………… 158
任务二　常用加工编程方式案例 ……………………………………………… 158
　　一、完成 100 mm × 100 mm × 50 mm 长方体上表面的平面铣削程序编制（图 6-5） 158
　　二、完成凸模零件部分铣削程序的编制（图 6-20） ……………………… 162

三、完成型芯零件部分铣削程序的编制（图6-34） ········· 166
四、完成车轮零件部分铣削程序的编制（图6-49） ········· 171
五、完成槽类零件的部分铣削程序的编制（图6-65） ········ 176
六、完成槽类零件钻孔程序的编制（图6-82） ············ 181
七、完成零件倒圆角的加工（图6-92） ················ 184
八、完成灯罩凹模型腔的粗加工（图6-104） ············· 187
九、用等高精加工完成旋转曲面内部的精铣（图6-120） ······· 192
十、用参数线精加工完成图6-120的旋转曲面内部的精铣 ······· 196
十一、用四轴平切面加工编写 $\phi30$ mm 圆柱面加工程序（图6-146） ·· 199
十二、用四轴柱面曲线加工完成图6-146弧形腰槽的编程 ······· 203

任务三　数控编程综合案例 ················· 207
一、零件图纸（图6-169） ······················ 207
二、零件分析 ···························· 207
三、制定第二次装夹的加工工艺卡片（表6-1） ············ 209
四、第二次装夹粗加工程序编制 ···················· 210

课后习题及上机操作训练 ························ 224

▲参考文献 ······························ 228

项目一 CAD/CAM 基础知识

本项目将介绍 CAD/CAM 的基础知识，通过对 CAD/CAM 技术特点的了解，有效地辅助设计人员进行产品的构想和模型的构建、工程分析计算和优化。

学习目的

1. 了解 CAD/CAM 的基本概念，树立科技报国的远大理想，坚定科技强国的信念；
2. 熟记数控铣的安全操作规程，收集数控加工安全事故，思考如何避免安全事故、树立珍爱生命的思想；
3. 掌握数控铣削常用编程指令；
4. 熟悉 CAXA 制造工程师 2016 软件工作界面；
5. 熟记 CAXA 制造工程师 2016 软件常用热键。

任务一 CAD/CAM 的基本概念

CAD/CAM 技术是随着信息技术的发展而形成的一门新技术，它的应用和发展引起了社会和生产的巨大变革，因此 CAD/CAM 技术被视为 20 世纪最杰出的工程成就之一。目前，CAD/CAM 技术广泛应用于机械、电子、航空、航天、船舶和轻工等各领域，它的应用水平已成为衡量一个国家技术发展水平及工业现代化水平的重要标志。

一、CAD/CAM 的概念

CAD 和 CAM 最初是两个独立发展的分支，随着它们的推广与使用，两者之间相互依存关系越来越紧密，设计系统只有配合数控加工，才能充分显示其巨大的优越性，而数控技术只有依靠设计系统产生的模型才能发挥效率，两者自然地紧密结合，形成计算机辅助设计与制造集成系统。系统中的两个阶段可以利用公共数据库的数据，大大缩短了产品的生产周期，提高了产品的质量。

从信息科学的角度看，设计与制造过程是一个产品信息的产生、处理、交换和管理的过程。人们利用计算机作为主要技术手段，对产品从构思到投放市场的整个过程中的信息进行分析和处理，生成和运用各种数字信息和图形信息，进行产品的设计和制造。CAD/CAM 技术不是传统设计、制造流程和方法的简单映像，也不是局限于在个别步骤或环节中部分地使用计算机作为工具，而是将计算机科学与工程领域的专业技术以及人的智慧和经验以现代的科学方法为指导结合起来，在设计、制造的全过程中各尽所长，尽可能地利用计算机系统来完成那些重复性高、劳动量大、计算复杂以及单纯靠人工难以完成的工作，辅助而非代替工程技术人员完成整个过程，以获得最佳效果。CAD/CAM 系统以计算机硬件、软件为支持环境，通过各个功能模块（分系统）实现对产品的描述（几何建模）、计算、分析、优化、绘图、工艺设计、NC 编程、仿真、NC 加工和检测。广义的 CAD/CAM 集成系统还应包括生产规划、管理、质量控制等方面。

二、CAD/CAM 技术的基本特点

产品是市场竞争的核心，从生产的观点来看，产品是从需求分析开始，经过设计过程、制造过程最后变成可供用户使用的物品。在上述各过程阶段内，计算机获得不同程度的应用，构成了 CAD/CAM 技术。

CAD/CAM 系统是设计、制造过程中的信息处理系统，它克服了传统手工设计和手工制造的缺陷，充分利用计算机高速、准确、高效的计算功能，图形处理、文字处理功能，以及对大量的各类数据的存储、传递、加工功能，在运行过程中，结合人的经验、知识及创造性，形成一个人机交互、各尽所长、紧密配合的系统。它是应用计算机技术，以产品信息建模为基础，以计算机图形处理为手段，以工程数据库为核心对产品进行定义、描述和结构设计，用工程计算方法进行分析和仿真，用工艺知识决策加工方法等设计制造活动的信息处理系统。通常将 CAD/CAM 系统的功能归纳为几何建模、计算分析、工程绘图、工程数据库的管理、工艺设计、数控编程和加工仿真等几个方面，因而需要计算分析方法库、图形库、工程数据管理库等资源的支持。一般 CAD/CAM 系统的工作过程如图 1-1 所示。

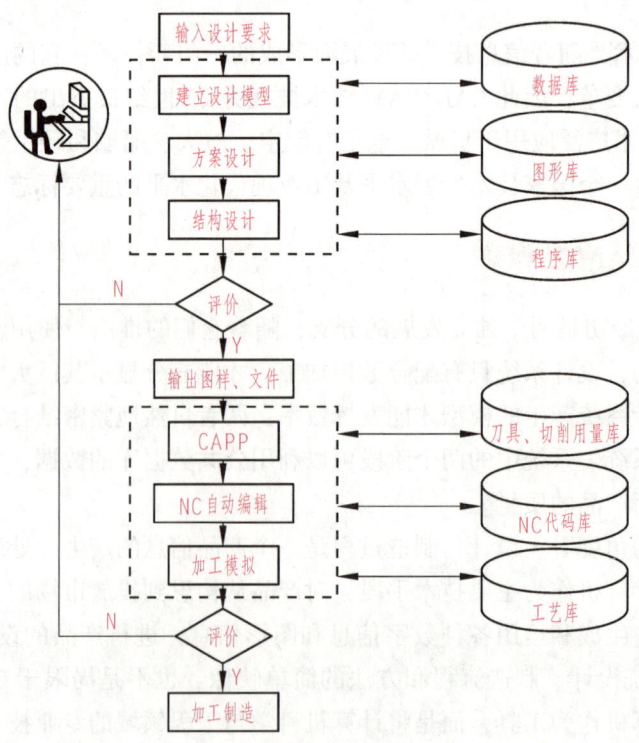

图 1-1

由图 1-1 可见，CAD/CAM 系统的开发涉及几何建模技术、图形处理技术、工程分析技术、数据库与数据交换技术、文档处理技术、软件编程技术等，CAD/CAM 系统的开发是一个高难度、高智力的工程项目。

三、CAD/CAM 技术在机械制造行业中的发展趋势

1. 集成化

20 世纪 80 年代以来，计算机集成制造（Computer Integrated Manufacture，CIM）技术已成为应用计算机技术在制造工业的主要发展方向。利用 CIM 技术建立的计算机集成制造系统（CIMS），通过计算机优化和控制产品的规划、设计、制造、检验、包装、运输、销售等各个环节，利用最小的制造和管理资源，最优地实现企业的发展目标，获得最大的总体效益。

CIM 系统一般由技术信息系统（TIS）、制造自动化系统（MAS）和管理信息系统（MIS）组成。CAD/CAM 系统为技术信息系统的主要部分。CIM 的核心技术是集成，包括物理集成、信息集成和功能集成等方面的内容，其中信息集成是实现 CIM 的基础和关键。

CAD/CAM 系统集成主要包含三层意思：软件集成，扩充和完善一个 CAD 系统的功能，使一个产品设计过程和各级段都能在单一的 CAD 系统中完成（CAD 功能和 CAM 功能的集成），建立企业的 CIM 系统，实现企业的物理集成、信息集成和功能集成。

2. 智能化

人工智能技术是通向设计制造自动化的重要途径。近年来，人工智能的应用主要集中在引入知识工程，发展专家系统。传统的 CAD 系统在产品设计、分析、计算与绘图等方面具有较好的应用，但对产品设计的整个生命周期却力不从心，特别在产品的概念设计阶段，从抽象到具体的实现极为困难，需要根据设计与制造人员丰富的经验与知识做出合理的判断与决策。人们将人工智能技术、知识工程和专家系统技术引入 CAD/CAM 中，形成智能的 CAD/CAM 系统。专家系统实质上是一种"知识+推理"的程序，是将人类专家的知识和经验结合在一起，使其具有逻辑推理和决策判断能力。

3. 标准化

CAD/CAM 系统发展迅速，必须统一标准，否则会造成混乱的局面，给用户带来很大的麻烦。CAD/CAM 软件的标准化是指图形软件的标准。图形标准是一组由基本图素与图形属性构成的通用标准图形系统。

IGES（Initial Graphics Exchange Specification，基本图形转换规范）：用于 CAD 系统之间交换数据。

GKS（Graphics Kernel System，计算机图形核心系统）：建立应用程序与图形输入、输出设备的功能接口。

PDES（Product Data Exchange Specification，产品数据交换规范）：产品数据交换标准。

4. 微型化

CAD/CAM 已经采用超级微型计算机。32 位超级微型计算机在单机功能上将达到小型

机和中型机的水平,多CPU并行处理时的功能将达到大型机的水平。以超级微机为基础的CAD/CAM系统不断增多,功能不断强大,性能已日趋成熟,并已开始广泛应用。

5. 网络化

微型计算机CAD/CAM系统发展的一条主要途径是网络化。计算机技术和通信技术相互渗透、密切结合,产生了计算机网络。计算机网络将各自独立的、分布于各处的多台计算机通过通信线路相互连接起来,实现了计算机之间的相互通信,从而使资源能共享并能整体协同工作。由于微型机价格低廉,功能较强,因此可将多台微机工作站连成分布式CAD/CAM系统。分布式CAD/CAM系统结构灵活、功能强。在分布式系统中,客户/服务器(Client/Server)结构得到普遍采用,这种结构中,一台服务器可带动多台工作站,每台工作站可以独自使用,也可以联合使用。整个网络还可与大型、巨型机相连,以解决更复杂的问题。

任务二 数控铣削基础知识

一、数控铣削的特点及工艺范围

数控铣床是一种用途广泛的机床,主要用于各类平面、曲面、沟槽、齿形、内孔等的加工。数控铣床以其特有的三轴联动特性,多用于模具、样板、叶片、凸轮、连杆和箱体的加工。

数控铣床以布局形式来划分,有升降台式、工作台不升降式、工作台回转式、龙门式、仿形铣、工具铣等;以主轴的布局形式来划分,有立式和卧式,立式的制造成本普遍低于卧式。

二、数控铣削加工的安全生产要求和操作规程

数控铣床是一种自动化程度较高,结构较复杂的先进加工设备,与普通设备一样,数控铣床的使用寿命和效率高低,不仅取决于机床本身的精度和性能,很大程度上也取决于它的正确使用及维护。

本规程适用于立式、卧式、龙门式数控铣床和数控仿形铣床等。

(1) 操作者必须遵守《数控设备通用操作规程》。

(2) 机床开动前,必须关闭防护罩。

(3) 在工作台上装夹工件和夹具时,应考虑重力平衡和合理利用台面。

(4) 加工铸铁、青铜、非金属等脆性材料时,要将导轨面的润滑油擦净,并采取保护措施。

(5) 加工中排屑装置应畅通无阻,不得有卡链现象。

三、铣削加工刀具

1. 铣刀的选择

选取刀具时，要使刀具的尺寸与被加工工件的表面尺寸和形状相适应。生产中，平面零件周边轮廓的加工，常采用立铣刀；铣削平面时，应选择硬质合金刀片铣刀；加工凸台、凹槽时，选择高速钢立铣刀；加工毛坯表面或粗加工孔时，可选镶硬质合金的玉米铣刀。绝大部分铣刀由专业工具厂制造，只需选好铣刀的参数即可。铣刀的主要结构参数有直径 d_0、宽度（或长度）L 及齿数 Z。

刀具半径 r 应小于零件内轮廓面的最小曲率半径 ρ，一般取 $r = (0.8 \sim 0.9)\rho$。

零件的加工高度 $H < (1/4 \sim 1/6)r$，以保证刀具有足够的刚度。

对不通孔（深槽），选取 $L = H + (5 \sim 10)$ mm（L 为刀具切削部分长度，H 为零件的加工高度）。

加工通孔及通槽时，选取 $L = H + r_c + (5 \sim 10)$ mm（r_c 为刀尖角半径）。

铣刀直径 d_0 是铣刀的基本结构参数，其大小对铣削过程和铣刀的制造成本有直接影响。选择较大铣刀直径，可以采用较粗的心轴，提高加工系统刚性，切削平稳，加工表面质量好，还可增大容屑空间，提高刀齿强度，改善排屑条件。另外，刀齿切削时间长，散热好，可采用较高的铣削速度。但选择大直径铣刀也有一些不利因素，如刀具成本高、切削扭矩大、动力消耗大、切入时间长等。综合以上因素，在保证有足够的容屑空间及刀杆刚度的前提下，宜选择较小的铣刀直径。某些情况下则由工件加工表面尺寸确定铣刀直径。例如，铣键槽时，铣刀直径应等于槽宽。

铣刀齿数 Z 对生产效率和加工表面质量有直接影响。同一直径的铣刀，齿数愈多，同时切削的齿数也愈多，使铣削过程较平稳，因而可获得较好的加工质量。另外，当每齿进给量一定时，可随齿数的增多而提高进给速度，从而提高生产效率。但过多的齿数会减少刀齿的容屑空间，因此不得不降低每齿进给量，这样反而降低了生产效率。一般按工件材料和加工性质选择铣刀的齿数。例如，粗铣钢件时，首先需保证容屑空间及刀齿强度，应采用粗齿铣刀；半精铣或精铣钢件、粗铣铸铁件时，可采用中齿铣刀；精铣铸铁件或铣削薄壁铸铁件时，宜采用细齿铣刀。

2. 铣削用量的选择

铣削用量是加工过程中重要的组成部分，选择的是否合理直接影响工件的加工质量、生产效率和刀具寿命。合理选择铣削用量的原则是：粗加工时，一般以提高生产效率为主，但也应考虑经济性和加工成本；半精加工和精加工时，应在保证加工质量的前提下，兼顾切削效率、经济性和加工成本。

1) 背吃刀量 a_p

背吃刀量 a_p 为平行于铣刀轴线测量的切削层尺寸。端铣时，a_p 为切削层深度；而圆周铣削时，为被加工表面的宽度。具体数值的选取可参考表 1-1。

表 1-1 铣削背吃刀量的选择   mm

工件材料	高速钢铣刀		硬质合金铣刀	
	粗铣	精铣	粗铣	精铣
铸铁	5~7	0.5~1	10~18	1~2
软钢	<5	0.5~1	<12	1~2
中硬钢	<4	0.5~1	<7	1~2
硬钢	<3	0.5~1	<4	1~2

2)每齿进给量 f_z 的选择

粗加工时,限制进给量提高的主要因素是切削力,进给量主要根据铣床进给机构的强度、刀杆刚度、刀齿强度以及机床、夹具、工件系统的刚度来确定。在强度、刚度许可的条件下,进给量应尽量选取得大些。精加工时,限制进给量提高的主要因素是表面粗糙度。为了减少工艺系统的振动,减小已加工表面的残留面积高度,一般选取较小的进给量。f_z 值的选取可参考表 1-2。

表 1-2 每齿进给量 f_z 值的选取   mm

刀具名称	高速钢刀具		硬质合金铣刀	
	铸铁	钢	铸铁	钢
圆柱铣刀	0.12~0.2	0.1~0.15	0.2~0.5	0.08~0.2
立铣刀	0.08~0.15	0.03~0.06	0.2~0.5	0.08~0.2
套式面铣刀	0.15~0.2	0.06~0.10	0.2~0.5	0.08~0.2
三面刃铣刀	0.15~0.25	0.06~0.08	0.2~0.5	0.08~0.2

3)铣削速度的选择

在背吃刀量 a_p 和每齿进给量 f_z 确定后,可在保证合理的刀具寿命的前提下确定铣削速度 v_c。

粗铣时,确定铣削速度必须考虑到铣床许用功率。如果超过铣床许用功率,则应适当降低铣削速度。精铣时,一方面应考虑合理的铣削速度,以抑制积屑瘤产生,提高表面质量;另一方面,由于刀尖磨损往往会影响加工精度,因此应选用耐磨性较好的刀具材料,并应尽可能使之在最佳铣削速度范围内工作。

铣削速度 v_c 可在表 1-3 推荐的范围内选取,并根据实际情况进行试切后加以调整。

四、平口钳的工作原理及注意事项

1. 平口钳的工作原理

平口钳是用来夹持工件进行加工用的部件。它主要由固定钳身、钳口板、丝杠和螺母等组成。丝杠固定在固定钳身上,转动丝杠可带动螺母做直线移动。螺母与活动钳口用螺钉连成整体,因此,当丝杠转动时,活动钳口就会沿固定钳身移动,这样钳口闭合或开放用以夹紧或松开工件。

表 1-3　铣削速度值的选取

工件材料	硬度/HBS	铣削速度/（m/min）		说　明
		高速钢铣刀	硬质合金铣刀	
钢	<225	18～42	80～300	（1）粗铣时取小值，精铣时取大值。 （2）工件材料强度和硬度较高时取小值，反之取大值。 （3）刀具材料耐热性好时取大值，反之取小值
	225～325	12～36	54～300	
	325～425	6～21	40～120	
铸铁	<190	21～36	66～220	
	190～260	9～18	45～150	
	160～320	4.5～10	30～80	

平口钳的固定钳口是安装工件时的定位元件，因此，通常采用找正固定钳口的位置来使平口钳在机床上定位，即以固定钳口为基准确定平口钳在工作台上的安装位置。多数情况下要求固定钳口无论是纵向使用还是横向使用，都必须与机床导轨运动方向平行，同时还要求固定钳口的工作面要与工作台面垂直。

2. 使用平口钳的注意事项

正确而合理地使用平口钳，不仅能保证加工工件具有较高的精度和表面质量，而且可以保持平口钳本身的精度，延长其使用寿命。使用平口钳时，应注意以下几点。

（1）随时清理切屑及油污，保持平口钳导轨面的润滑与清洁。

（2）维护好固定钳口并以其为基准，校正平口钳在工作台上的准确位置。

（3）为使夹紧可靠，尽量使工件与钳口工作面接触面积大些，夹持短于钳口宽度的工件时尽量用中间均等部位。

（4）装夹工件不宜高出钳口过多，必要时可在两钳口处加适当厚度的垫板，如图 1-2 所示。

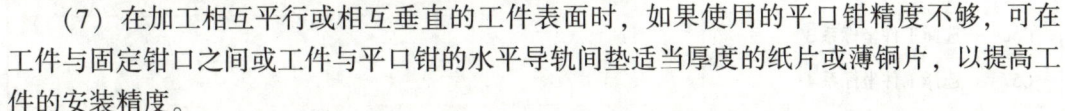

图 1-2

（5）装夹较长工件时，可用两台或多台平口钳同时夹紧，保证夹紧可靠，并防止切削时发生振动。

（6）要根据工件的材料、几何形状确定适当的夹紧力，不可过小，也不能过大。特别不允许任意加长平口钳手柄。

（7）在加工相互平行或相互垂直的工件表面时，如果使用的平口钳精度不够，可在工件与固定钳口之间或工件与平口钳的水平导轨间垫适当厚度的纸片或薄铜片，以提高工件的安装精度。

（8）在铣削时，应尽量使水平铣削分力的方向指向固定钳。

（9）应注意选择工件在平口钳上的安装位置，避免在夹紧时平口钳单边受力，必要时还要辅加支承垫铁，如图 1-3 所示。

（10）夹持表面光洁的工件时，应在工件与钳口间加垫片，以防止划伤工件表面。夹持粗糙毛坯表面时，也应在工件与钳口间加垫片，这样做既可以保护钳口，又能提高工件的装夹刚性。上述垫片可用铜或铝等软质

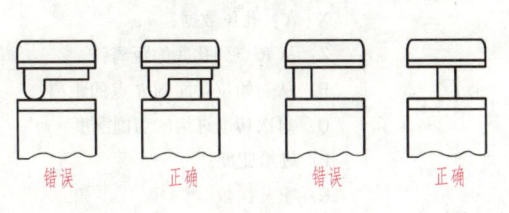

图 1-3

材料制作。应指出的是，加垫片后不应影响工件的装夹精度。

五、数控铣床编程指令

数控铣床（加工中心）加工工件的操作流程是：首先根据零件图编写加工程序，然后用程序控制 CNC 机床按规定路线加工。表 1-4 所示为 BEIJING – FANUC 0i Mate – MB 系统数控铣床编程指令体系，根据这些指令可以完成较复杂模具工件的加工。

表 1-4 BEIJING – FANUC 0i Mate – MB 系统数控铣床编程指令体系

代码	功能	格 式	备 注
G00	快速点定位	G00 X_ Y_ Z_	(X, Y, Z)：终点坐标
G01	直线插补	G01 X_ Y_ Z_ F_	(X, Y, Z)：终点坐标，F 为进给量
G02	圆弧插补/螺旋线插补 CW	G02 X_ Y_ I_ J_ F_	(X, Y) 圆弧终点坐标，(I, J)：圆心相对起点的坐标，R 为圆弧半径
G03	圆弧插补/螺旋线插补 CCW	G03 X_ Y_ R_ F_	
G04	停止，准确停止	G04 P_	P 后为时间：ms
G17	XOY 平面	G17 ⎫	
G18	XOZ 平面	G18 ⎬ G02 X_ Y_ I_ J_ F_	
G19	YOZ 平面	G19 ⎭ G03 X_ Y_ R_ F_	
G21	公制输入		
G28	返回参考点		
G40	刀具半径补偿取消		
G41	刀具半径左补偿		
G42	刀具半径右补偿		
G43	刀具长度正补偿		
G44	刀具长度负补偿		
G49	刀具长度补偿取消		
G54	选择工件坐标系		
G55	选择工件坐标系 2		
G56	选择工件坐标系 3		
G57	选择工件坐标系 4		
G58	选择工件坐标系 5		
G59	选择工件坐标系 6		
G73	高速钻孔循环	G73 X_ Y_ Z_ R_ Q_ F_ K_	X、Y：孔位数据； Z：从 R 点到孔底的距离； R：从初始位置面到 R 点的距离； Q：每次切削进给的切削深度； F：进给速度； K：重复次数

续表

代码	功 能	格 式	备 注
G76	精镗循环	G76 X_ Y_ Z_ R_ Q_ P_ F_ K_	X、Y：孔位数据； Z：从 R 点到孔底的距离； R：从初始位置面到 R 点的距离； Q：孔底偏移量； P：暂停时间； F：进给速度； K：重复次数
G80	固定循环取消		
G81	钻孔循环	G81 X_ Y_ Z_ R_ F_ K_	X、Y：孔位数据； Z：从 R 点到孔底的距离； R：从初始位置面到 R 点的距离； F：进给速度； K：重复次数
G83	排屑钻孔循环	G83 X_ Y_ Z_ R_ Q_ P_ F_ K_	X、Y：孔位数据； Z：从 R 点到孔底的距离； R：从初始位置面到 R 点的距离； Q：孔底偏移量； P：暂停时间； F：进给速度； K：重复次数
G85	镗孔循环	G85 X_ Y_ Z_ R_ F_ K_	X、Y：孔位数据； Z：从 R 点到孔底的距离； R：从初始位置面到 R 点的距离； F：进给速度； K：重复次数
G86	键孔循环	G86 X_ Y_ Z_ R_ F_ K_	X、Y：孔位数据； Z：从 R 点到孔底的距离； R：从初始位置面到 R 点的距离； F：进给速度； K：重复次数
G90	绝对值编程		
G91	增量值编程		
G92	设定工件坐标系		
G94	每分进给量		
G95	每转进给量		
G96	恒切削速度控制		
G97	恒切削速度控制取消		
G98	固定循环返回到初始点		

续表

代码	功能	格　式	备　注
G99	规定循环返回到 R 点		
M00	程序暂停		
M01	程序选择停止		
M03	主轴正转		
M05	主轴停止		
M08	切削液开		
M09	切削液关		
M30	程序结束		

任务三　CAXA 制造工程师 2016 基础知识

一、认识 CAXA 制造工程师 2016

CAXA 制造工程师 2016 是北航海尔软件有限公司研制开发的全中文、面向数控铣床和加工中心的三维 CAD/CAM 软件。CAXA 制造工程师 2016 基于微机平台，采用原创 Windows 菜单和交互方式，全中文界面，便于轻松学习和操作，并且价格较低。CAXA 制造工程师 2016 可以生成 3~5 轴的加工代码，可用于加工具有复杂三维曲面的零件，广泛应用于机械、电子、汽车和航空等行业的模具制造和产品加工领域中。

为帮助读者尽快熟悉软件，图 1-4（"零件特征"激活时的界面）和图 1-5（"轨迹管理"激活时的工作界面）中对工作界面做了较为详尽的介绍。

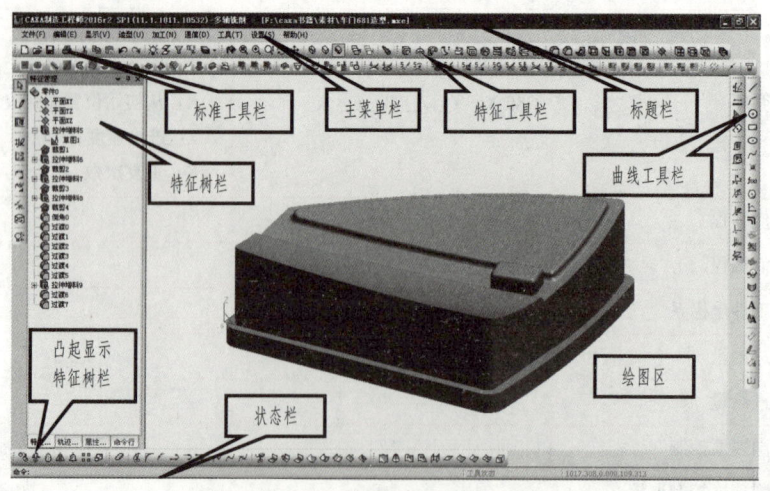

图 1-4

项目一　CAD/CAM 基础知识

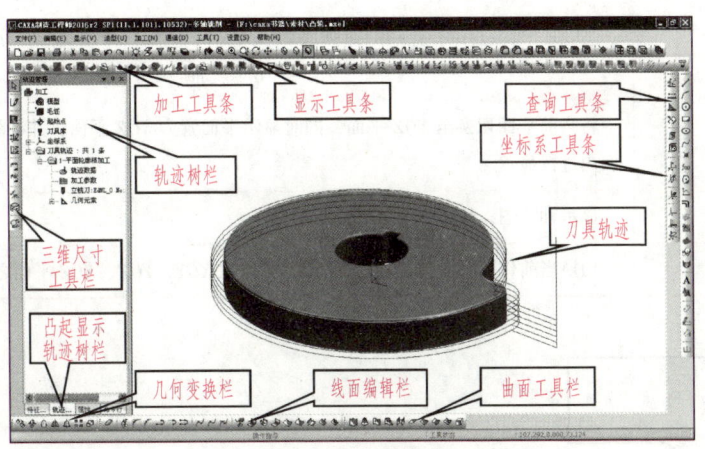

图 1-5

二、CAXA 制造工程师 2016 的基本操作

1. 常用键含义和功能热键（表 1-5）

常用键含义和功能热键如表 1-5 所示。

表 1-5　常用键含义和功能热键

键		功　　能
鼠标	左键	用于激活菜单、确定位置点、拾取元素等
	Shift + 左键	用于显示旋转
	右键	用于确认拾取结束操作、终止命令和打开快捷菜单等
	Shift + 右键	用于显示缩放
	Shift + 左键 + 右键	用于显示平移
	中键	滚动中键用于显示缩放
		按住中键不放用于显示旋转
		Shift + 按住中键不放用于显示平移
Enter + 数字键		在系统要求输入点时，可以激活一个坐标输入条，用于坐标输入
空格键		可以弹出工具菜单，如图 1-6 所示
F1		请求系统帮助
F2		草图器，用于草图状态与非草图状态的切换
F3		全局观察
F4		重画
F5		将当前平面切换至 XOY 平面，同时显示平面置为 XOY 平面，并将图形投影到 XOY 平面内进行显示
F6		将当前平面切换至 YOZ 平面，同时显示平面置为 YOZ 平面，并将图形投影到 YOZ 平面内进行显示

· 11 ·

续表

键	功　能
F7	将当前平面切换至 XOZ 平面,同时显示平面置为 XOZ 平面,并将图形投影到 XOZ 平面内进行显示
F8	显示轴测图,按轴测图方式显示图形
F9	切换当前作图平面,重复按 F9 键,可以在 XOY、YOZ、XOZ 平面之间切换

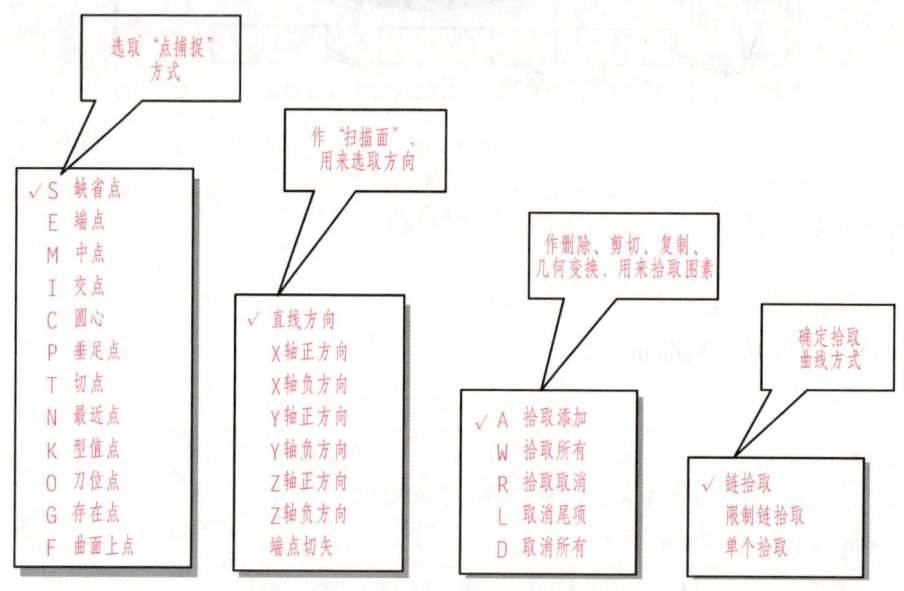

图 1-6

2. 设置

1)当前颜色设置

设置系统当前颜色,在此之后生成的曲线或曲面以当前颜色显示。

操作方法:单击主菜单"设置"→"当前颜色"命令,或单击标准工具栏上的 图标,弹出"颜色管理"对话框,如图 1-7 所示。选择一种基本颜色或扩展颜色后,单击"确定"按钮。

2)图层设置

修改或查询图层信息。

操作方法:单击主菜单"设置"→"图层设置"命令,弹出"图层管理"对话框,如图 1-8 所示。选择某个图层,双击相应选项,即可对该选项进行修改;单击对话框右侧相应按钮,即可进行相应操作。

3)拾取过滤设置

设置哪些图素可以拾取:在一个存在点、曲线、实体、文字、刀具轨迹且颜色多样的三维模型中拾取特定的图素。此功能非常有用。

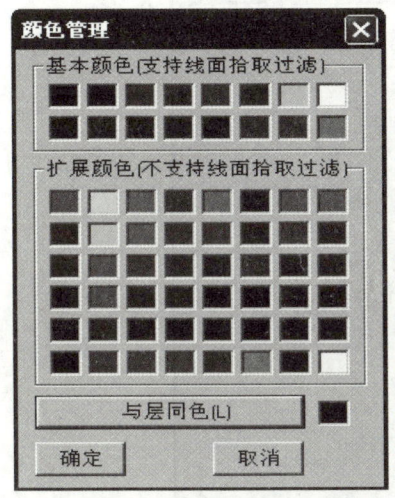

图1-7

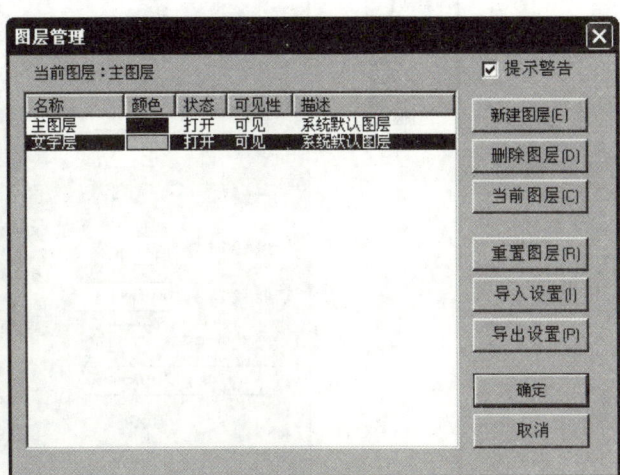

图1-8

操作方法：单击主菜单"设置"→"拾取过滤设置"命令，弹出"拾取过滤器"对话框，如图1-9所示。

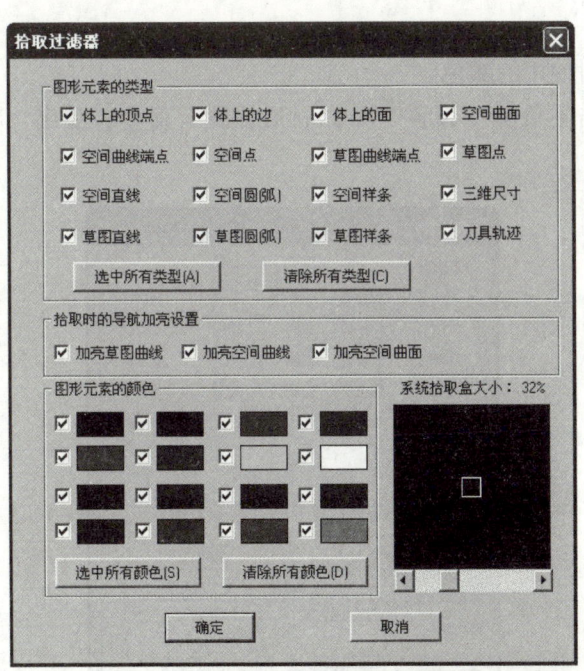

图1-9

4）系统设置

操作方法：单击主菜单"设置"→"系统设置"命令，弹出"系统设置"对话框，如图1-10所示。

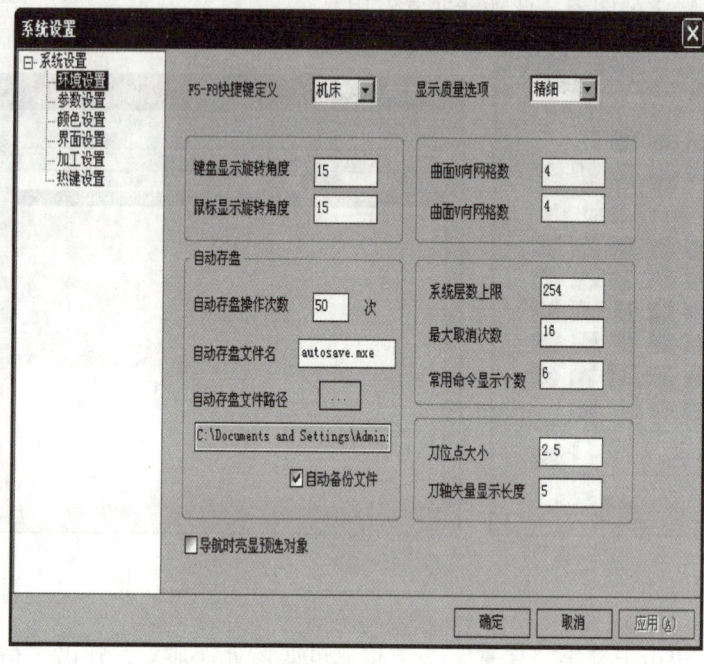

图 1-10

5）材质设置

选择显示实体时使用的颜色。

操作方法：单击主菜单"设置"→"材质设置"命令，弹出"材质属性"对话框，如图 1-11 所示。

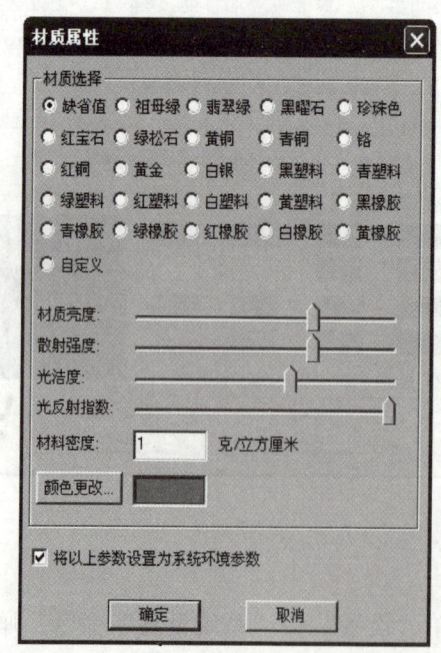

图 1-11

课后习题及上机操作训练

1. CAD/CAM 的含义是什么？CAD/CAM 的工作内容有哪些？
2. CAD/CAM 技术的发展趋势如何？
3. 数控铣床常用的夹具有哪些？
4. 简述如何修改当前绘图颜色。

项目二 二维图形绘制

本项目主要介绍 CAXA 制造工程师 2016 丰富的曲线造型功能，主要有点、直线、圆、圆弧、矩形、椭圆、样条曲线、等距线、正多边形、公式曲线、二次曲线、曲线投影、相关线、样条+圆弧、文字等；并能够对曲线进行简单的编辑与变换。通过本项目的学习，学生应能够完成中等难度二维图形的绘制。

学习目的

1. 掌握曲线生成与编辑的使用方法，明白"不积跬步，无以至千里"的道理；
2. 掌握曲线生成与编辑的综合应用技能。

任务一 曲线生成

一、点的绘制

点的绘制和拾取是绘制其他二维图形甚至三维图形的基础。CAXA 制造工程师 2016 提供了单个点和批量点两种点绘制方式，如表 2-1 所示。

表 2-1 点绘制方式及图例

	点绘制方式	图　例
单个点绘制方式	工具点 [可拾取曲线特殊点，也可输入坐标值（常用）]	
	曲线投影交点	
	曲面上投影点	

续表

点绘制方式		图 例
单个点绘制方式	曲线曲面交点	
批量点绘制方式	等分点	
	等距点	
	等角度点	

范例实施：完成图 2-1 点的绘制。

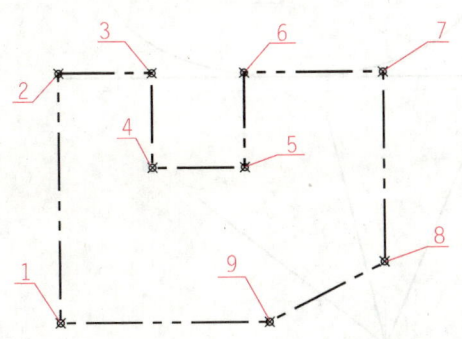

项目序号	PX	PY
1	0.00	0.00
2	0.00	21.00
3	8.00	21.00
4	8.00	13.00
5	16.00	13.00
6	16.00	21.00
7	28.00	21.00
8	28.00	5.00
9	18.00	0.00

图 2-1

操作步骤：

单击［曲线工具］工具栏上的 ■ 图标，或者单击主菜单"造型"→"曲线生成"→"点"→按 F5 键→按 Enter 键，输入坐标值（0，0）、（0，21）……

二、直线的绘制

直线是图形构成的基本要素之一。CAXA 制造工程师 2016 提供了两点直线、平行线、角度线、切线/法线、角度等分线、水平/铅垂线六种直线绘制方式，如表 2-2 所示。

表 2-2　直线绘制方式及图例

直线绘制方式	图　例
两点直线	
平行线	
角度线	
切线/法线	
角度等分线	

续表

直线绘制方式	图 例
水平/铅垂线	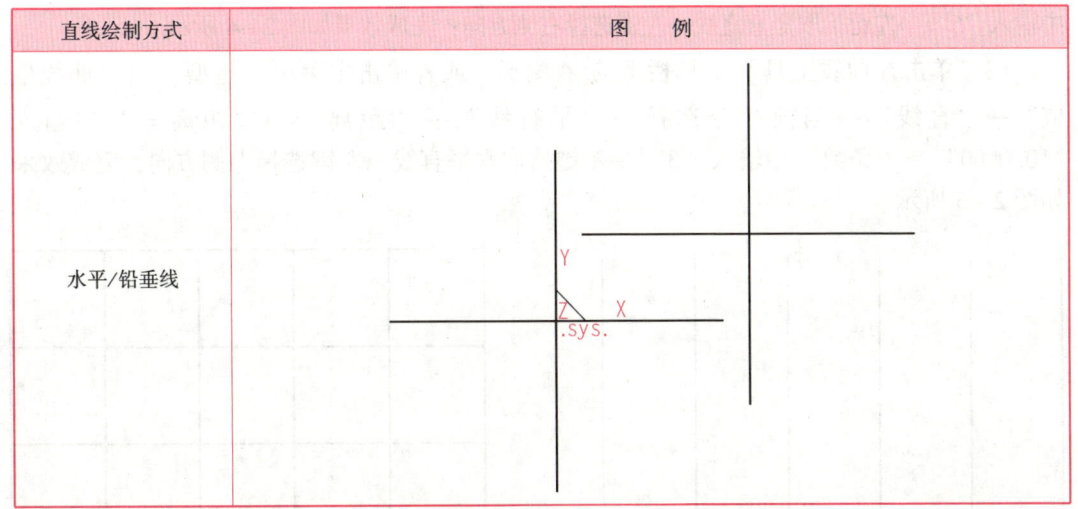

范例实施：完成图 2-2 直线的绘制。

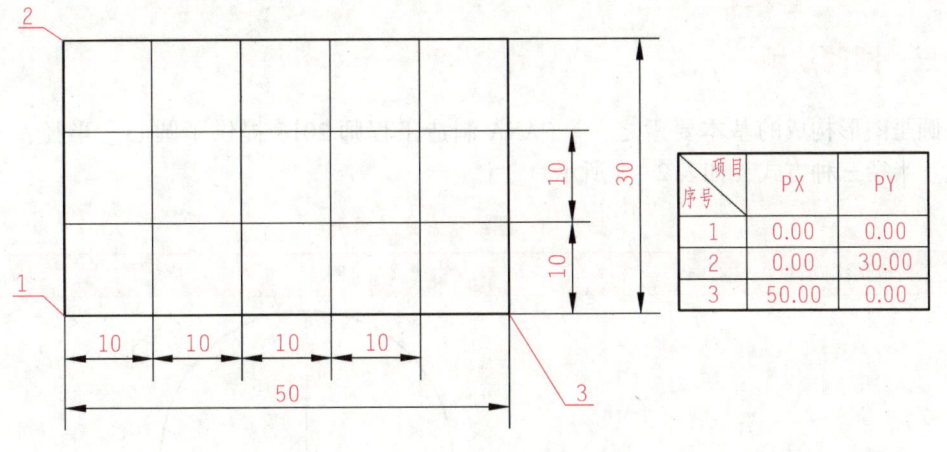

项目序号	PX	PY
1	0.00	0.00
2	0.00	30.00
3	50.00	0.00

图 2-2

操作步骤：

（1）单击［曲线工具］工具栏上的 ╱ 图标，或者单击主菜单"造型"→"曲线生成"→"直线"→当前命令选择"两点线"→"单个"→"点方式"→按 F5 键→按 Enter 键→输入坐标值（0,0）→按 Enter 键→输入坐标值（0,30）→按 Enter 键→输入坐标值（0,0）→按 Enter 键→输入坐标值（50,0）→按 Enter 键；完成效果如图 2-3 所示。

（2）单击［曲线工具］工具栏上的 ╱ 图标，或者单击主菜单"造型"→"曲线生成"→"直

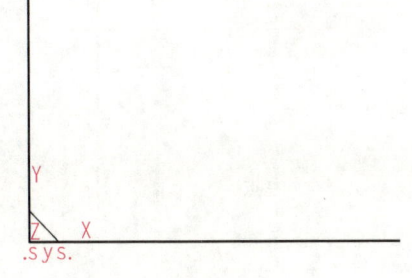

图 2-3

线"→当前命令选择"平行线"→"距离"→"距离 ="中输入"10.0000"→"条数 ="中输入"5"→左键拾取竖直直线→左键选择右侧方向;完成效果如图2-4所示。

(3)单击[曲线工具]工具栏上的 ╱ 图标,或者单击主菜单"造型"→"曲线生成"→"直线"→当前命令选择→"平行线"→"距离"→"距离 ="中输入"10.0000"→"条数"中输入"3"→左键拾取水平直线→左键选择上侧方向;完成效果如图2-5所示。

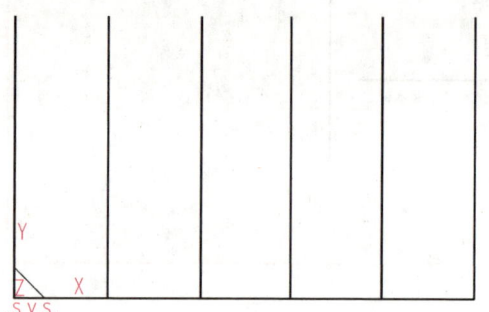

图2-4

图2-5

三、圆的绘制

圆是图形构成的基本要素之一。CAXA 制造工程师 2016 提供了圆心_半径、三点、两点_半径三种方式,如表2-3所示。

表2-3 圆绘制方式及图例

圆绘制方式	图　　例
圆心_半径	
三点	

· 20 ·

续表

圆绘制方式	图 例
两点_半径	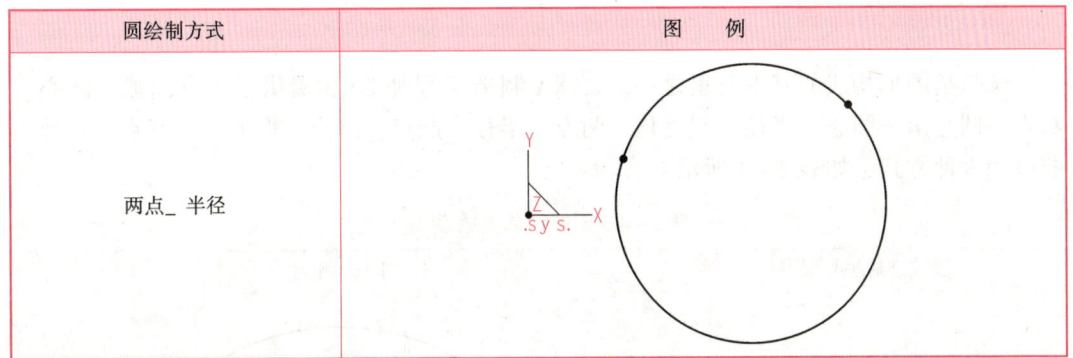

范例实施：完成图2-6圆的绘制。

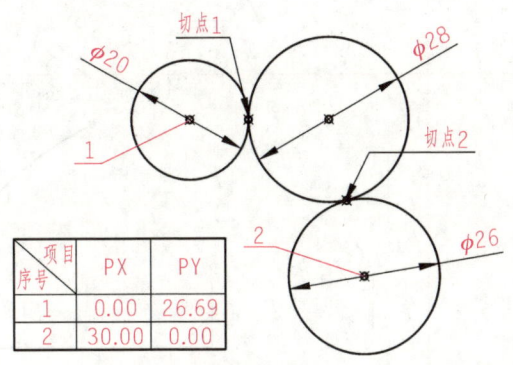

图 2-6

操作步骤：

(1) 单击 [曲线工具] 工具栏上的 ⊕ 图标，或者单击主菜单"造型"→"曲线生成"→"圆"→当前命令选择"圆心_半径"→按F5键→按Enter键→输入坐标值（0，26.69）→按Enter键→输入半径值"10"→按Enter键→输入坐标值（30，0）→按Enter键→输入半径值"13"→按Enter键；完成效果如图2-7所示。

(2) 单击 [曲线工具] 工具栏上的 ⊕ 图标，或者单击主菜单"造型"→"曲线生成"→"圆"→按F5键→当前命令选择"两点_半径"→按空格键→"T"→左键拾取切点1→左键拾取切点2→输入半径值"14"→按Enter键，完成效果如图2-8所示。

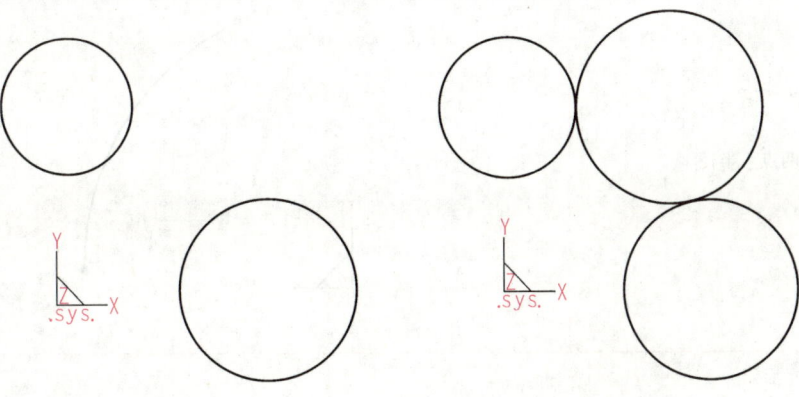

图 2-7　　　　　　　　图 2-8

四、圆弧的绘制

圆弧是图形构成的基本要素之一。CAXA 制造工程师 2016 提供了三点圆弧、圆心_起点_圆心角、圆心_半径_起终角、两点_半径、起点_终点_圆心角、起点_半径_起终角六种方式,如表 2-4 所示。

表 2-4 圆弧绘制方式及图例

圆弧绘制方式	图 例
三点圆弧	
圆心_ 起点_ 圆心角	
圆心_ 半径_ 起终角	
两点_ 半径	

续表

圆弧绘制方式	图 例
起点_ 终点_ 圆心角	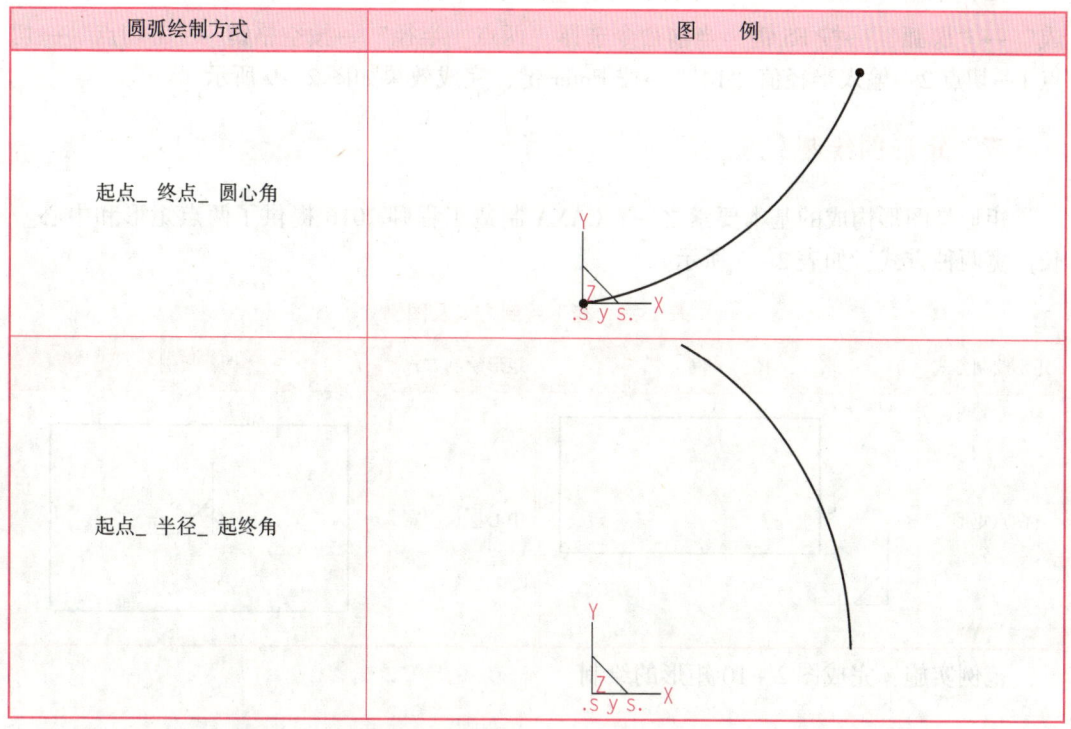
起点_ 半径_ 起终角	

范例实施：完成图 2-9 圆及圆弧的绘制。

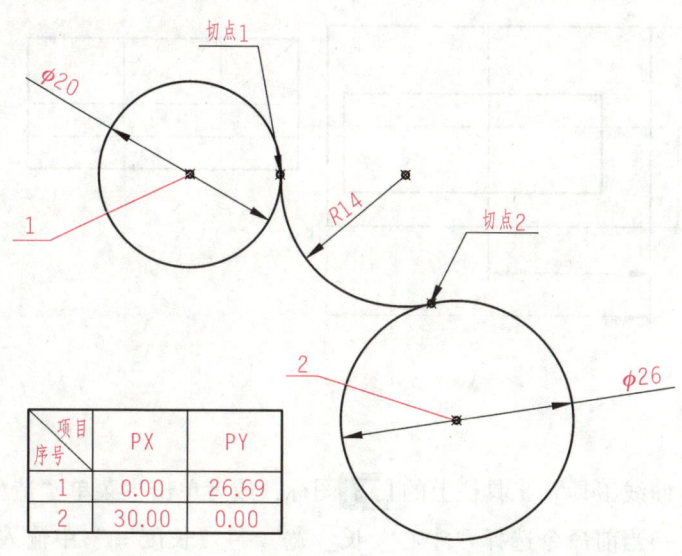

图 2-9

操作步骤：

（1）单击［曲线工具］工具栏上的 ⊕ 图标，或者单击主菜单"造型"→"曲线"→"圆"→当前命令选择"圆心_ 半径"→按 F5 键→按 Enter 键→输入坐标值（0，26.69）→按 Enter 键→输入半径值"10"→按 Enter 键→输入坐标值（30，0）→按 Enter 键→输入半径值"13"→按 Enter 键；完成效果如图 2-7 所示。

(2) 单击［曲线工具］工具栏上的 图标，或者单击主菜单"造型"→"曲线生成"→"圆弧"→按 F5 键→当前命令选择"两点_半径"→按空格键→"T切点"→切点 1→切点 2→输入半径值"14"→按 Enter 键；完成效果如图 2-9 所示。

五、矩形的绘制

矩形是图形构成的基本要素之一。CAXA 制造工程师 2016 提供了两点矩形和中心_长_宽两种方式，如表 2-5 所示。

表 2-5　矩形绘制方式及图例

矩形绘制方式	图　例	矩形绘制方式	图　例
两点矩形		中心_长_宽	

范例实施：完成图 2-10 矩形的绘制。

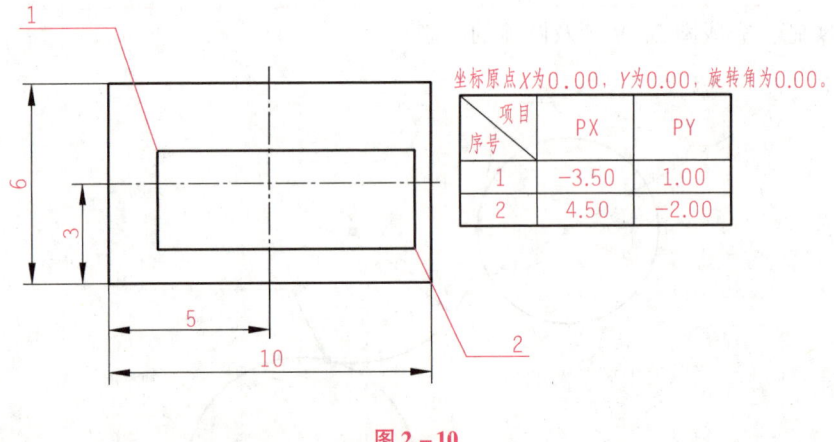

图 2-10

操作步骤：

(1) 单击［曲线工具］工具栏上的 图标，或者单击主菜单"造型"→"曲线生成"→"矩形"→当前命令选择"中心_长_宽"→"长度="中输入"10.0000"→"宽度="中输入"6.0000"→按 F5 键→按 Enter 键→输入坐标值（0，0）→按 Enter 键；完成效果如图 2-11 所示。

(2) 单击［曲线工具］工具栏上的 图标，或者单击主菜单"造型"→"曲线生成"→"矩形"→当前命令选择"两点矩形"→按 F5 键→按 Enter 键→输入坐标值（-3.5，1）→按 Enter 键→输入坐标值（4.5，-2）→按 Enter 键；完成效果如图 2-12 所示。

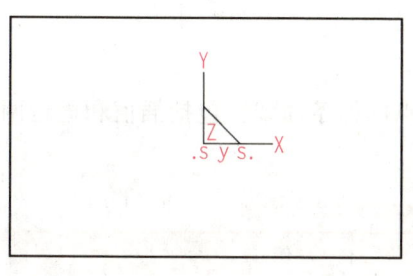
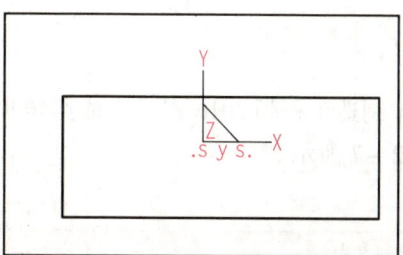

图 2-11　　　　　　　　　　图 2-12

六、椭圆的绘制

CAXA 制造工程师 2016 为了适应各种情况的椭圆绘制，可以根据图样提供的尺寸按给定参数绘制出一个任意方向的椭圆或椭圆弧，如表 2-6 所示。

范例实施：完成长半轴 = 20 mm、短半轴 = 10 mm、旋转角 = 30°、起始角 = 0、终止角 = 270°、中心为 (0，0) 的椭圆弧。

表 2-6　椭圆绘制方式及图例

椭圆绘制方式	图 例
整椭圆方式	
椭圆弧方式	

操作步骤：

单击 [曲线工具] 工具栏上的 图标，或者单击主菜单"造型"→"曲线生成"→"椭圆"→在当前命令的"长半轴"中输入"20.0000"→"短半轴"中输入"10.0000"→"旋转角"中输入"30.0000"→"起始角"中输入"0.0000"→"终止角"中输入"270.0000"→按 F5 键→按 Enter 键→输入坐标值 (0，0) →按 Enter 键。

七、样条曲线的绘制

CAXA 制造工程师 2016 提供生成给定顶点的样条曲线，包括插值和逼近两种绘制方式，如表 2-7 所示。

表 2-7 样条曲线绘制方式及图例

样条曲线绘制方式	图例	
插值	开曲线	闭曲线
逼近		

范例实施：完成图 2-13 样条曲线的绘制。

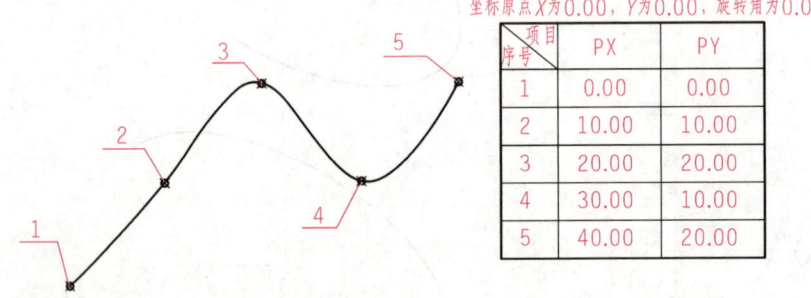

图 2-13

操作步骤：

单击 [曲线工具] 工具栏上的 ～ 图标，或者单击主菜单 "造型" → "曲线生成" → "样条" → 当前命令行选择 "插值" → "缺省切矢" → "开曲线" → 按 F5 键 → 按 Enter 键 → 输入坐标值 (0, 0) → 按 Enter 键 → 输入坐标值 (10, 10) → 按 Enter 键 → 输入坐标值 (20, 20) → 按 Enter 键 → 输入坐标值 (30, 10) → 按 Enter 键 → 输入坐标值 (40, 20) → 按 Enter 键 → 右击结束。

八、等距线的绘制

CAXA 制造工程师 2016 提供了单根曲线、组合曲线两种等距线绘制方式,如表 2-8 所示。

表 2-8 等距线绘制方式及图例

等距线绘制方式	图 例	
单根曲线	等距	变距
组合曲线		

范例实施:完成图 2-14 等距线的绘制。

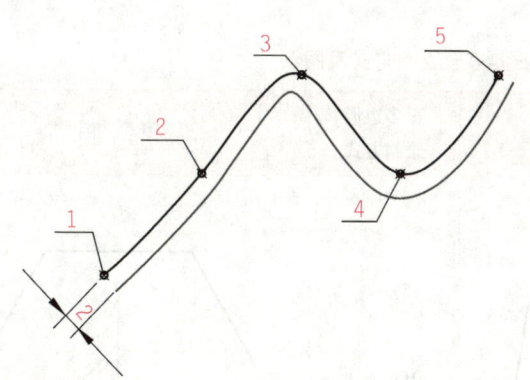

图 2-14

操作步骤:

(1) 生成过点 1、2、3、4、5 的样条线,操作步骤见样条曲线的绘制。

(2) 单击 [曲线工具] 工具栏上的 ![icon] 图标,或者单击主菜单"造型"→"曲线生成"→"等距线"→当前命令选择"单根曲线"→"等距"→"距离"中输入"2.0000"→拾取曲线→选择右侧箭头(图 2-15)→右击结束操作(图 2-16)。

· 27 ·

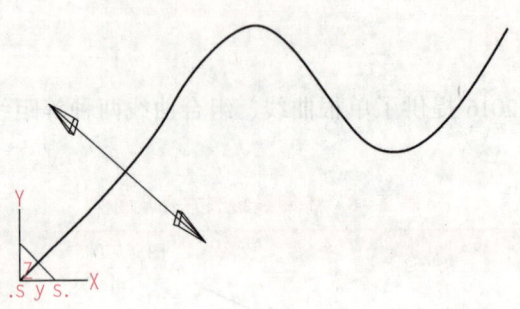

图 2-15

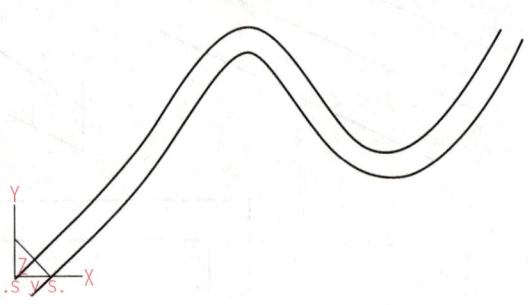

图 2-16

九、正多边形的绘制

CAXA 制造工程师 2016 提供根据输入边数绘制多边形和以输入中心点绘制多边形两种方式,如表 2-9 所示。

表 2-9 正多边形绘制方式及图例

正多边形绘制方式	图例	正多边形绘制方式	图例
边方式		中心方式	

范例实施:完成中心点在原点,内接半径为 20 mm 的正五边形。

操作步骤:

单击［曲线工具］工具栏上的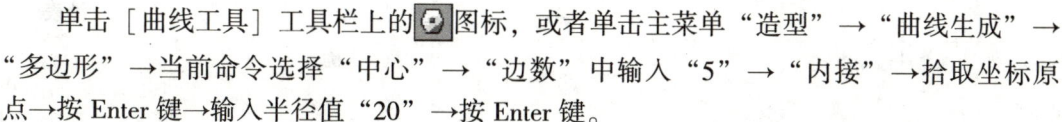图标，或者单击主菜单"造型"→"曲线生成"→"多边形"→当前命令选择"中心"→"边数"中输入"5"→"内接"→拾取坐标原点→按 Enter 键→输入半径值"20"→按 Enter 键。

十、其他曲线的绘制

CAXA 制造工程师 2016 提供公式曲线、二次曲线、曲线投影、相关线、样条转圆弧、文字等的绘制，如表 2-10 所示。

表 2-10 其他曲线绘制方式及图例

其他曲线绘制方式	图例
公式曲线	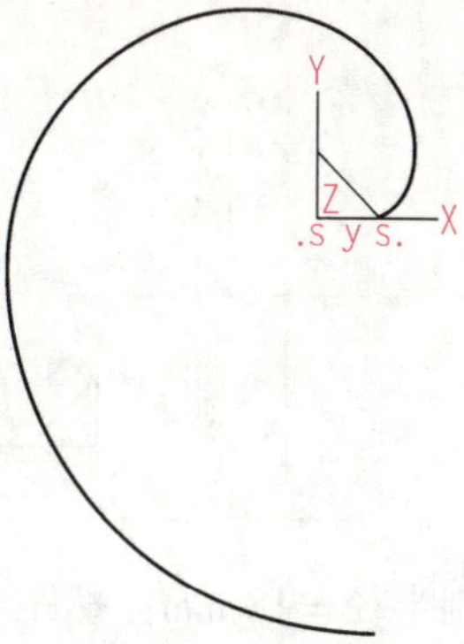
二次曲线	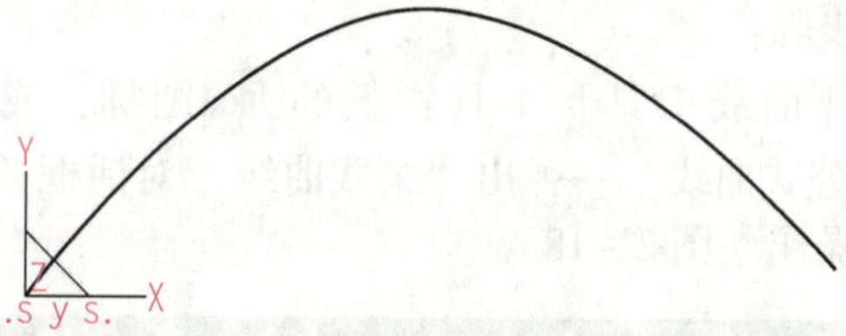
曲线投影	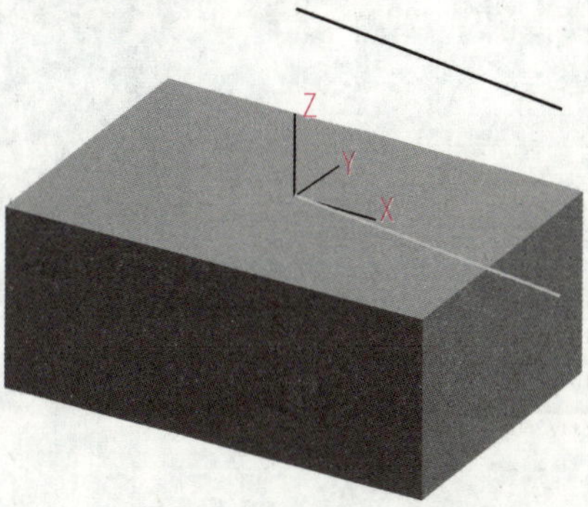

续表

表他曲线绘制方式	图例
相关线	
样条转圆弧	
文字	

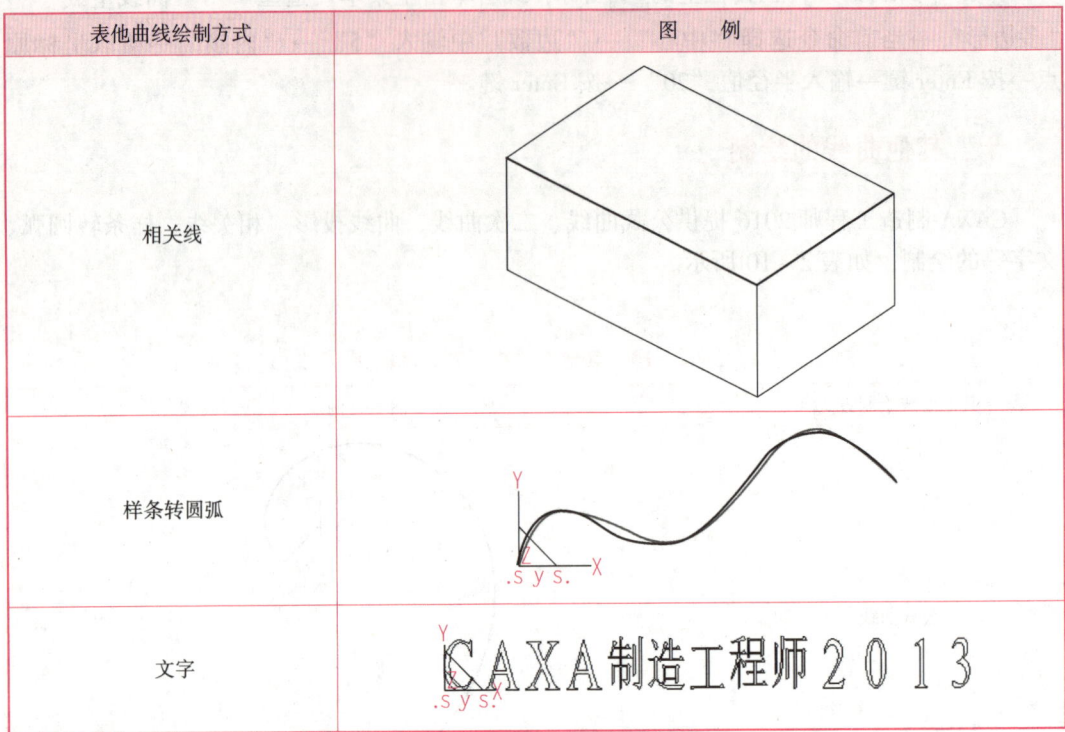

范例实施：绘制半径=18 mm、螺距=6 mm、回转5圈、定位点（0，0）的三维螺旋线。

操作步骤：

单击[曲线工具]工具栏上的 f(x) 图标，或者单击主菜单"造型"→"曲线生成"→"公式曲线"→弹出"公式曲线"对话框并填写内容（图2-17）→拾取坐标原点，结束操作（图2-18）。

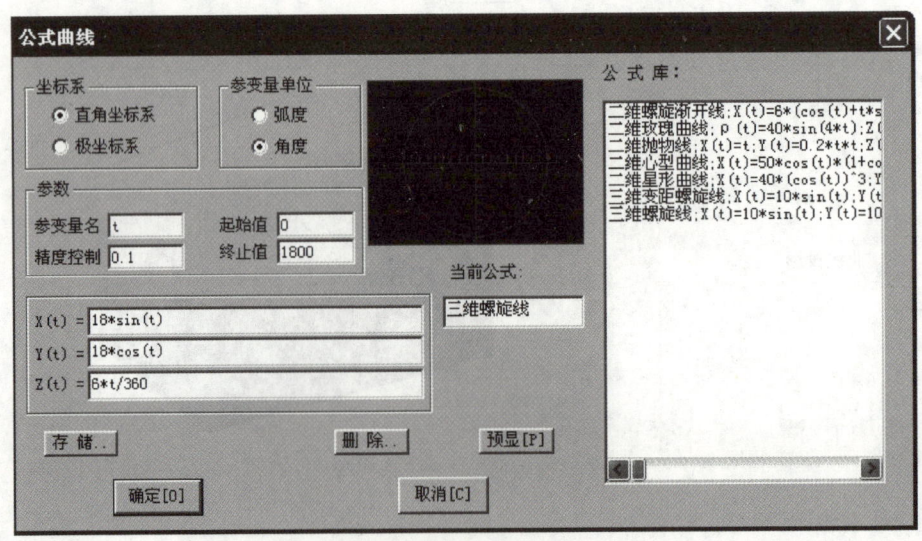

图2-17

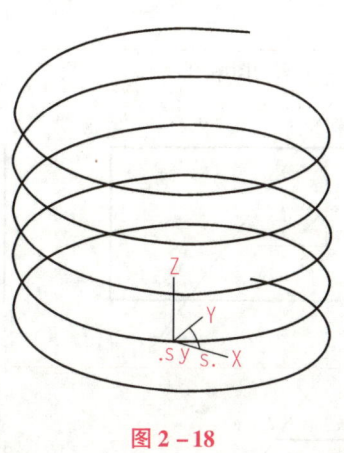

图 2-18

任务二　曲线编辑

一、曲线裁剪

曲线裁剪是曲线编辑的基本功能之一。CAXA 制造工程师 2016 提供了快速裁剪、修剪、线裁剪、点裁剪四种方式，如表 2-11 所示。

表 2-11　曲线裁剪方式及图例

曲线裁剪方式	裁剪前图例	裁剪后图例
快速裁剪		
修剪		

续表

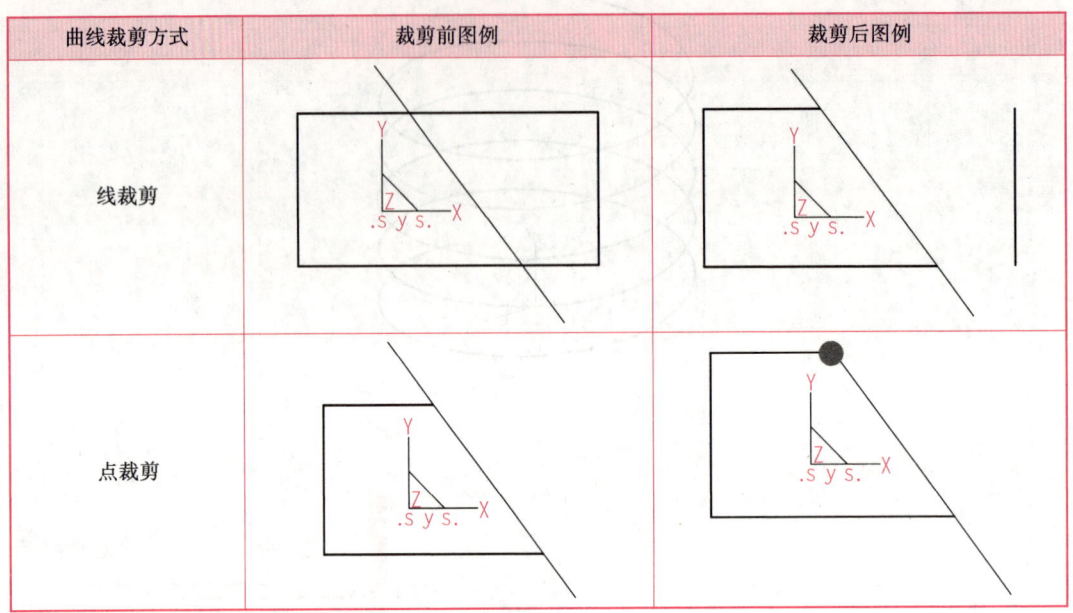

范例实施：完成图 2-19 的绘制与裁剪。

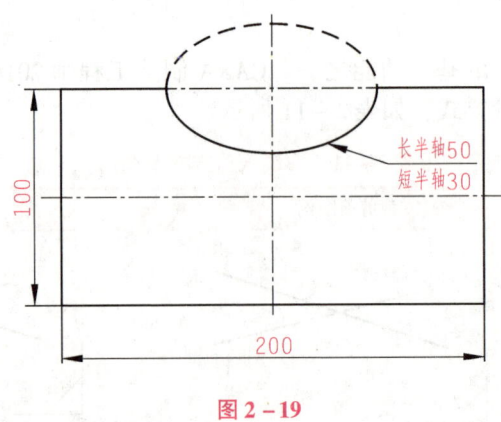

图 2-19

操作步骤：

（1）绘制长 = 200 mm、宽 = 100 mm、中心为（0, 0）的矩形（步骤略）。

（2）绘制长半轴 = 50 mm、短半轴 = 30 mm、中心为（0, 50）的椭圆（步骤略）。

（3）单击［线面编辑］工具栏上的 图标，或者单击"造型"→"曲线编辑"→"曲线裁剪"→当前命令选择"快速裁剪"→"正常裁剪"→单击图 2-20 中 A、B 两处，结果如图 2-21 所示。

二、曲线过渡

曲线过渡是曲线编辑的基本功能之一。CAXA 制造工程师 2016 提供了圆弧过渡、倒角、尖角三种方式，如表 2-12 所示。

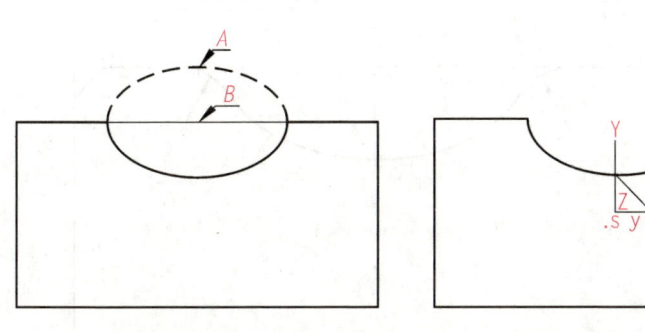

图 2-20　　　　　　　　　　图 2-21

表 2-12　曲线过渡方式及图例

曲线过渡方式	过渡前图例	过渡后图例
圆弧过渡		
倒角		
尖角		

范例实施：完成图 2-22 的绘制。

操作步骤：

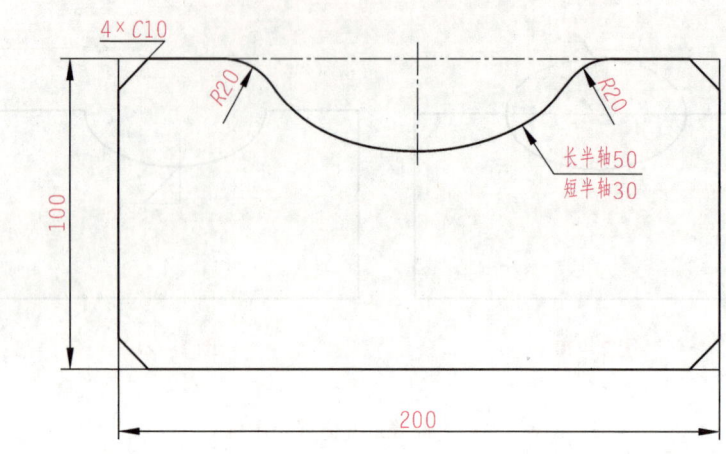

图 2-22

（1）完成图 2-19 的绘制与裁剪（步骤略）。

（2）单击［线面编辑］工具栏上的 图标，或者单击"造型"→"曲线编辑"→"曲线过渡"→当前命令选择"圆弧过渡"→"半径"中输入"20.0000"→"裁剪曲线1"→"裁剪曲线2"→单击线 A 右端和线 F 左端→单击线 F 右端和线 E 左端（图 2-23）。

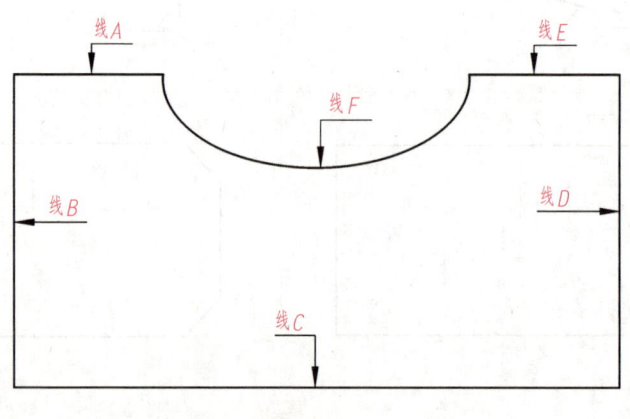

图 2-23

（3）单击［线面编辑］工具栏上的 图标，或者单击"造型"→"曲线编辑"→"曲线过渡"→当前命令选择"倒角"→"角度"中输入"45.0000"→"距离"中输入"10.0000"→"裁剪曲线1"→"裁剪曲线2"→单击线 A 左端和线 B 上端→单击线 B 下端和线 C 左端→单击线 C 右端和线 D 下端→单击线 D 上端和线 E 右端（图 2-23）。

三、曲线打断、组合、拉伸

曲线打断、组合、拉伸是曲线编辑的基本功能之一。相对于曲线的裁剪和过渡来说，曲线打断、组合、拉伸在绘图过程中运用相对较少，但也必须掌握，如表 2-13 所示。

表 2–13 曲线打断、组合拉伸方式及图例

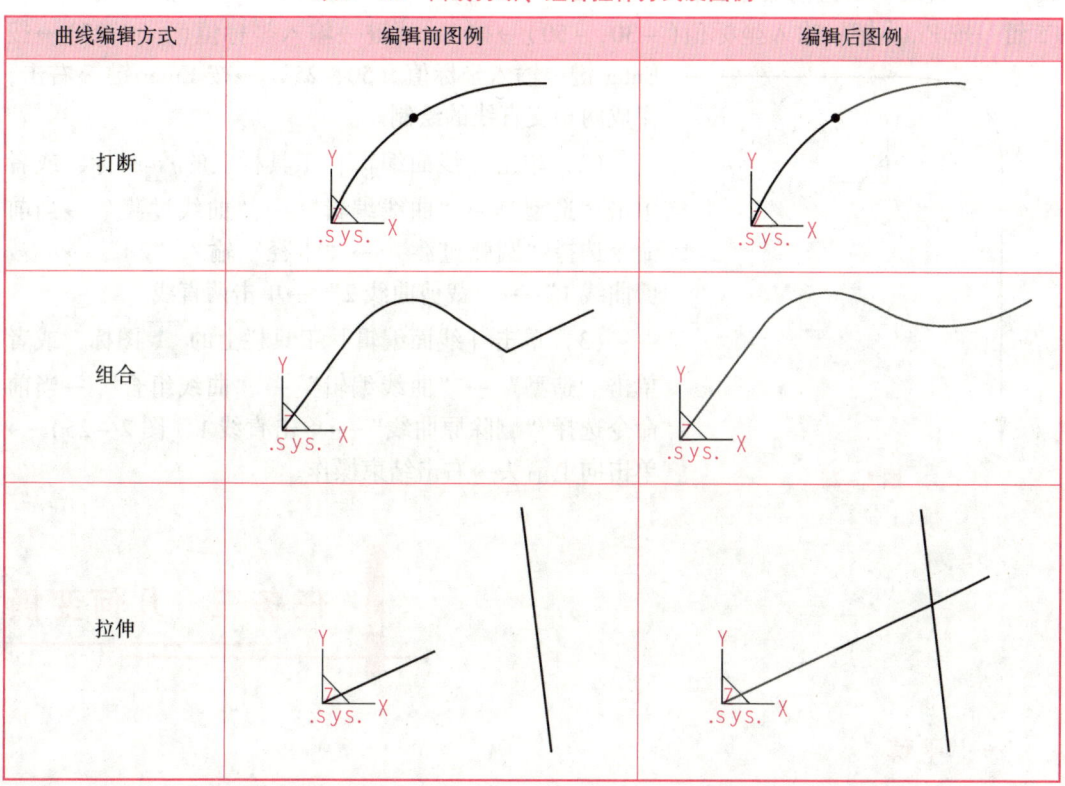

范例实施：完成图 2–24 曲线的组合。

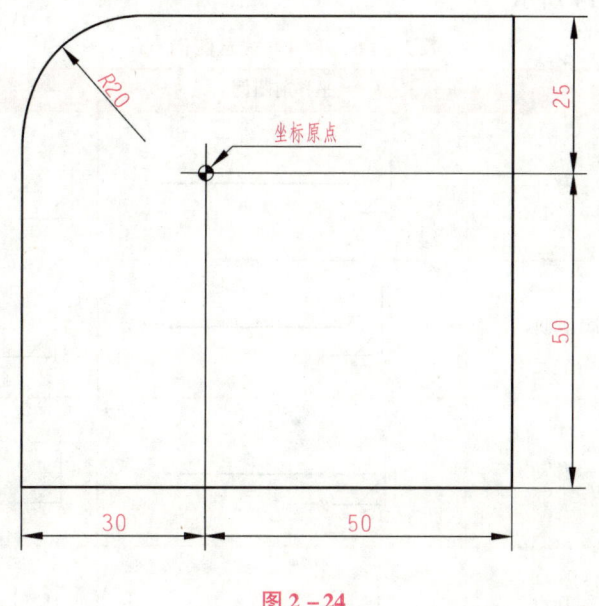

图 2–24

操作步骤：

（1）单击［曲线工具］工具栏上的 图标，或者单击主菜单"造型"→"曲线生

成"→"直线"→当前命令选择"两点线"→"单个"→"正交"→"点方式"→按F5键→按Enter键→输入坐标值(-30,-50)→按Enter键→输入坐标值(-30,25)→按Enter键→输入坐标值(50,25)→按Enter键→右击,完成两相交直线的绘制。

(2)单击[线面编辑]工具栏上的 图标,或者单击"造型"→"曲线编辑"→"曲线过渡"→当前命令选择"圆弧过渡"→"半径"输入"20"→"裁剪曲线1"→"裁剪曲线2"→单击两直线。

(3)单击[线面编辑]工具栏上的 图标,或者单击"造型"→"曲线编辑"→"曲线组合"→当前命令选择"删除原曲线"→单击直线1(图2-25)→单击向上箭头→右击结束操作。

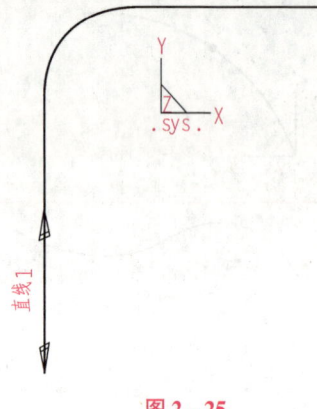

图2-25

任务三 几何变换

一、平移

平移是指对所拾取的曲线或曲面进行平移或拷贝。平移的方式有两种:偏移量方式和两点方式,如表2-14所示。

表2-14 平移方式及图例

平移方式		平移前图例	平移后图例
偏移量方式	移动		
	拷贝		
两点方式	移动		
	拷贝		

范例实施：完成图 2-26 空间样条线的绘制。

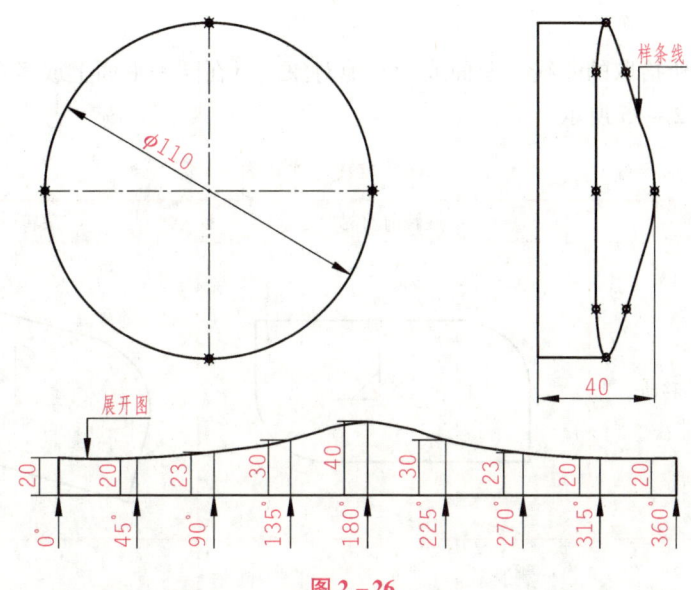

图 2-26

操作步骤：

（1）单击［曲线工具］工具栏上的 ⊕ 图标，或者单击主菜单"造型"→"曲线生成"→"圆"→当前命令选择"圆心_半径"→按 F5 键→按 Enter 键→输入坐标值（0，0）→按 Enter 键→输入半径值"55"→按 Enter 键→右击完成圆的绘制。

（2）单击［曲线工具］工具栏上的 图标，或者单击主菜单"造型"→"曲线生成"→"点"→按 F5 键→当前命令选择"批量点"→"等分点"→"段数"中输入"8"→单击拾取圆（在圆上生成 8 个等分点）。

（3）单击［几何变换］工具栏上的 图标，或者单击主菜单"造型"→"几何变换"→"平移"→当前命令选择"偏移量"→"移动"→"DX="中输入"0.0000"→"DY="中输入"0.0000"→"DZ="中输入"40.0000"→单击圆弧 0°方向点→右击结束操作（同理，完成其他点的平移），结果如图 2-27 所示。

（4）单击［曲线工具］工具栏上的 图标，或者单击主菜单"造型"→"曲线生成"→"样条"→当前命令选择"插值"→"缺省切矢"→"开曲线"→按 F8 键→单击依次拾取图 2-27 空中点→右击结束，如图 2-28 所示。

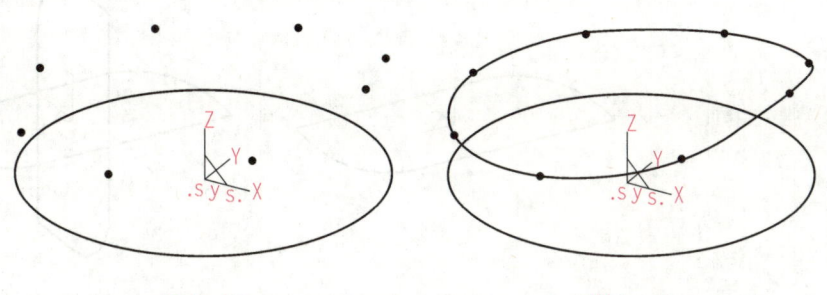

图 2-27　　　　　　　　图 2-28

二、旋转

旋转是指对所拾取的曲线、曲面或者其他对象进行在同一平面上或者在空间的旋转移动或拷贝，如表2-15所示。

表2-15 旋转方式及图例

旋转方式		旋转前图例	旋转后图例
平面旋转	移动		
	拷贝		
空间旋转	移动		
	拷贝		

范例实施：完成图 2-29 平面图形的绘制。

操作步骤：

(1) 单击［曲线工具］工具栏上的 ▭ 图标，或者单击主菜单"造型"→"曲线生成"→"矩形"→当前命令选择"中心_长_宽"→"长度="中输入"35.0000"→"宽度="中输入"25.0000"→按 F5 键→按 Enter 键→输入坐标值（0，0）→按 Enter 键，完成矩形的绘制。

(2) 单击［线面编辑］工具栏上的 ⌒ 图标，或者单击"造型"→"曲线编辑"→"曲线过渡"→当前命令选择"圆弧过渡"→"半径"中输入"7"→"裁剪曲线1"→"裁剪曲线2"→连续单击矩形相邻两边，完成倒圆角的绘制。

(3) 单击［几何变换］工具栏上的 ⚙ 图标，或者单击主菜单"造型"→"几何变换"→"平面旋转"→当前命令选择"固定角度"→"移动"→"角度="中输入"45.0000"→拾取坐标原点为旋转中心→框选已绘图素→右击结束操作，结果如图 2-30 所示。

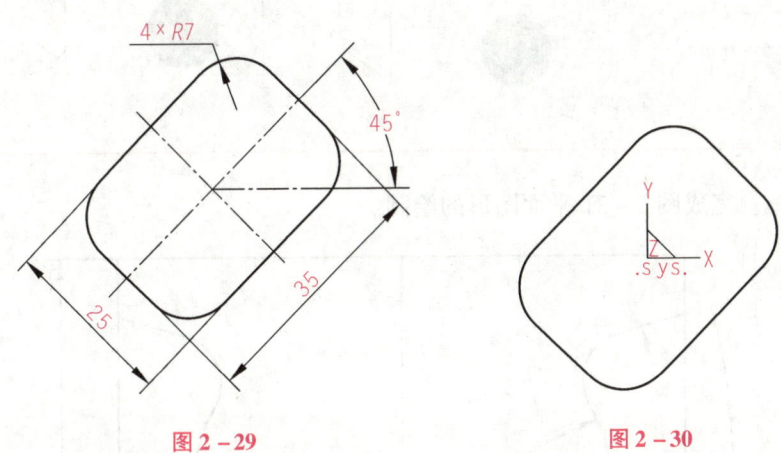

图 2-29　　　　　　　　　　图 2-30

三、镜像

镜像是指对拾取的曲线、曲面或者其他对象以某一条直线为对称轴，进行同一平面或者空间上的镜像移动或拷贝，如表 2-16 所示。

表 2-16　镜像方式及图例

镜像方式		镜像前图例	镜像后图例
平面镜像	移动		

续表

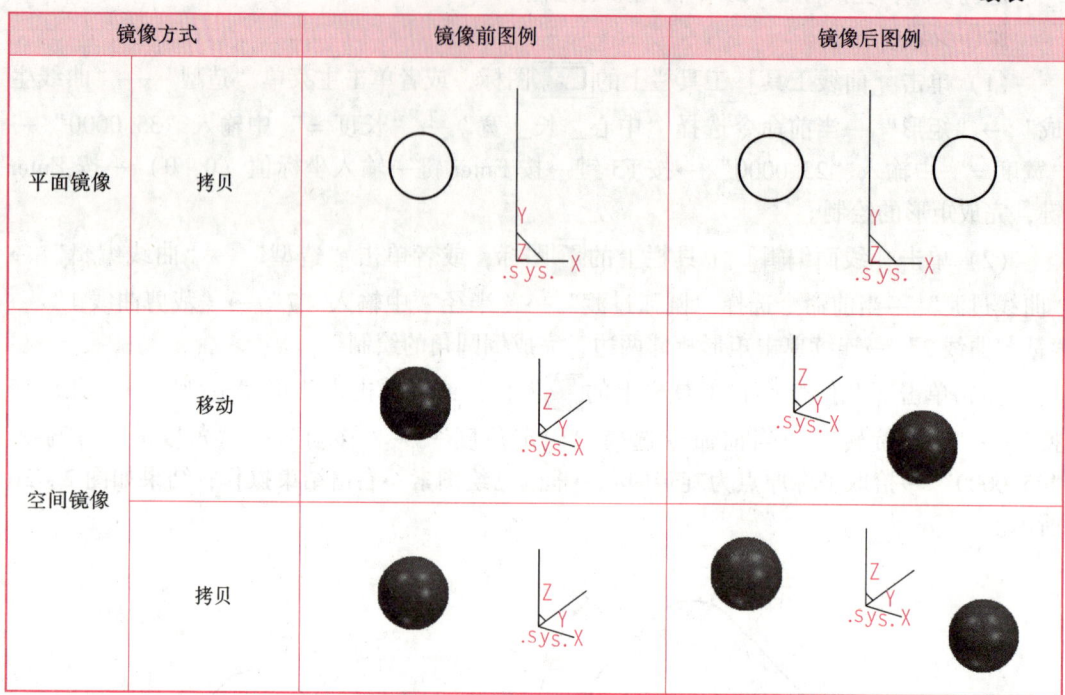

范例实施：完成图 2-31 平面图形的绘制。

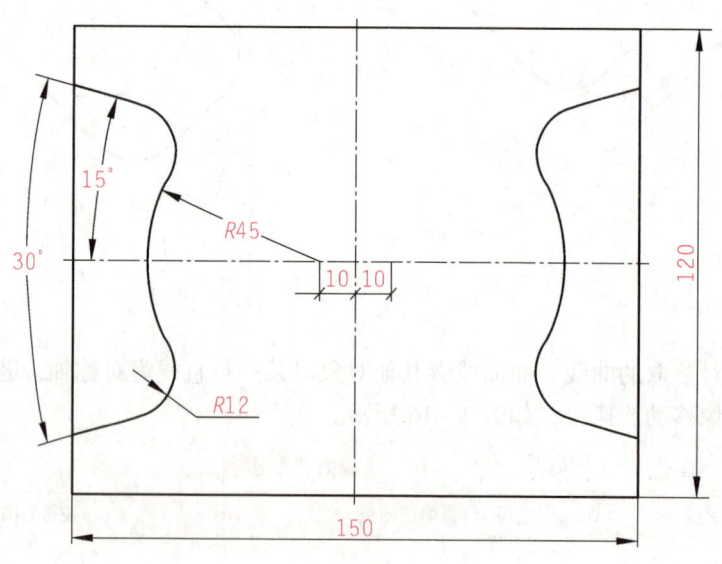

图 2-31

操作步骤：

（1）单击［曲线工具］工具栏上的 图标，或者单击主菜单"造型"→"曲线生成"→"矩形"→当前命令选择"中心＿长＿宽"→"长度＝"中输入"150.0000"→"宽度＝"中输入"120.0000"→按 F5 键→按 Enter 键→输入坐标值（0，0）→按 Enter 键，完成矩形的绘制。

(2) 单击［曲线工具］工具栏上的 ⊕ 图标，或者单击主菜单"造型"→"曲线生成"→"圆"→当前命令行选择"圆心_半径"→按 F5 键→按 Enter 键→输入坐标值 (-10, 0)→按 Enter 键→输入半径值"45"→按 Enter 键，完成效果如图 2-32 所示。

(3) 单击［曲线工具］工具栏上的 ╱ 图标，或者单击主菜单"造型"→"曲线生成"→"直线"→当前命令选择"角度线"→"X 轴夹角"→"角度="中输入"-15.0000"→按 F5 键→按 Enter 键→输入坐标值 (-75, 45)→按 Enter 键→单击圆内任意一点，完成效果如图 2-33 所示。

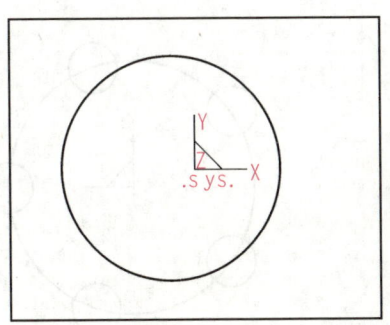 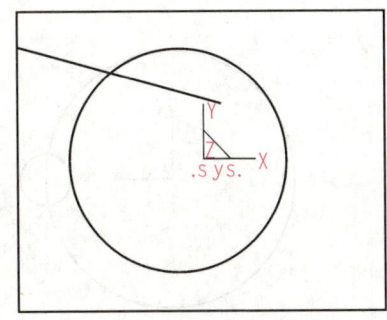

图 2-32   图 2-33

(4) 单击［曲线工具］工具栏上的 ╱ 图标，或者单击主菜单"造型"→"曲线生成"→"直线"→当前命令选择"角度线"→"X 轴夹角"→"角度="中输入"15.0000"→按 F5 键→按 Enter 键→输入坐标值 (-75, -45)→按 Enter 键→单击圆内任意一点，完成效果如图 2-34 所示。

(5) 单击［线面编辑］工具栏上的 ⌒ 图标，或者单击"造型"→"曲线编辑"→"曲线过渡"→当前命令选择"圆弧过渡"→"半径"输入"12"→"裁剪曲线1"→"裁剪曲线2"→连续单击线 1、圆 2 和线 2、线 1（图 2-34 箭头指引处），结果如图 2-35 所示。

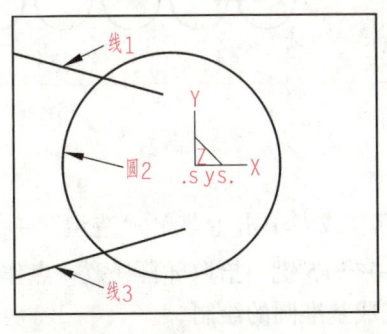 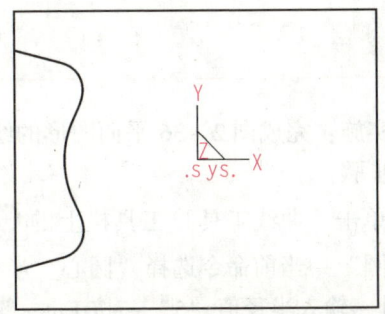

图 2-34   图 2-35

(6) 单击［几何变换］工具栏上的 图标，或者单击主菜单"造型"→"几何变换"→"平面镜像"→当前命令选择"拷贝"→"轨迹坐标系阵列"→拾取点 (0, 0)、(0, 60) 为镜像轴→拾取要镜像的图素→右击结束操作，结果如图 2-31 所示。

四、阵列

阵列是指对所拾取的曲线、曲面或者其他对象，按照圆形或矩形方式进行阵列拷贝，如表2-17所示。

表2-17 阵列方式及图例

阵列方式	阵列前图例	阵列后图例
圆形阵列	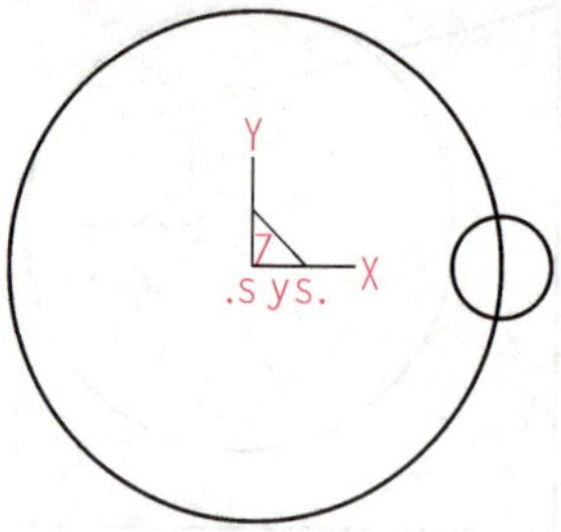	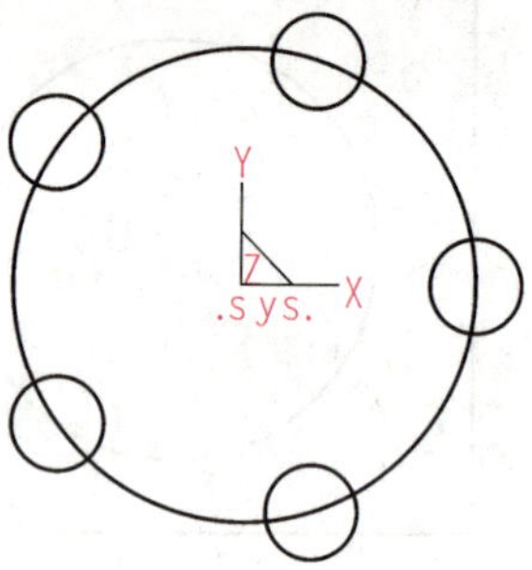
矩形阵列	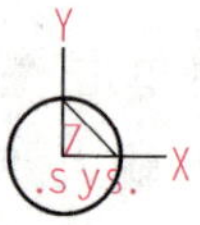	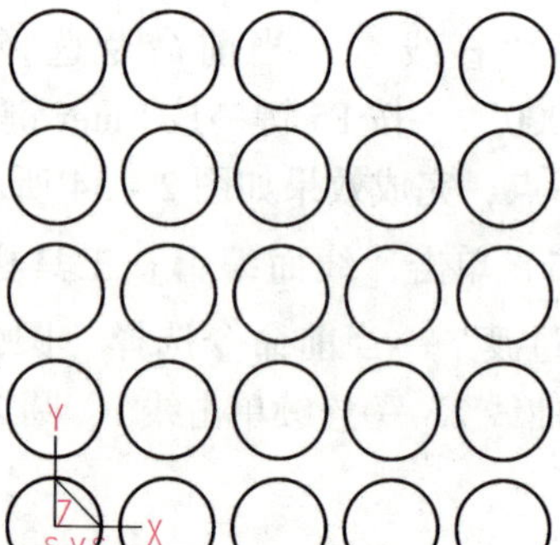

范例实施：完成图2-36平面图形的绘制。

操作步骤：

（1）单击［曲线工具］工具栏上的 ⊕ 图标，或者单击主菜单"造型"→"曲线生成"→"圆"→当前命令选择"圆心_半径"→按F5键→拾取屏幕任意一点作为圆心→按Enter键→输入半径值"5"→按Enter键，完成基准圆的绘制。

（2）单击［几何变换］工具栏上的 图标，或者单击主菜单"造型"→"几何变换"→"阵列"→当前命令选择"矩形"→"行数"中输入"5"→"行距"中输入"12"→"列数"中输入"5"→"列矩"中输入"12"→"角度="中输入"45"→拾取要阵列的圆→右击结束操作，结果如图2-37所示。

项目二 二维图形绘制

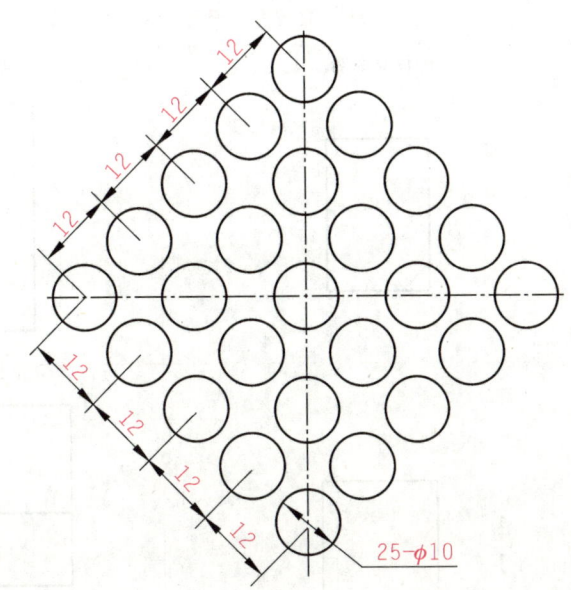

图 2-36

(3) 单击[几何变换]工具栏上的 图标,或者单击主菜单"造型"→"几何变换"→"平移"→当前命令选择"两点"→"移动"→"非正交"→框选拾取所有图素→右击结束拾取→拾取图素正中心小圆圆心为基点→拾取坐标原点(0,0)为目标点→右击结束操作,结果如图 2-38 所示。

图 2-37　　　　　　　　　　　图 2-38

五、缩放

缩放是指对所拾取的曲线、曲面或者其他对象,按照一定的比例进行缩放移动或拷贝,如表 2-18 所示。

表 2-18 缩放方式及图例

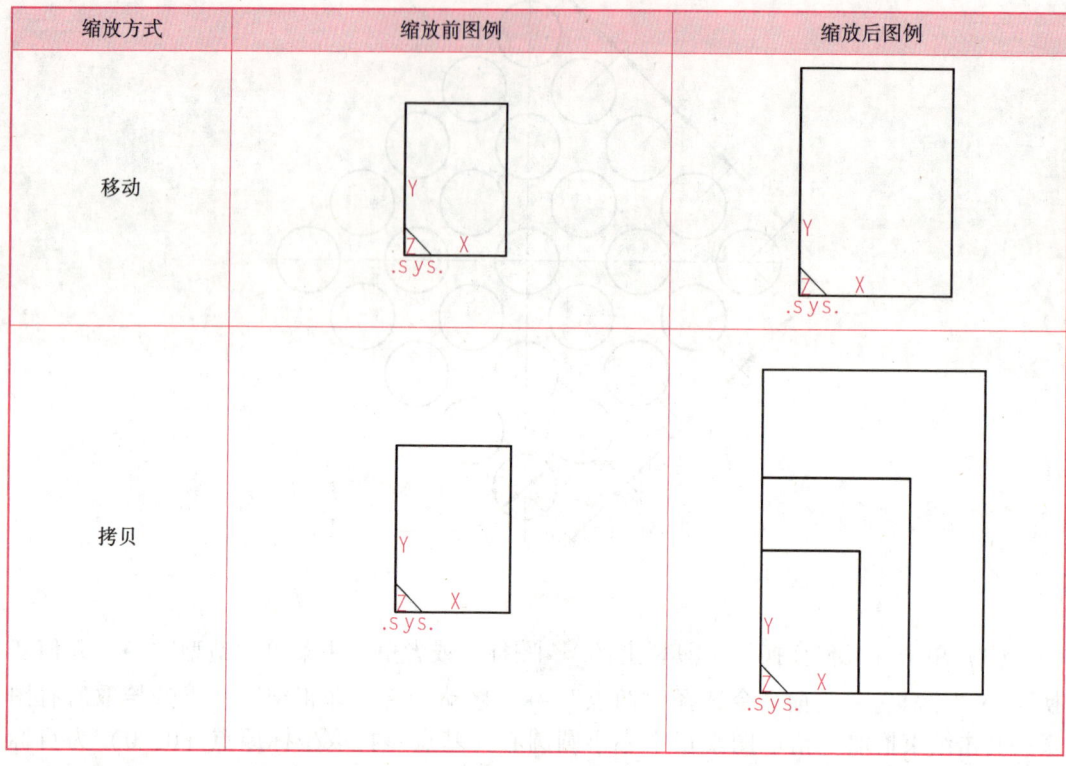

范例实施:对"XOY平面"上的圆心坐标为(0,0)、半径=5 mm的圆做3份拷贝缩放,X和Y比例均为1.5。

操作步骤:

(1)单击[曲线工具]工具栏上的 ⊕ 图标,或者单击主菜单"造型"→"曲线生成"→"圆"→当前命令选择"圆心_半径"→按F5键→按Enter键→输入坐标值(0,0)→按Enter键→输入半径值"5"→按Enter键,完成效果如图2-39所示。

(2)单击[几何变换]工具栏上的 图标,或者单击主菜单"造型"→"几何变换"→"缩放"→当前命令选择"拷贝"→"份数="中输入"3"→"X比例="中输入"1.5000"→"Y比例="中输入"1.5000"→"Z比例="中输入"0.0000"→拾取坐标原点(0,0)为基点→拾取圆为缩放对象→右击结束操作,结果如图2-40所示。

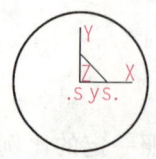

图 2-39

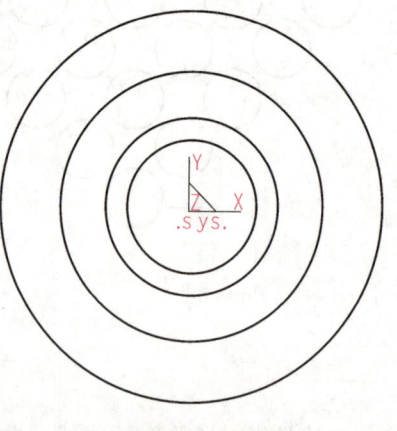

图 2-40

任务四　二维图形绘制综合实例

一、完成图 2-41 二维图形吊钩的绘制

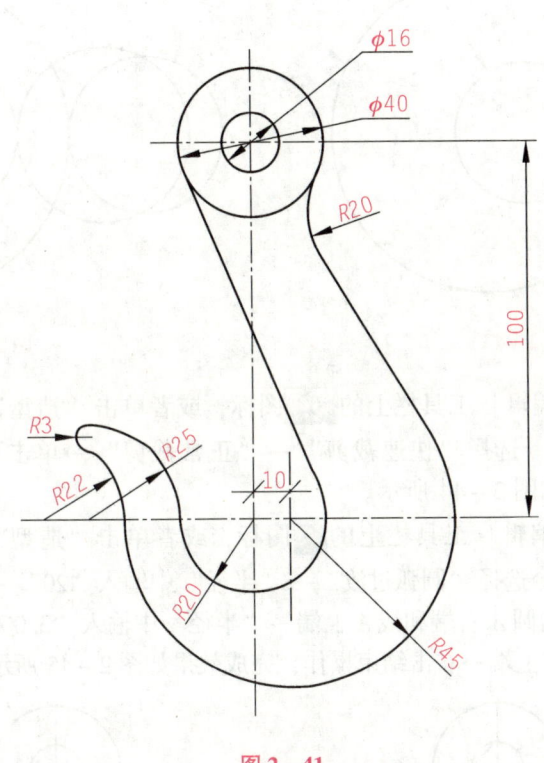

图 2-41

操作步骤：

(1) 单击［曲线工具］工具栏上的 ⊕ 图标，或者单击主菜单"造型"→"曲线生成"→"圆"→当前命令选择"圆心_半径"→按 F5 键→按 Enter 键→输入坐标值（0，0）→按 Enter 键→输入半径值"8"→按 Enter 键→输入半径值"20"→右击→按 Enter 键→输入坐标值（0，-100）→输入半径值"20"→右击→按 Enter 键→输入坐标值（10，-100）→输入半径值"45"→右击→按 Enter 键→输入坐标值（-45，-100）→输入半径值"25"→右击→按 Enter 键→输入坐标值（-57，-100）→输入半径值"22"→右击，完成效果如图 2-42 所示。

(2) 单击［曲线工具］工具栏上的 ╱ 图标，或者单击主菜单"造型"→"曲线生成"→"直线"→当前命令选择"两点线"→"单个"→"非正交"→按 F5 键→"T 切点"→拾取圆 A 切点大概位置→拾取圆 B 切点大概位置→"S 缺省点"→拾取原点（0，0）→"T 切点"→拾取圆 C 切点大概位置→右击结束操作，完成效果如图 2-43 所示。

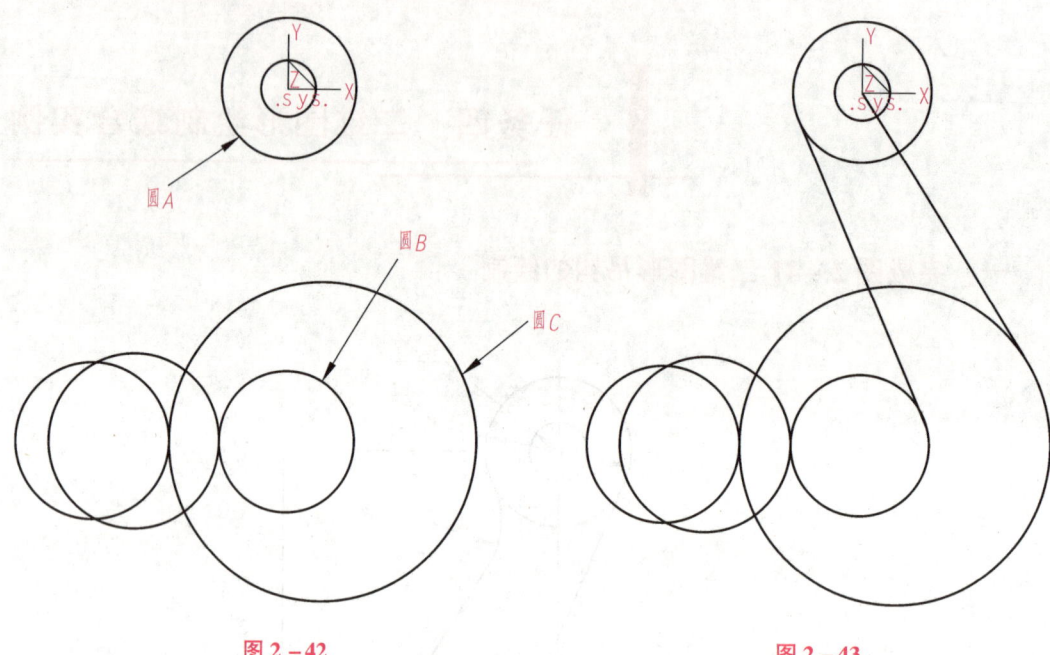

图 2-42   图 2-43

(3) 单击[线面编辑]工具栏上的 图标,或者单击"造型"→"曲线编辑"→"曲线裁剪"→当前命令选择"快速裁剪"→"正常裁剪"→单击不要的曲线段→右击结束操作,完成效果如图 2-44 所示。

(4) 单击[线面编辑]工具栏上的 图标,或者单击"造型"→"曲线编辑"→"曲线过渡"→当前命令选择"圆弧过渡"→"半径"中输入"20"→"不裁剪曲线1"→"不裁剪曲线2"→单击圆 A 右端和线 A 上端→"半径"中输入"3.0000"→"裁剪曲线1"→单击弧 E 左端和弧 F 上端→右击结束操作,完成效果如图 2-45 所示。

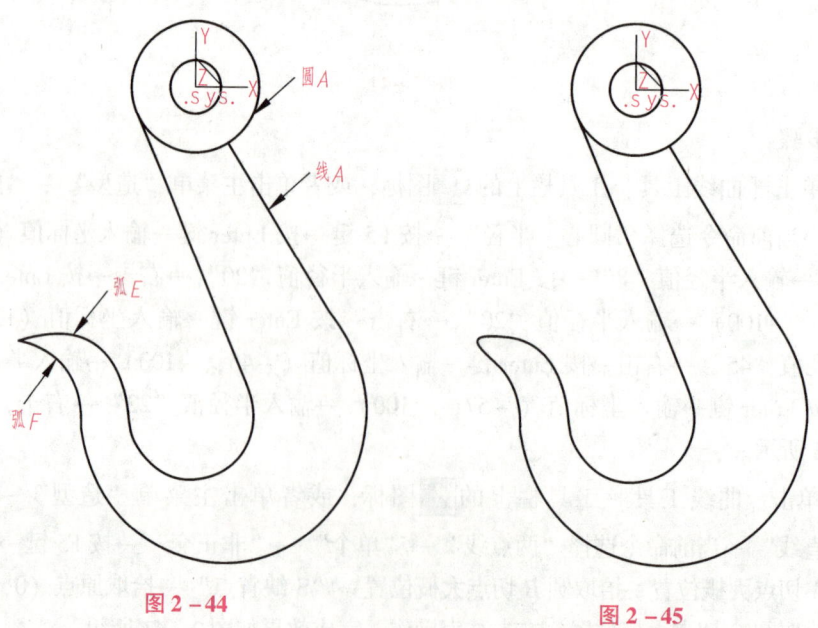

图 2-44   图 2-45

二、完成图 2-46 二维图形电话座机的绘制

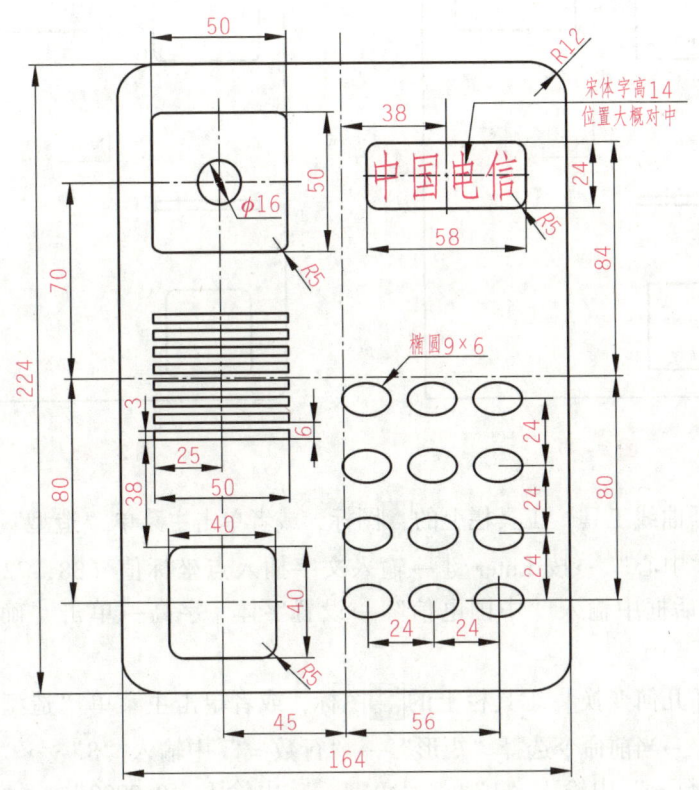

图 2-46

操作步骤：

（1）单击 [曲线工具] 工具栏上的 ▣ 图标，或者单击主菜单"造型"→"曲线生成"→"矩形"→当前命令选择"中心_长_宽"→"长度="输入"164.0000"→"宽度="输入"224.0000"→按 F5 键→按 Enter 键→输入坐标值（0，0）→按 Enter 键，完成矩形 164 mm×224 mm 的绘制。

同样的方法完成矩形 50 mm×50 mm、50 mm×3 mm、40 mm×40 mm、58 mm×24 mm 的绘制，结果如图 2-47 所示。

（2）单击 [线面编辑] 工具栏上的 ▱ 图标，或者单击"造型"→"曲线编辑"→"曲线过渡"→当前命令选择"圆弧过渡"→"半径"中输入"12"→"裁剪曲线1"→"裁剪曲线2"→连续单击矩形相邻两边。

用同样的方法完成其他圆角 R5 mm 的绘制，结果如图 2-48 所示。

（3）单击 [曲线工具] 工具栏上的 ◉ 图标，或者单击主菜单"造型"→"曲线生成"→"椭圆"→当前命令选择"长半轴"中输入"9.0000"→"短半轴"中输入"6.0000"→"旋转角"中输入"0.0000"→"起始角"中输入"0.0000"→"终止角"中输入"360.0000"→按 F5 键→按 Enter 键→输入坐标值（56，-80）→按 Enter 键。

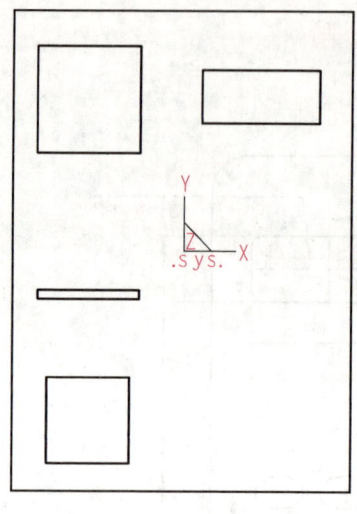

图 2-47　　　　　　　　图 2-48

(4) 单击［曲线工具］工具栏上的  图标，或者单击主菜单"造型"→"文字"→当前命令选择"中心"→按 Enter 键→输入文字插入点坐标值（38，72）→在弹出的"文字输入"对话框中输入"中国电信"→设置字体、字高→单击"确定"按钮，如图 2-49 所示。

(5) 单击［几何变换］工具栏上的图标，或者单击主菜单"造型"→"几何变换"→"阵列"→当前命令选择"矩形"→"行数="中输入"8"→"行距="中输入"6"→"列数="中输入"1"→"角度="中输入"0.0000"→"轨迹坐标系阵列"→拾取要阵列的矩形 50×3→右击结束操作。

用同样的方法完成椭圆 9×6 mm 的阵列，结果如图 2-50 所示。

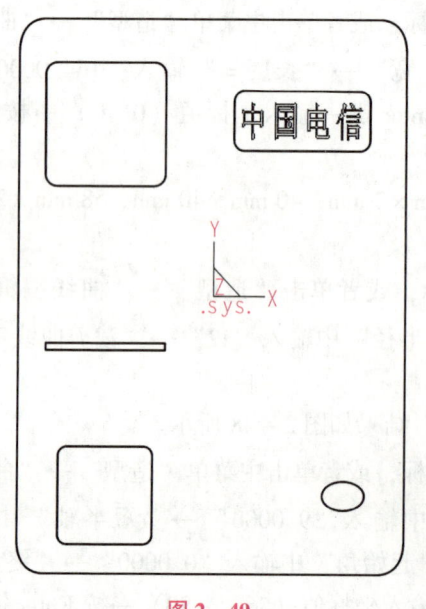

图 2-49

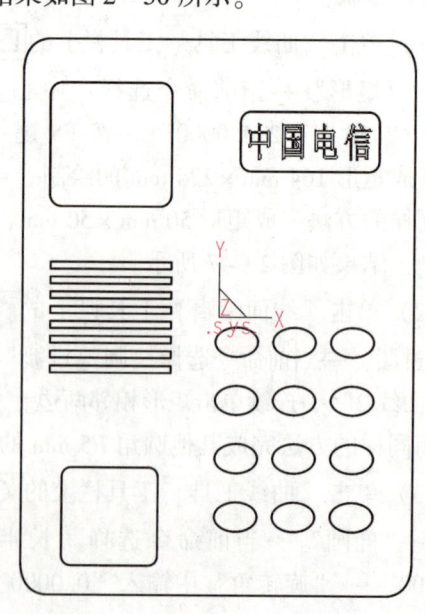

图 2-50

课后习题及上机操作训练

1. 图形的阵列采用哪些方式?
2. 绘制半径 = 20 mm、螺距 = 5 mm、回转 6 圈、定位点（0，0）的三维螺旋线。
3. 绘制图 2-51~图 2-59 所示的二维图形。

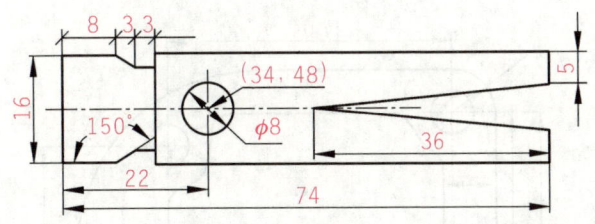

图 2-51

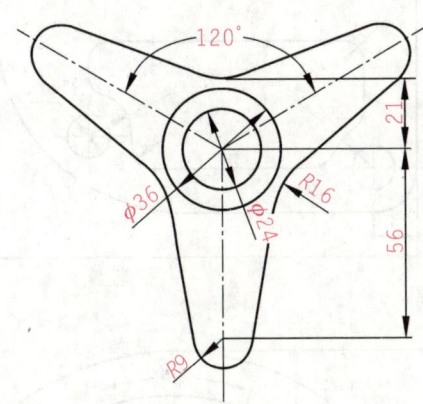

图 2-52

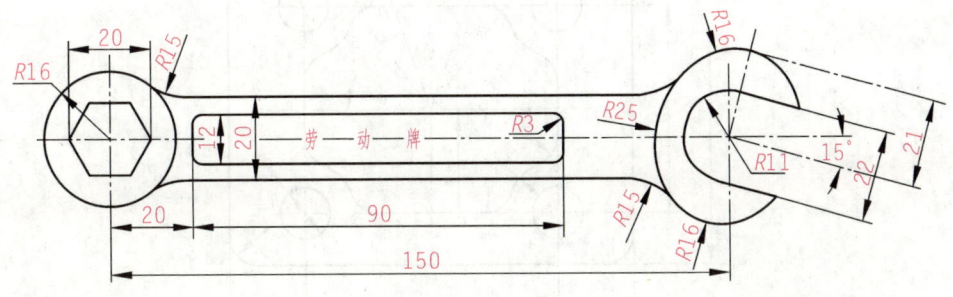

图 2-53

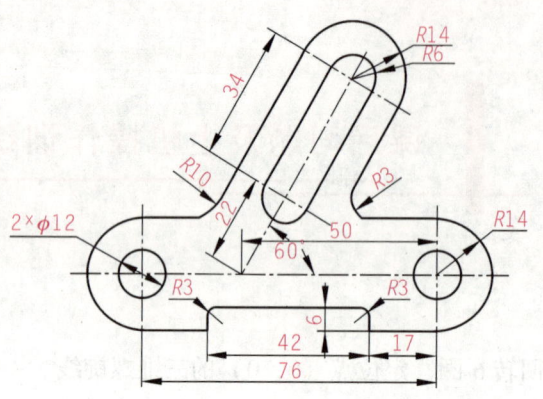

图 2-54

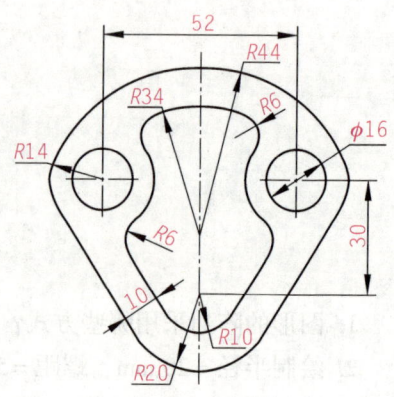

图 2-55

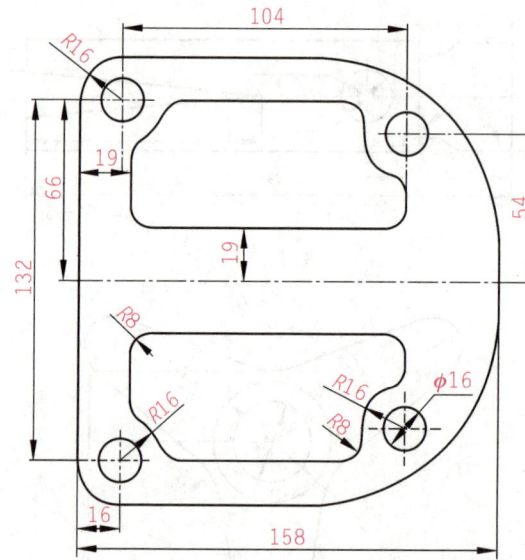

图 2-56

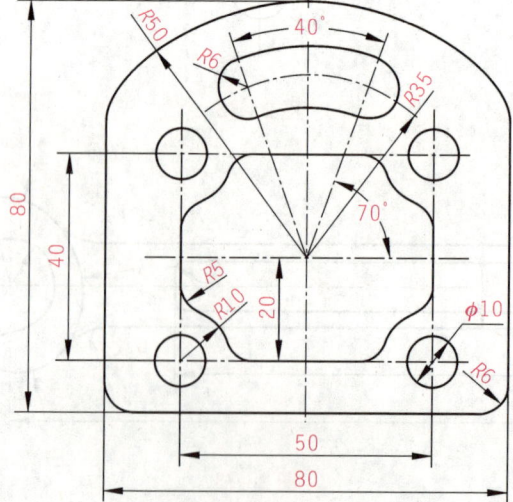

图 2-57

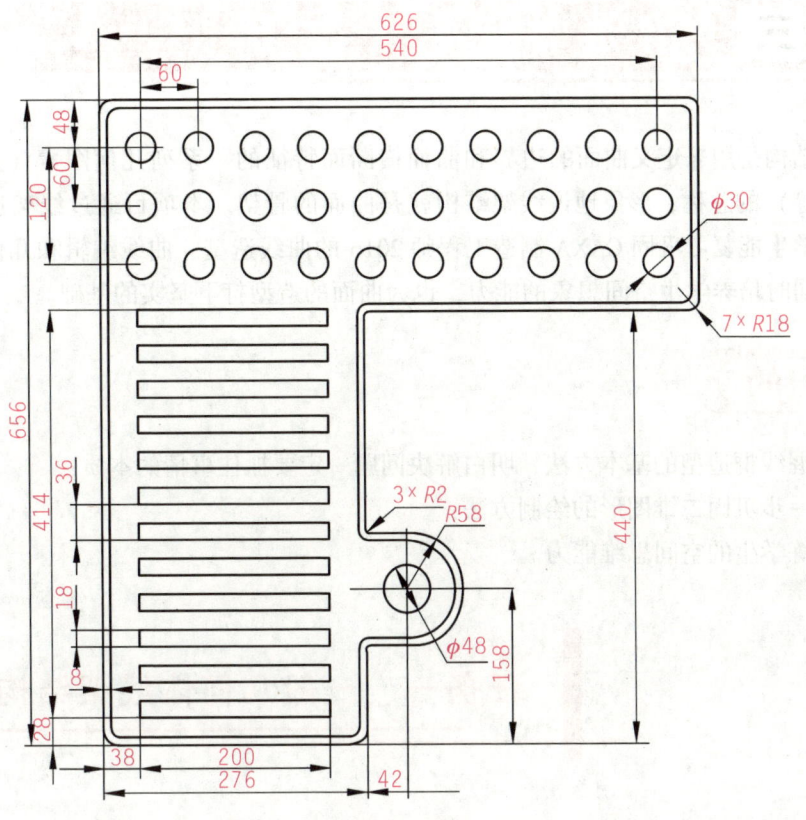

图 2-58

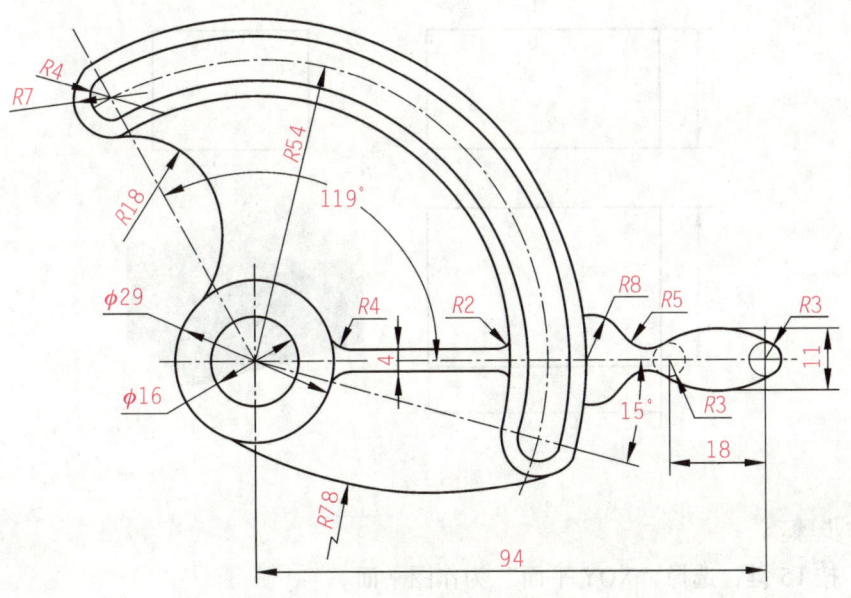

图 2-59

项目三　线架造型实例

　　线架结构是用来定义曲面的边界和曲面横断面特征的一系列几何图素（点、线、圆弧、曲线等）的总称，形象地说线架结构就是曲面的骨架。本项目通过线架造型实例的学习，使学生能复习巩固 CAXA 制造工程师 2016 的曲线造型、曲线编辑和几何转换等基本功能；同时培养学生空间想象的能力，也为曲面的造型打下坚实的基础。

学习目的

1. 掌握线框造型的基本方法，明白解决问题一定要抓住事情的本质；
2. 进一步巩固二维图形的绘制方法；
3. 训练学生的空间思维能力。

任务一　一般几何体线架结构的绘制

一、完成图 3-1 所示长方体线架结构的绘制

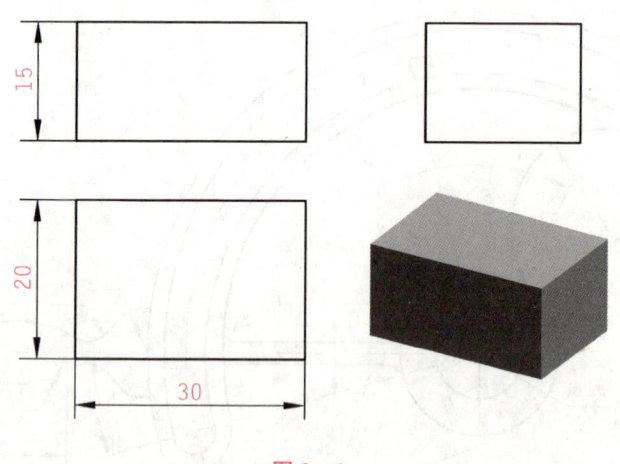

图 3-1

操作步骤：

（1）按 F5 键，选择"XOY 平面"为作图平面。

（2）单击 [曲线工具] 工具栏上的 ▇ 图标，或者单击主菜单"造型"→"曲线生成"→"矩形"→当前命令选择"中心_长_宽"→"长度="中输入"30"→"宽度="中输入"20"→按 Enter 键→输入坐标值（0, 0）→按 Enter 键→右击结束操作。

(3) 按 F8 键,选择"轴测图"显示。

(4) 单击 [几何变换] 工具栏上的 图标,或者单击主菜单"造型"→"几何变换"→"平移"→当前命令选择"偏移量"→"拷贝"→"DX ="中输入"0.0000"→"DY"中输入"0.0000"→"DZ ="中输入"15.0000"→鼠标左键框选已绘矩形→右击结束操作。

(5) 单击 [曲线工具] 工具栏上的 图标,或者单击主菜单"造型"→"曲线生成"→"直线"→当前命令选择"两点线"→"单个"→"非正交"→按 S 键→连续拾取两矩形上下对应点→右击结束操作,如图 3-2 所示。

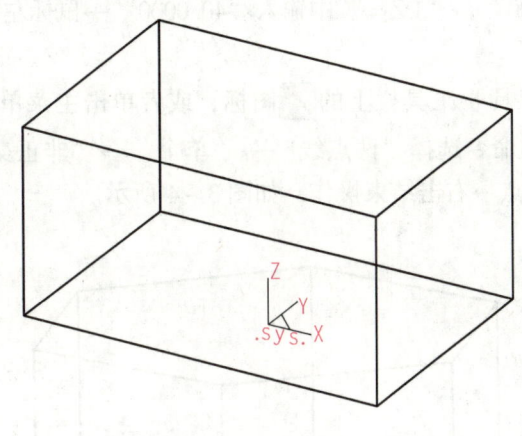

图 3-2

二、完成图 3-3 所示六棱柱线架结构的绘制

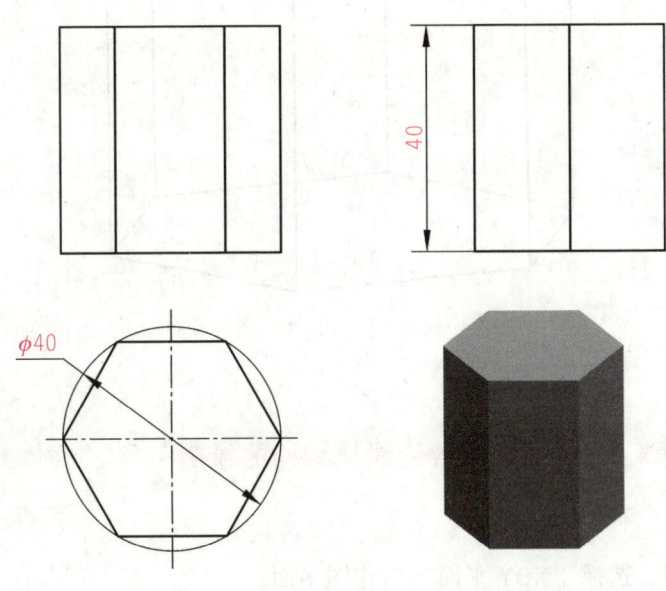

图 3-3

操作步骤：

（1）按F5键，选择"XOY平面"为作图平面。

（2）单击［曲线工具］工具栏上的 ⬢ 图标，或者单击主菜单"造型"→"曲线生成"→"多边形"→当前命令选择"中心"→"边数"中输入"6"→"内接"→拾取坐标原点→按Enter键→输入半径值"20"→按Enter键。

（3）按F8键，选择"轴测图"显示。

（4）单击［几何变换］工具栏上的 ⚙ 图标，或者单击主菜单"造型"→"几何变换"→"平移"→当前命令选择"偏移量"→"拷贝"→"DX ="中输入"0.0000"→"DY ="中输入"0.0000"→"DZ ="中输入"40.0000"→鼠标左键框选已绘正六边形→右击结束操作。

（5）单击［曲线工具］工具栏上的 ✏ 图标，或者单击主菜单"造型"→"曲线生成"→"直线"→当前命令选择"两点线"→"单个"→"非正交"→按S键→连续拾取两正六边形上下对应点→右击结束操作，如图3-4所示。

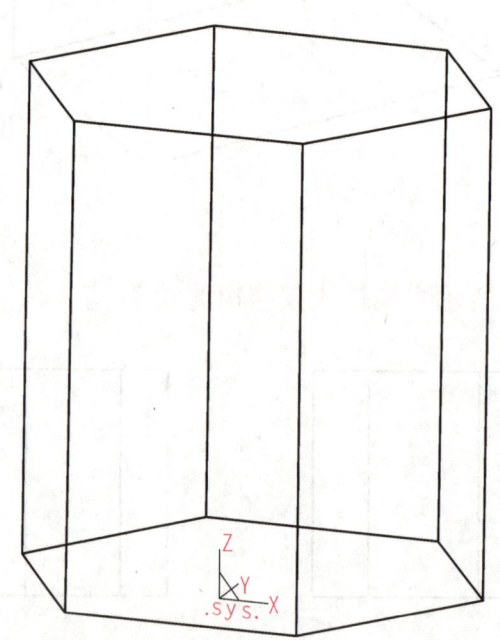

图3-4

三、完成图3-5所示正六棱锥线架结构的绘制

操作步骤：

（1）按F5键，选择"XOY平面"为作图平面。

（2）单击［曲线工具］工具栏上的 ⬢ 图标，或者单击主菜单"造型"→"曲线生

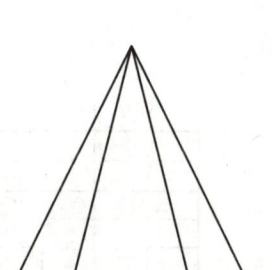
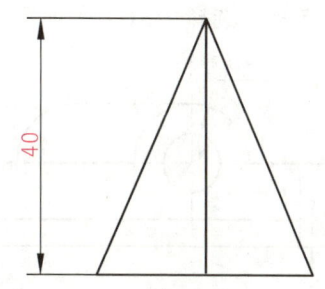
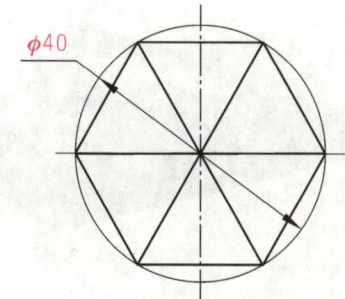
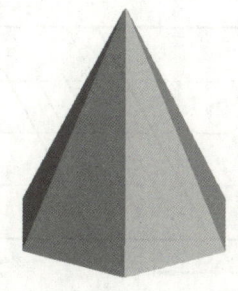

图 3-5

成"→"V 多边形"→当前命令选择"中心"→"边数"中输入"6"→"内接"→拾取坐标原点→按 Enter 键→输入半径值"20"→按 Enter 键。

(3) 按 F8 键,选择"轴测图"显示。

(4) 单击 [曲线工具] 工具栏上的 ■ 图标,或者单击主菜单"造型"→"曲线生成"→"点"→按 Enter 键→输入坐标值(0,0,40)→按 Enter 键。

(5) 单击 [曲线工具] 工具栏上的 ╱ 图标,或者单击主菜单"造型"→"曲线生成"→"直线"→当前命令选择"两点线"→"单个"→"非正交"→按 S 键→连续拾取两正六边形角点和已绘制点→右击结束操作,如图 3-6 所示。

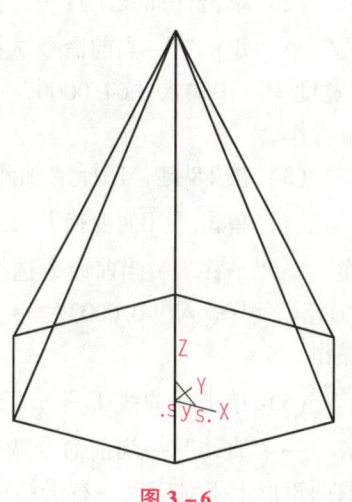

图 3-6

任务二 典型零件线架结构的绘制

一、完成图 3-7 所示组合体零件线架结构的绘制

操作步骤:

(1) 按 F5 键,选择"XOY 平面"为作图平面。

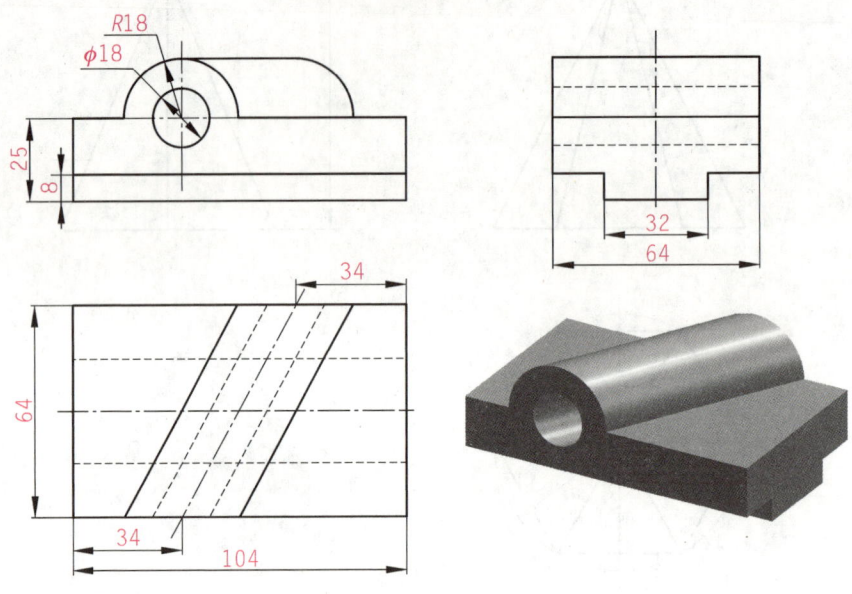

图 3-7

(2) 单击 [曲线工具] 工具栏上的 ▨ 图标,或者单击主菜单"造型"→"曲线生成"→"矩形"→当前命令选择"中心_长_宽"→"长度="中输入"104.0000"→"宽度="中输入"64.0000"→按 Enter 键→输入坐标值(0,0)→按 Enter 键→右击结束操作。

(3) 按 F8 键,选择"轴测图"显示。

(4) 单击 [几何变换] 工具栏上的 ▨ 图标,或者单击主菜单"造型"→"几何变换"→"平移"→当前命令选择"偏移量"→"拷贝"→"DX="中输入"0.0000"→"DY="中输入"0.0000"→"DZ="中输入"17.0000"→框选已绘矩形→右击结束操作。

(5) 单击 [曲线工具] 工具栏上的 ▨ 图标,或者单击主菜单"造型"→"曲线生成"→"直线"→当前命令选择"两点线"→"单个"→"非正交"→按 S 键→连续拾取两矩形上下对应点→右击结束操作。

(6) 单击 [曲线工具] 工具栏上的 ▨ 图标,或者单击主菜单"造型"→"曲线生成"→"矩形"→当前命令选择"中心_长_宽"→"长度="中输入"104.0000"→"宽度="中输入"32.0000"→按 Enter 键→输入坐标值(0,0,-8)→按 Enter 键→右击结束操作。

(7) 按 F9 键,选择"YOZ 平面"为作图平面。

(8) 单击 [曲线工具] 工具栏上的 ▨ 图标,或者单击主菜单"造型"→"曲线生成"→"直线"→当前命令选择"两点线"→"单个"→"正交"→"长度方式"→"长度="中输入"8"→按 S 键→拾取矩形 104 mm×32 mm 一角点→移动鼠标指针(当直线与矩形相交即可)→单击→右击结束操作。

(9) 重复步骤（8），完成矩形 104 mm × 32 mm 其他角点上直线的绘制，如图 3-8 所示。

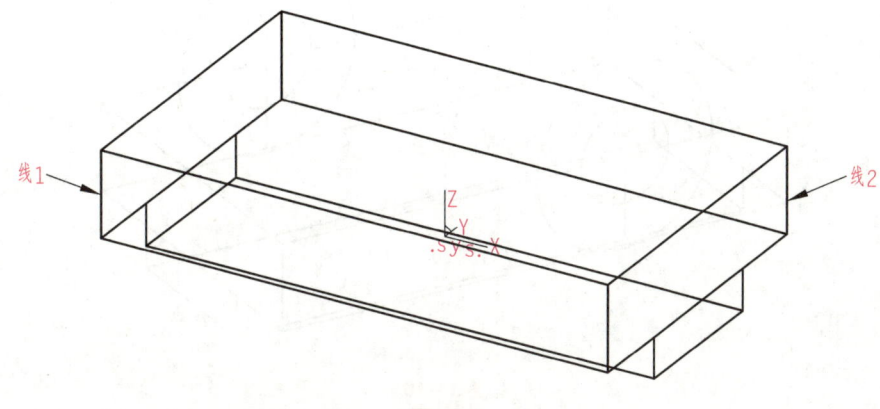

图 3-8

(10) 按 F9 键，选择 "XOZ 平面" 为作图平面。

(11) 单击 [曲线工具] 工具栏上的 图标，或者单击主菜单 "造型" → "曲线生成" → "等距线" → 当前命令选择 "单根曲线" → "等距" → "距离" 中输入 "34.0000" → 拾取线 1（图 3-8）→ 选择右侧箭头 → 拾取线 2（图 3-8）→ 选择左侧箭头 → 右击结束操作，如图 3-9 所示。

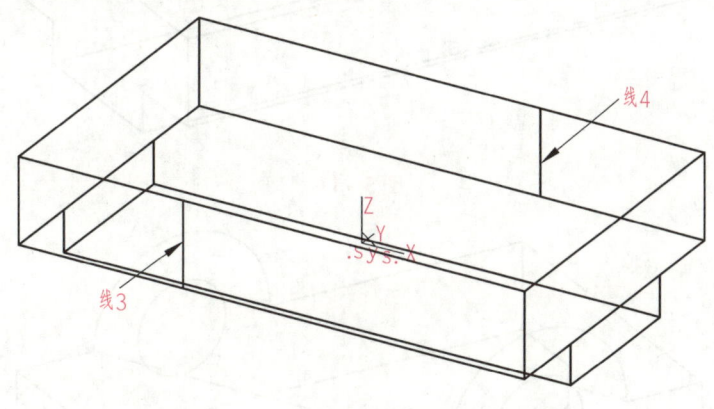

图 3-9

(12) 单击 [曲线工具] 工具栏上的 图标，或者单击主菜单 "造型" → "曲线生成" → "圆" → 当前命令选择 "圆心_半径" → 拾取线 3（图 3-9）上端端点 → 按 Enter 键 → 输入半径值 "9" → 按 Enter 键 → 输入半径值 "18" → 拾取线 4（图 3-9）上端端点 → 按 Enter 键 → 输入半径值 "9" → 按 Enter 键 → 输入半径值 "18" → 右击结束操作，如图 3-10 所示。

(13) 鼠标中键旋转图形配合，裁剪和删除多余曲线，如图 3-11 所示。

(14) 单击 [曲线工具] 工具栏上的 图标，或者单击主菜单 "造型" → "曲线生成" → "直线" → 当前命令选择 "两点线" → "单个" → "非正交" → 按 S 键 → 连续拾取弧 1 和弧 2（图 3-11）对应点 → 右击结束操作，如图 3-12 所示。

· 57 ·

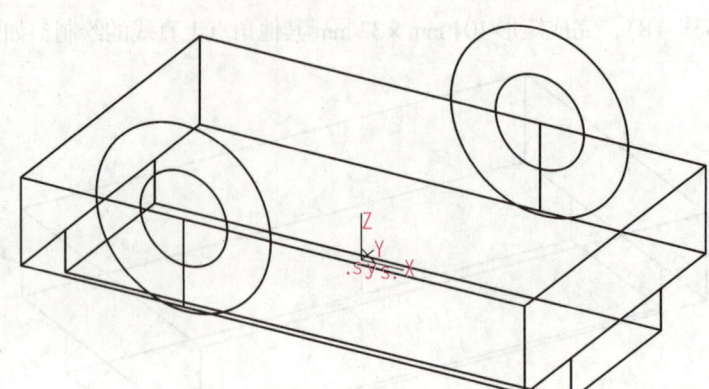

图 3 – 10

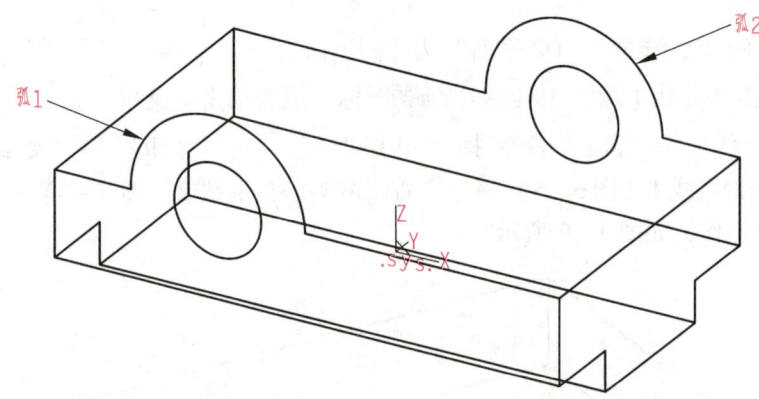

图 3 – 11

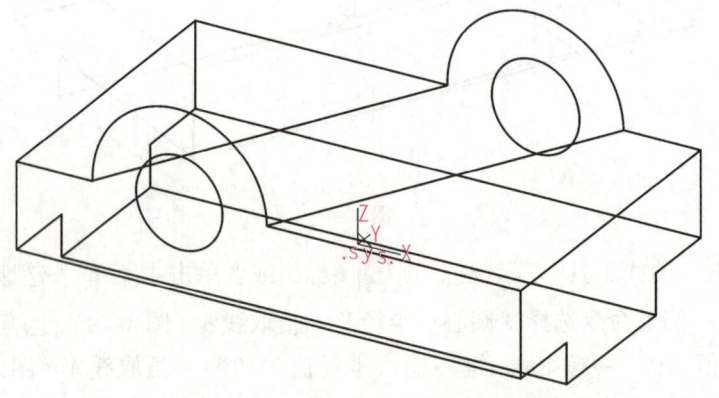

图 3 – 12

二、完成图 3 – 13 所示换向联结器线架结构的绘制

操作步骤:

(1) 按 F8 键,切换到"轴测图"方向,并按 F9 键,选择"XOY 平面"为作图平面。

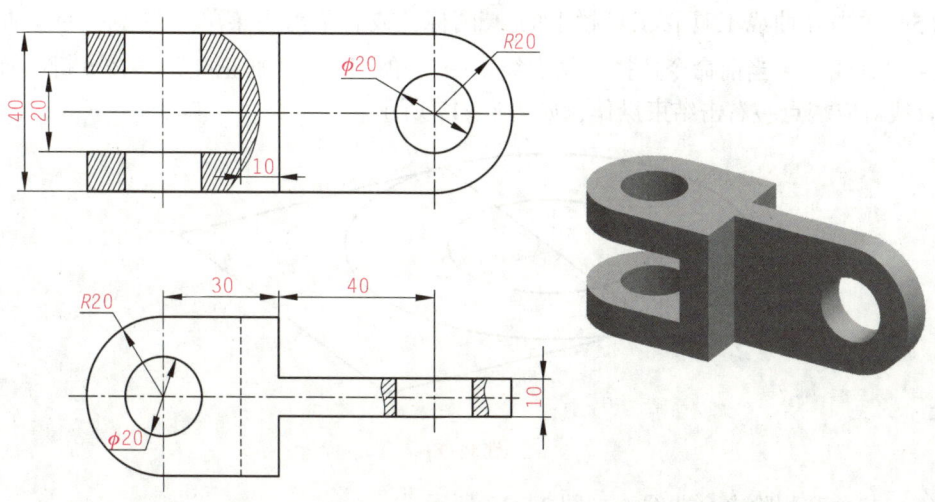

图 3-13

(2) 单击 [曲线工具] 工具栏上的 ⊕ 图标，或者单击主菜单 "造型" → "曲线生成" → "圆" → 当前命令选择 "圆心_半径" → 按 Enter 键 → 输入坐标值 (0, 0) → 按 Enter 键 → 输入半径值 "10" → 按 Enter 键 → 输入半径值 "20" → 右击结束操作，如图 3-14 所示。

(3) 单击 [曲线工具] 工具栏上的 ╱ 图标，或者单击主菜单 "造型" → "曲线生成" → "直线" → 当前命令选择 "水平/铅垂线" → "铅垂" → "长度 =" 中输入 "40.0000" → 按 Enter 键 → 输入坐标值 (0, 0) → 右击结束操作，如图 3-15 所示。

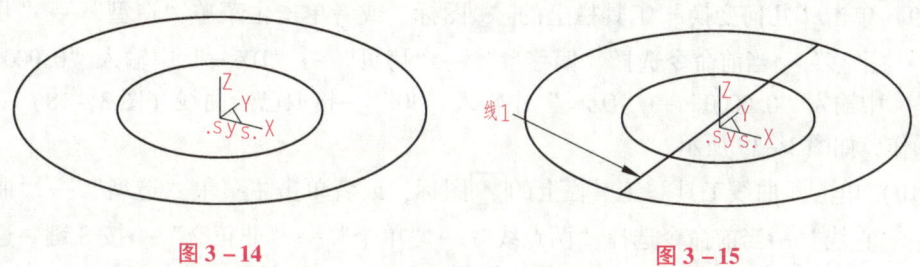

图 3-14　　　　　　　图 3-15

(4) 单击 [曲线工具] 工具栏上的 图标，或者单击主菜单 "造型" → "曲线生成" → "等距线" → 当前命令选择 "单根曲线" → "等距" → "距离" 中输入 "30" → 拾取线 1 (图 3-15) → 选择右侧箭头 → 右击结束操作，如图 3-16 所示。

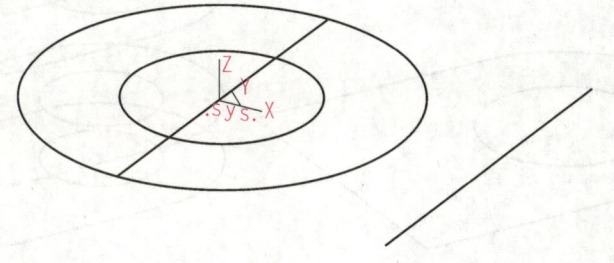

图 3-16

· 59 ·

(5) 单击[曲线工具]工具栏上的 ![icon] 图标，或者单击主菜单"造型"→"曲线生成"→"直线"→当前命令选择"两点线"→"单个"→"非正交"→按 S 键→连续拾取两直线对应端点→右击结束操作，如图 3-17 所示。

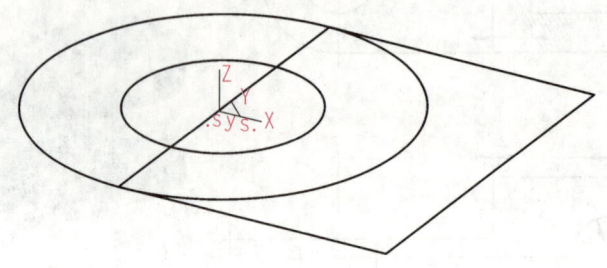

图 3-17

(6) 裁剪和删除多余曲线，如图 3-18 所示。

(7) 单击[几何变换]工具栏上的 ![icon] 图标，或者单击主菜单"造型"→"几何变换"→"平移"→当前命令选择"偏移量"→"拷贝"→"DX ="中输入"0.0000"→"DY ="中输入"0.0000"→"DZ ="中输入"10"→鼠标左键框选已绘曲线（图 3-18）→右击结束操作。

(8) 单击[几何变换]工具栏上的 ![icon] 图标，或者单击主菜单"造型"→"几何变换"→"平移"→当前命令选择"偏移量"→"拷贝"→"DX ="中输入"0.0000"→"DY ="中输入"0.0000"→"DZ ="中输入"30.0000"→拾取已绘曲线（图 3-18）→右击结束操作。

(9) 单击[几何变换]工具栏上的 ![icon] 图标，或者单击主菜单"造型"→"几何变换"→"平移"→当前命令选择"偏移量"→"拷贝"→"DX ="中输入"0.0000"→"DY ="中输入"0.0000"→"DZ ="中输入"40"→拾取已绘曲线（图 3-18）→右击结束操作，如图 3-19 所示。

(10) 单击[曲线工具]工具栏上的 ![icon] 图标，或者单击主菜单"造型"→"曲线生成"→"直线"→当前命令选择"两点线"→"单个"→"非正交"→按 S 键→连续拾取上下两平面图形的对应端点→右击结束操作，如图 3-20 所示。

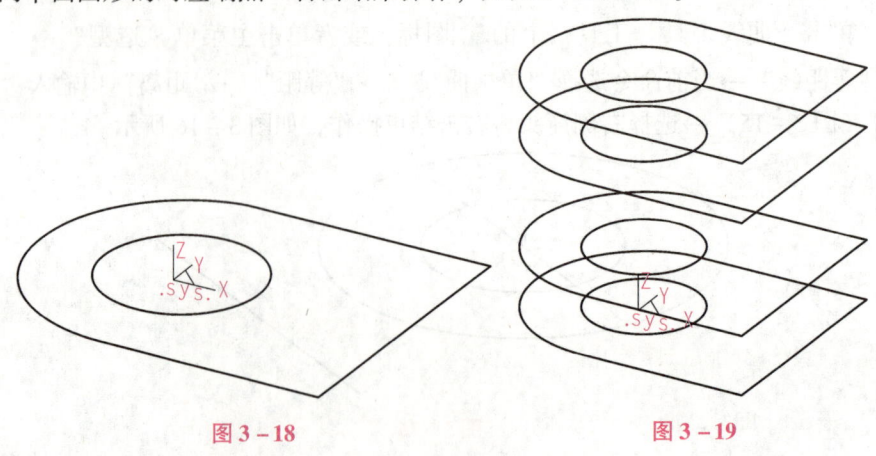

图 3-18　　　　　　　　　图 3-19

(11) 按 F9 键，切换当前绘图平面为"XOZ"。

(12) 单击［曲线工具］工具栏上的 图标，或者单击主菜单"造型"→"曲线生成"→"等距线"→当前命令选择"单根曲线"→"等距"→"距离"中输入"10.0000"→拾取线2（图3-20）→选择左侧箭头→拾取线3（图3-20）→选择左侧箭头→右击结束操作，如图3-21所示。

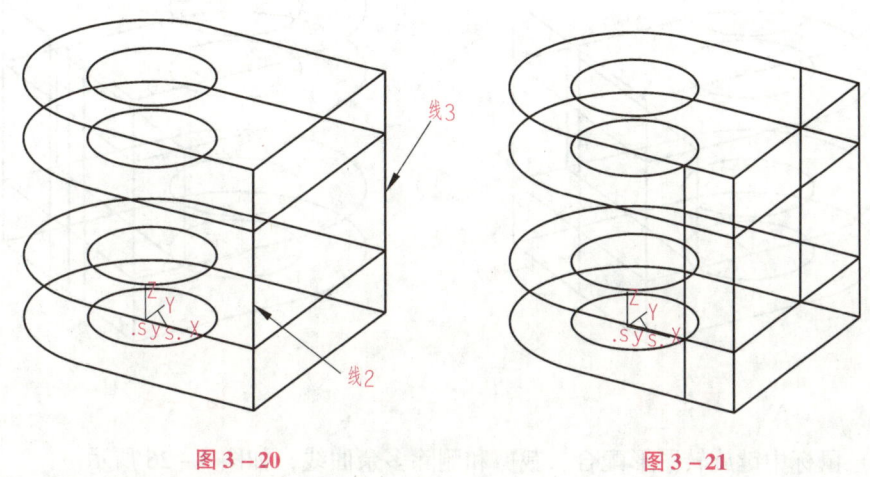

图 3-20　　　　　　　　　图 3-21

(13) 裁剪和删除多余曲线，如图3-22所示。

(14) 单击［曲线工具］工具栏上的 图标，或者单击主菜单"造型"→"曲线生成"→"直线"→当前命令选择"两点线"→"单个"→"非正交"→按 S 键→连续拾取线3和线4对应端点→右击结束操作，如图3-23所示。

(15) 单击［曲线工具］工具栏上的 图标，或者单击主菜单"造型"→"曲线生成"→"直线"→当前命令选择"两点线"→"单个"→"非正交"→按 M 键→拾取线5和线6中点→右击结束操作，如图3-24所示。

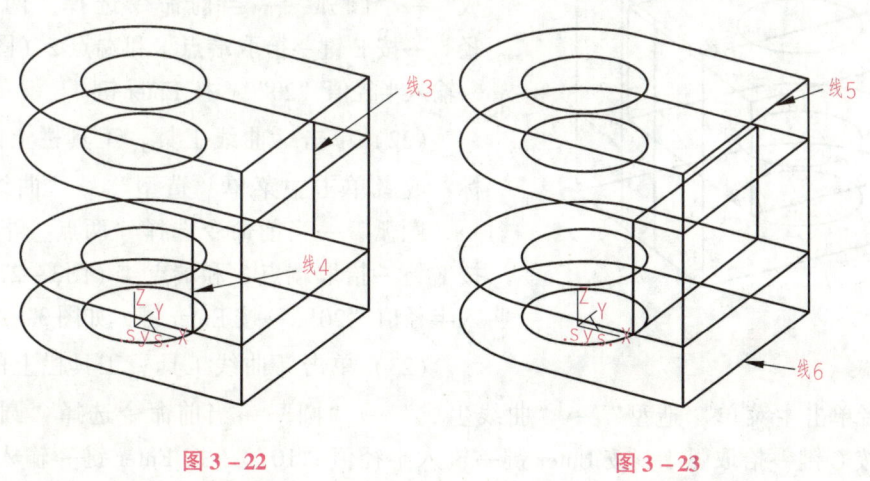

图 3-22　　　　　　　　　图 3-23

(16) 按 F9 键，切换当前绘图平面为"YOZ"。

(17) 单击［曲线工具］工具栏上的 图标，或者单击主菜单"造型"→"曲线生成"→"等距线"→当前命令选择"单根曲线"→"等距"→"距离"中输入"5.0000"→拾取线7（图3-24）→选择左侧箭头→拾取线7（图3-24）→选择右侧箭头→右击结束操作，如图3-25所示。

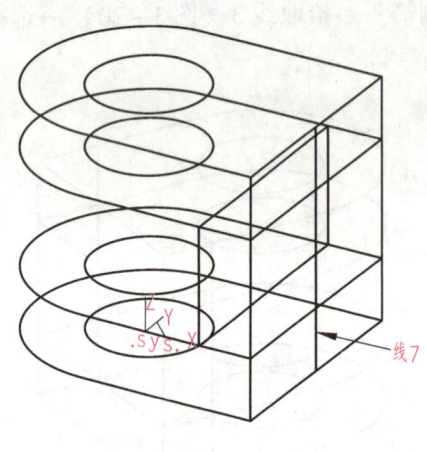

图3-24　　　　　　　　　　　图3-25

（18）鼠标中键旋转图形配合，裁剪和删除多余曲线，如图3-26所示。

（19）按F9键，切换当前绘图平面为"XOZ"。

（20）单击［曲线工具］工具栏上的 ／ 图标，或者单击主菜单"造型"→"曲线生成"→"直线"→当前命令选择"两点线"→"单个"→"正交"→"长度方式"→"长度="中输入"40.0000"→按S键→拾取线8和线9一端点→移动光标至图形的右侧→单击→重复之前鼠标动作→右击结束操作，如图3-27所示。

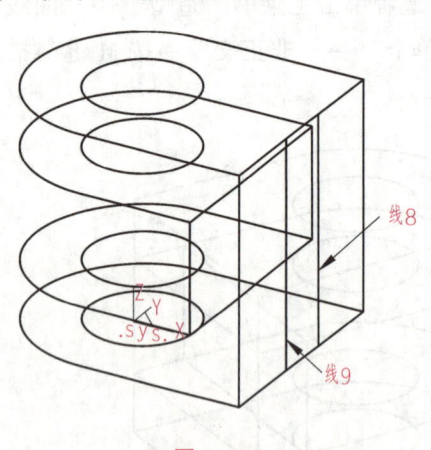

图3-26

（21）单击［曲线工具］工具栏上的 ／ 图标，或者单击主菜单"造型"→"曲线生成"→"圆弧"→当前命令选择"两点_半径"→按E键→拾取端点1和端点2（图3-27）→输入半径值"20"→按Enter键。

（22）单击［曲线工具］工具栏上的 ／ 图标，或者单击主菜单"造型"→"曲线生成"→"圆弧"→当前命令选择"两点_半径"→按E键→拾取端点3和端点4（图3-27）→输入半径值"20"→按Enter键，如图3-28所示。

（23）单击［曲线工具］工具栏上的 ⊕ 图标，或者单击主菜单"造型"→"曲线生成"→"圆"→当前命令选择"圆心_半径"→按C键→拾取弧1→按Enter键→输入半径值"10"→按Enter键→输入坐标值（30，0）→按Enter键→输入半径值"13"→按Enter键→右击结束操作。

（24）单击［曲线工具］工具栏上的 ⊕ 图标，或者单击主菜单"造型"→"曲线生

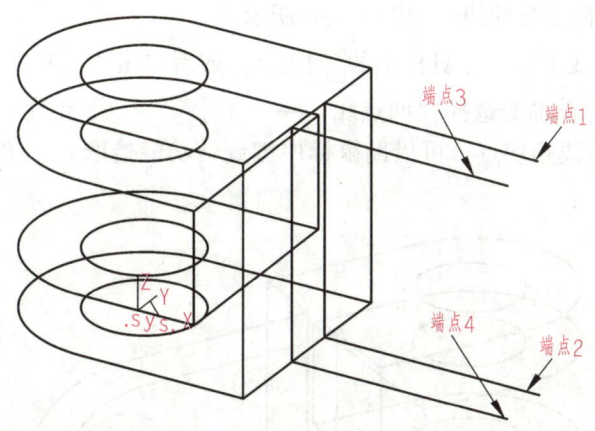

图 3-27

成"→"圆"→当前命令选择"圆心_半径"→按 C 键→拾取弧 2→按 Enter 键→输入半径值"10"→按 Enter 键→输入坐标值（30,0）→按 Enter 键→输入半径值"13"→按 Enter 键→右击结束操作，如图 3-29 所示。

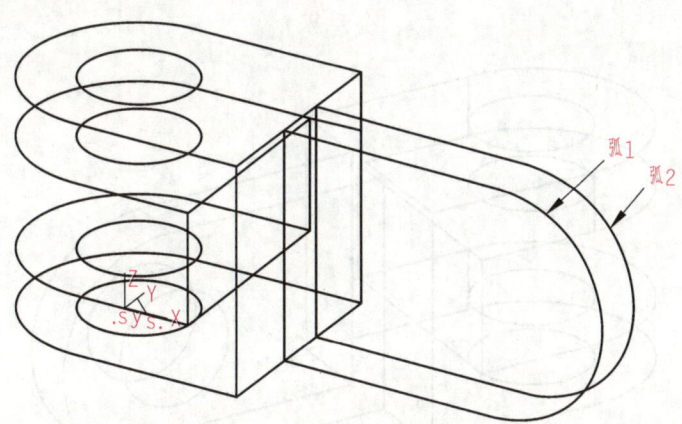

图 3-28

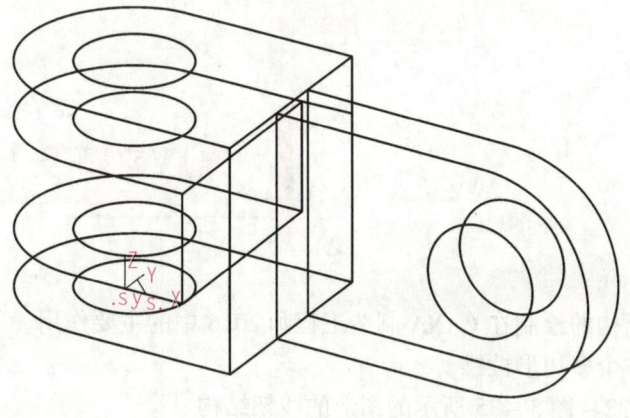

图 3-29

(25) 裁剪和删除多余曲线，如图3-30所示。

(26) 单击［曲线工具］工具栏上的 ╱ 图标，或者单击主菜单"造型"→"曲线生成"→"直线"→当前命令选择"两点线"→"单个"→"非正交"→按S键→连续拾取对应点（曲线与曲线相切点，可借助鼠标中键旋转功能拾取）→右击结束操作，如图3-31所示。

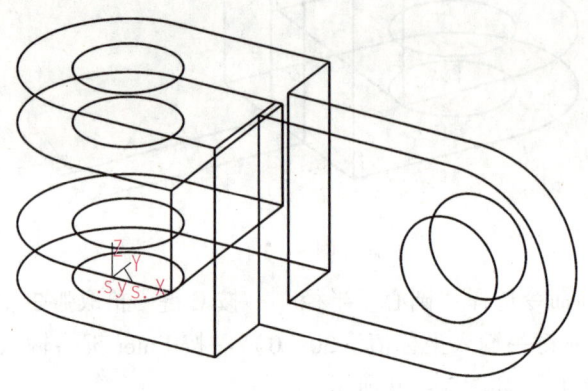

图3-30

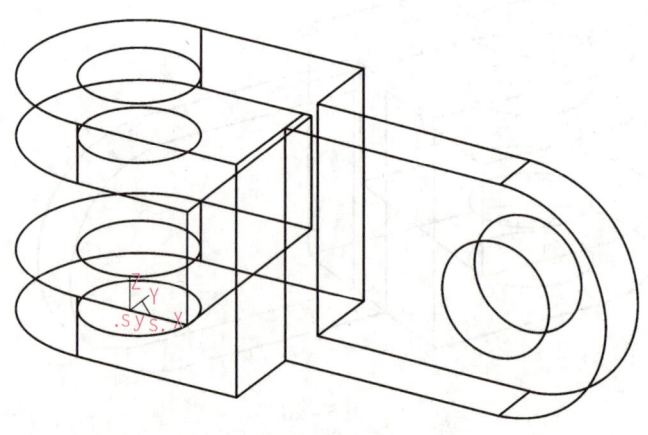

图3-31

课后习题及上机操作训练

1. 简述线架结构的绘制在CAXA制造工程师2016中的主要作用。
2. 自行绘制一个多边形棱锥。
3. 绘制图3-32~图3-35所示的图形的线架结构。

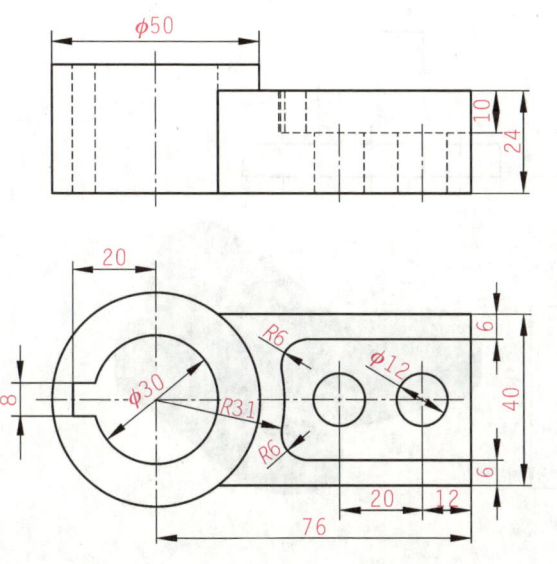

图 3-32

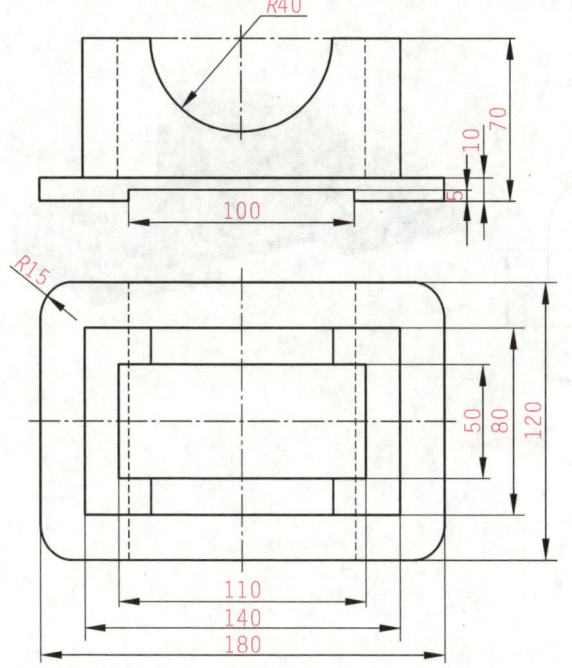
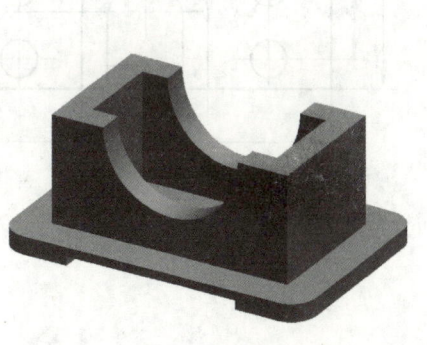

图 3-33

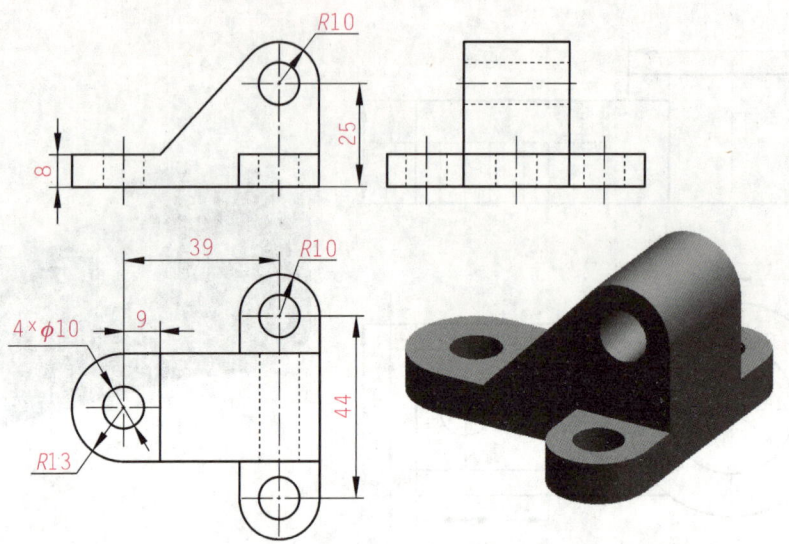

图 3-34

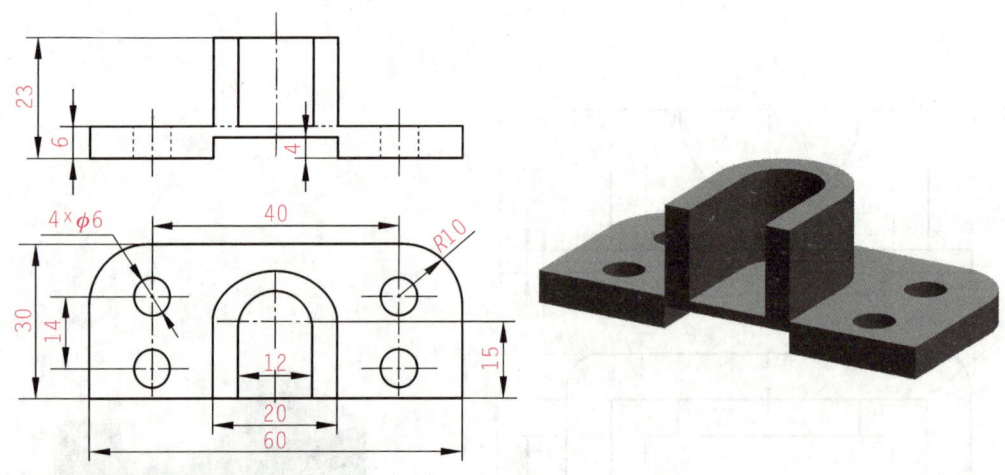

图 3-35

项目四 曲面造型及编辑

本项目主要介绍 CAXA 制造工程师 2016 丰富的曲面造型功能,主要有直纹面、旋转面、扫描面、导动面、等距面、平面、边界面、放样面、网格面、实体表面等;并能够对曲面进行简单的编辑。通过本项目的学习,能够完成中等难度曲面的绘制。

学习目的

1. 掌握曲面造型的基本知识;
2. 掌握曲面生成的使用方法;
3. 掌握曲面生成的综合应用技能,培养"敬业、精益、专注、创新"的工匠精神。

任务一 曲面的生成

一、直纹面的绘制

直纹面是指一条直线的两端点分别在两条曲线上匀速运动形成的轨迹曲面,CAXA 制造工程师 2016 提供了曲线 + 曲线、点 + 曲线和曲线 + 曲面三种方式,如表 4 – 1 所示。

表 4 – 1 直纹面绘制方式及图例

直纹面绘制方式	绘制前图例	绘制后图例
曲线 + 曲线		
点 + 曲线		
曲线 + 曲面		

范例实施:完成图4-1所示曲面的绘制。

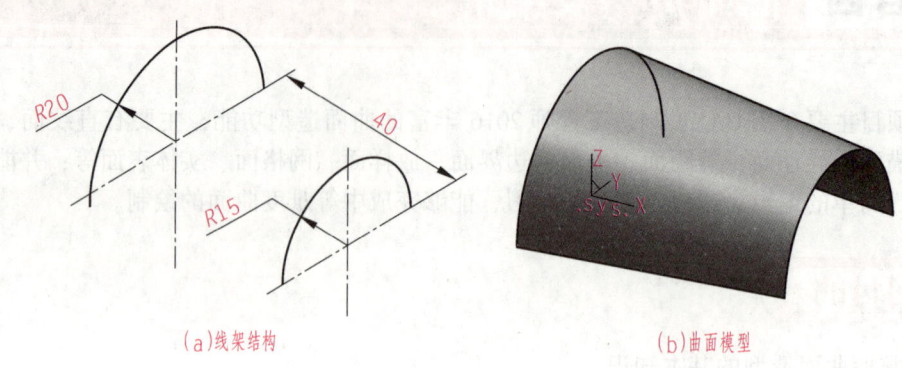

(a)线架结构　　　　　　　(b)曲面模型

图4-1

操作步骤:

(1) 绘制曲面线架结构(略),如图4-2所示。

(2) 单击[曲面生成]工具栏上的 图标,或者单击主菜单"造型"→"曲面生成"→"直纹面"→当前命令选择"曲线+曲线"→分别拾取弧1、弧2→右击结束操作,如图4-3所示。

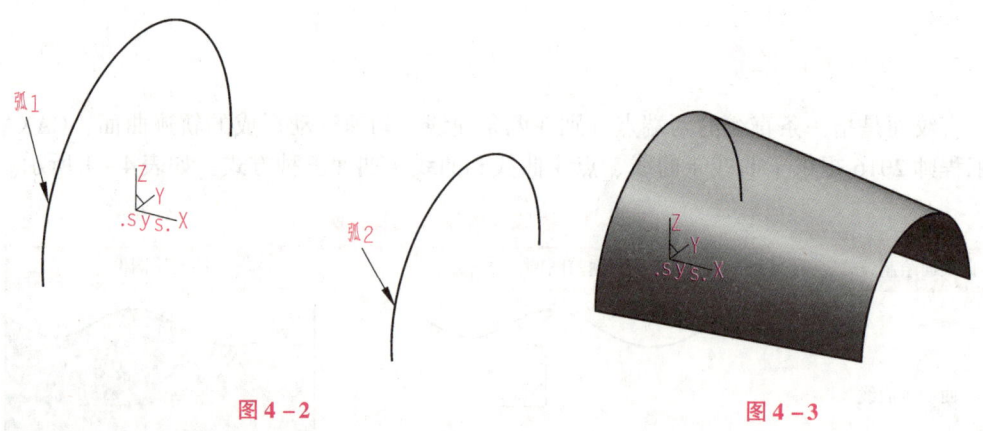

图4-2　　　　　　　　　图4-3

二、旋转面

旋转面是指按给定的起始角度、终止角度,将曲线(也称母线)绕一轴线旋转生成的轨迹曲面。

范例实施:完成图4-4所示曲面的绘制。

操作步骤:

(1) 绘制曲面线架结构(略),如图4-5所示。

(2) 单击[曲面生成]工具栏上的 图标,或者单击主菜单"造型"→"曲面生成"→"旋转面"→当前命令"起始角"中输入"0.0000"→"终止角"中输入"360.0000"→拾取旋转轴线→选择向上方向→拾取母线→右击结束操作,如图4-6所示。

项目四 曲面造型及编辑

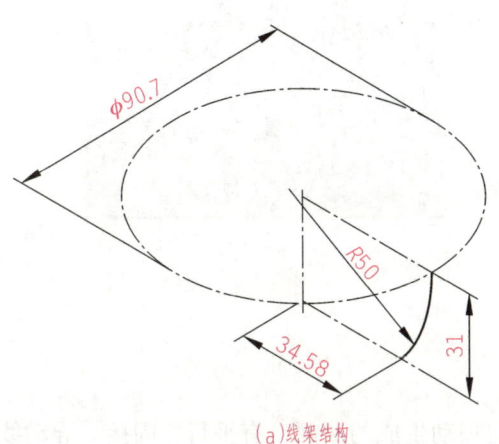
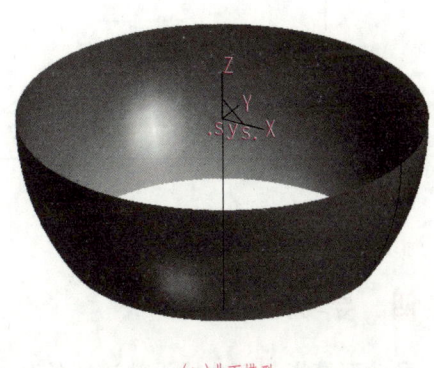

(a)线架结构　　　　　　　　　(b)曲面模型

图 4-4

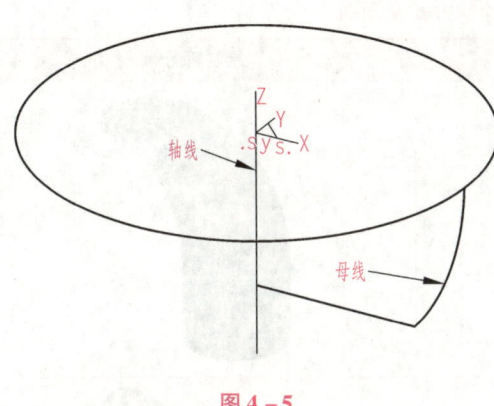
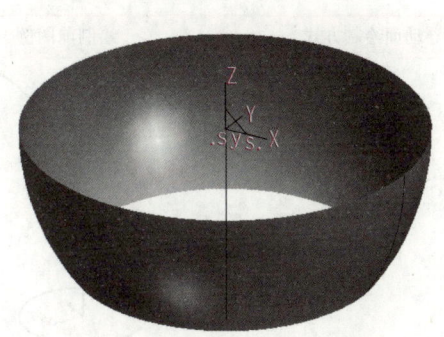

图 4-5　　　　　　　　　　　　图 4-6

三、扫描面

扫描面是指按给定的起始位置和扫描距离,将曲线沿指定方向以一定的锥度扫动生成的曲面。

范例实施：用"扫描面"曲面功能,生成长 50 mm、宽 30 mm 且位于"XOY 平面"上的矩形曲面,其左下角点坐标为 (0, 0)。

操作步骤：

(1) 按 F5 键,选择"XOY 平面"作为绘图平面。

(2) 绘制起点坐标为 (0, 0),长度为 50 mm 的水平线,如图 4-7 所示。

(3) 单击 [曲面生成] 工具栏上的  图标,或者单击主菜单"造型"→"曲面生成"→"扫描面"→当前命令选择"起始距离"中输入"0.0000"→"扫描距离"中输入"30.0000"→"扫描角度"中输入"0.0000"→"精度"中输入"0.0100"→按空格键→选择 Y 正方向→拾取直线→按 Esc 键结束操作,如图 4-8 所示。

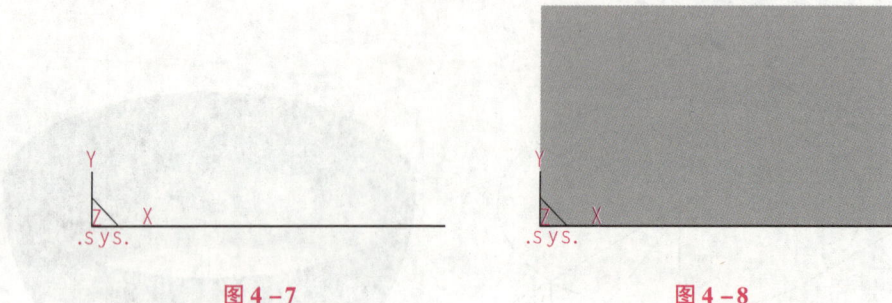

| 图 4-7 | 图 4-8 |

四、导动面

导动面是指截面曲线沿轨迹线的某一方向扫动生成的曲面,有平行、固接、导动线 & 平面、导动线 & 边界线、双导动线、管道曲面六种生成方式,如表 4-2 所示。

表 4-2 导动面绘制方式及图例

导动面绘制方式	绘制前图例	绘制后图例
平行导动		
固接导动		
导动线 & 平面		

续表

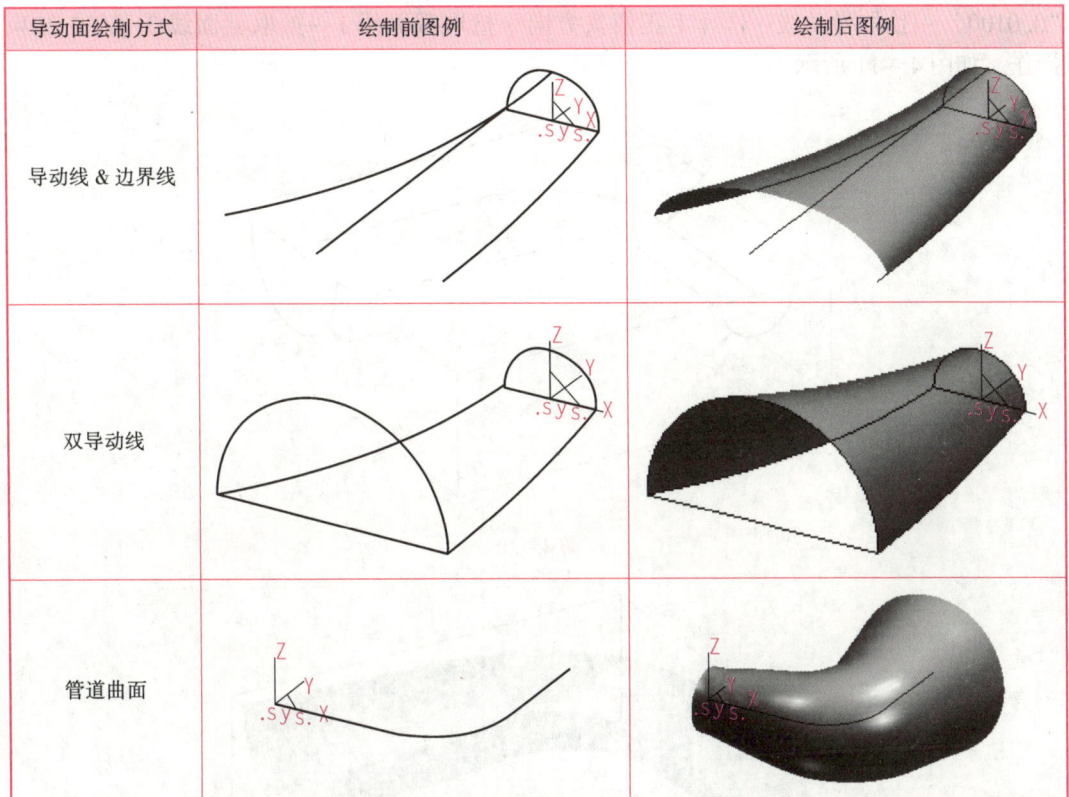

范例实施：完成图 4-9 所示曲面的绘制。

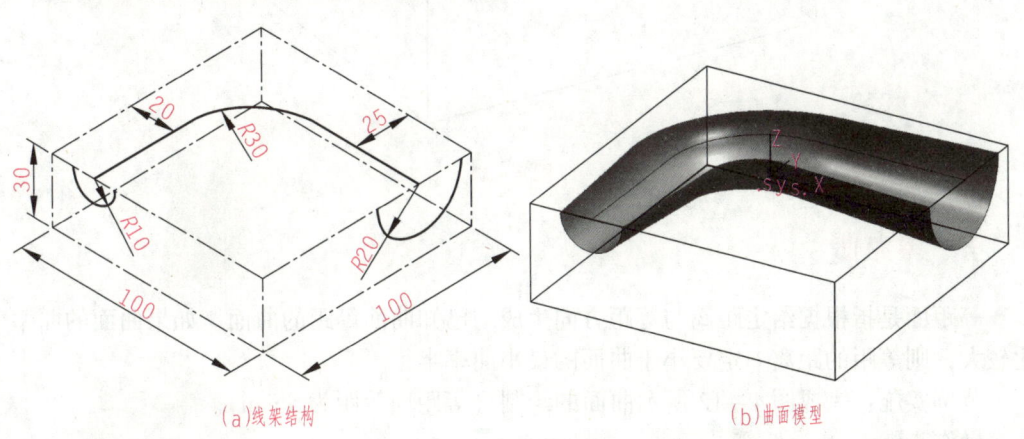

(a)线架结构   (b)曲面模型

图 4-9

操作步骤：

(1) 按 F8 键，选择"轴测图"显示。

(2) 绘制曲面线架结构（略），如图 4-10 所示。

(3) 单击［曲面生成］工具栏上的 图标，或者单击主菜单"造型"→"曲面生成"→"导动面"→当前命令选择"固接导动"→"双截面线"→"精度"中输入"0.0100"→拾取导动线→选择 Y 正箭头方向→拾取截面线 1→拾取截面线 2→右击结束操作,如图 4 – 11 所示。

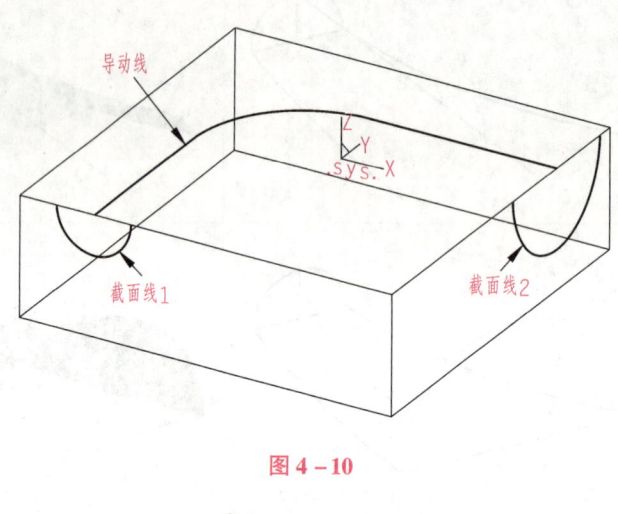

图 4 – 10

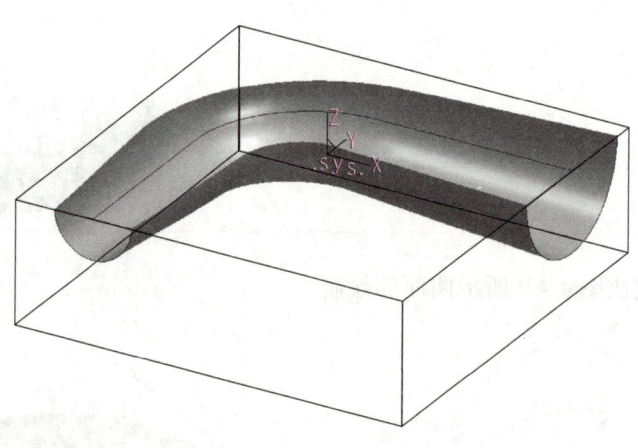

图 4 – 11

五、等距面

等距面是指根据给定距离与等距方向生成与已知曲面等距的曲面。如果曲面的曲率变化较大,则等距的距离一定要小于曲面的最小曲率半径。

范例实施:完成图 4 – 12 所示曲面的绘制(等距面等距为 5 mm)。

操作步骤:

(1) 按 F8 键,选择"轴测图"显示。

(2) 绘制曲面线架结构(略),如图 4 – 12 所示。

(3) 绘制原始曲面(略),如图 4 – 3 所示。

(4) 单击 [曲面生成] 工具栏上的 图标,或者单击主菜单"造型"→"曲面生成"→"等距面"→当前命令选择"等距距离"中输入"5.0000"→拾取已绘曲面→选择向外方向为等距方向→右击结束操作。

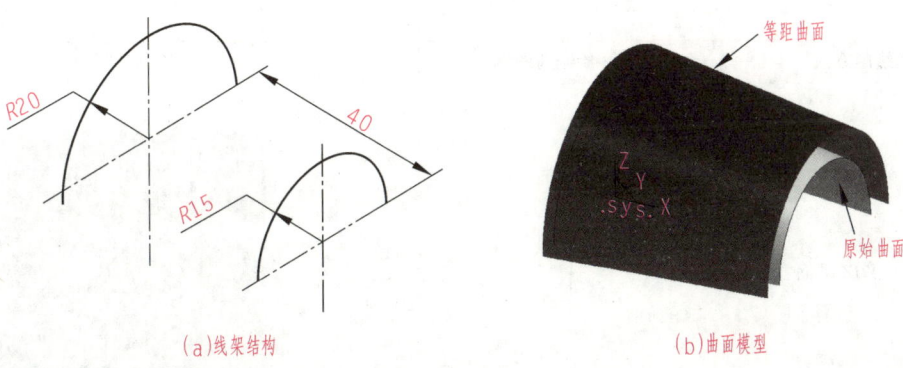

图 4-12

六、平面

平面是指利用多种方式生成所需的平面,有裁剪平面、工具平面两种生成方式,如表 4-3 所示。

表 4-3 平面绘制方式及图例

平面绘制方式		绘制前图例	绘制后图例
裁剪平面			
工具平面	XOY 平面		

续表

平面绘制方式		绘制前图例	绘制后图例
工具平面	YOZ 平面		
	ZOX 平面		
	三点平面		
	矢量平面		

续表

平面绘制方式		绘制前图例	绘制后图例
工具平面	曲线平面		
	平行平面		

范例实施：完成图 4-13 所示曲面的绘制。

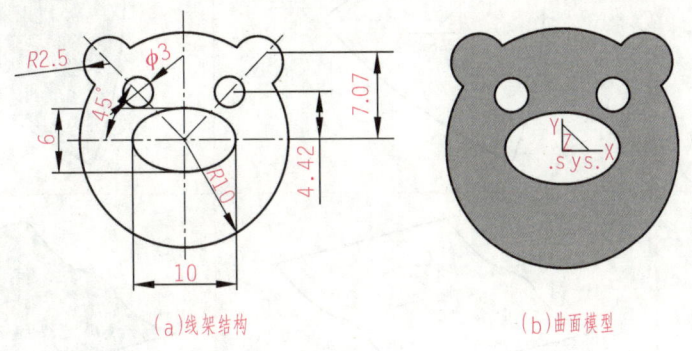

(a) 线架结构　　　　　(b) 曲面模型

图 4-13

操作步骤：

(1) 按 F5 键，选择 "XOY 平面" 显示。

(2) 绘制曲面线架结构（略），如图 4-14 所示。

(3) 单击 [曲面生成] 工具栏上的 ▰ 图标，或者单击主菜单 "造型" → "曲面生成" → "平面" →当前命令选择 "裁剪平面" →拾取平面外轮廓和内轮廓，并选择任意方向→右击结束操作，如图 4-15 所示。

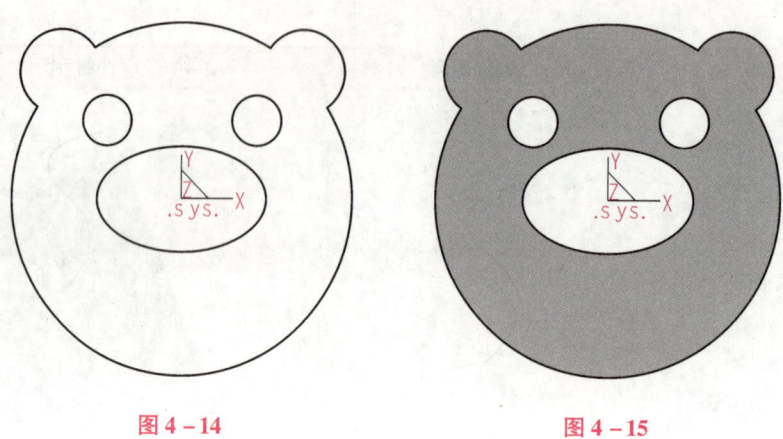

图 4-14　　　　　　　　　　　图 4-15

七、边界面

边界面是指在已知曲线围成的边界区域上生成的曲面，有三边面、四边面两种生成方式，如表 4-4 所示。

表 4-4　边界面绘制方式及图例

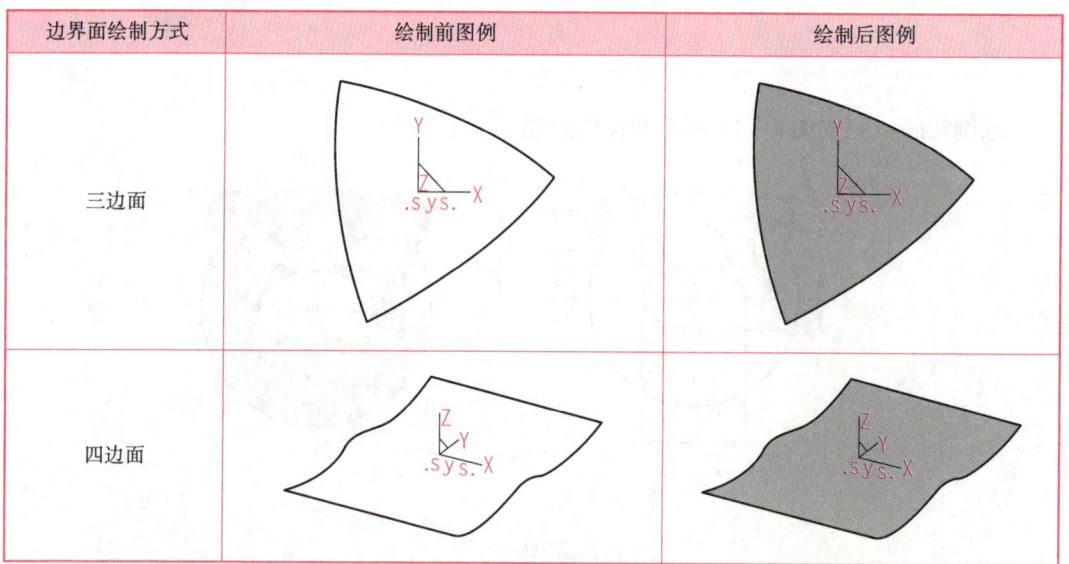

边界面绘制方式	绘制前图例	绘制后图例
三边面		
四边面		

范例实施：完成边长 =10 mm 的正三角形边界面的绘制。

操作步骤：

（1）按 F5 键，选择"XOY 平面"显示。

（2）绘制曲面线架结构（略），如图 4-16 所示。

（3）单击［曲面生成］工具栏上的 图标，或者单击主菜单"造型"→"曲面生成"→"边界面"→当前命令选择"三边面"→连续拾取三条边→右击结束操作，如图 4-17 所示。

· 76 ·

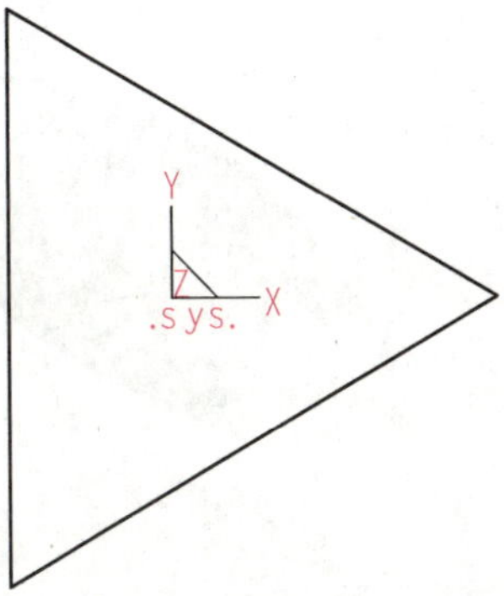

项目四 曲面造型及编辑

图 4-16 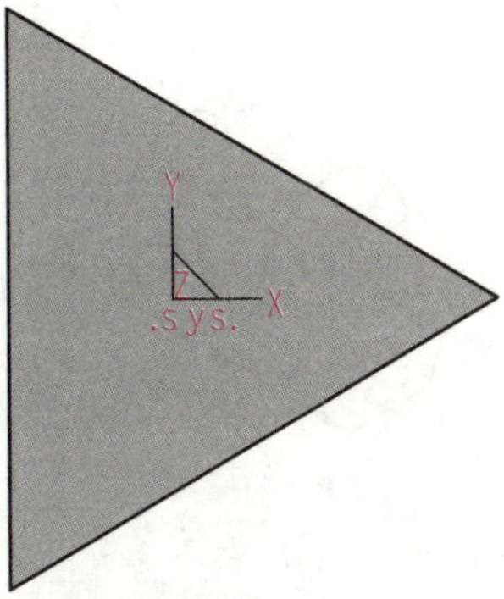　　　　　　　图 4-17

八、放样面

放样面是指以一组互不相交、方向相同、形状相似的截面曲线为骨架进行形状控制，过这些曲线蒙面生成的曲面，有截面曲线、曲面边界两种方式，如表 4-5 所示。

表 4-5　放样面绘制方式及图例

放样面绘制方式	绘制前图例	绘制后图例
截面曲线	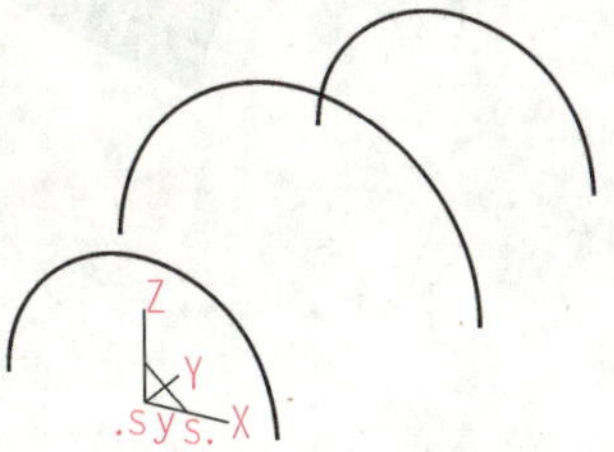	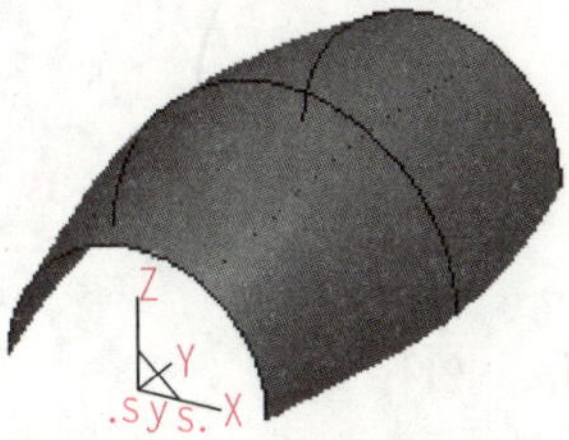
曲面边界		

范例实施：完成图 4-18 所示曲面的绘制。

操作步骤：

（1）按 F8 键，选择"轴测图"显示。

（2）绘制曲面线架结构（略），如图 4-19 所示。

（3）单击 [曲面生成] 工具栏上的 图标，或者单击主菜单"造型"→"曲面生

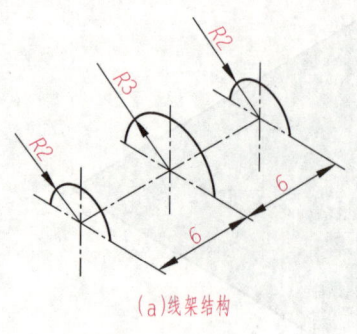
(a)线架结构

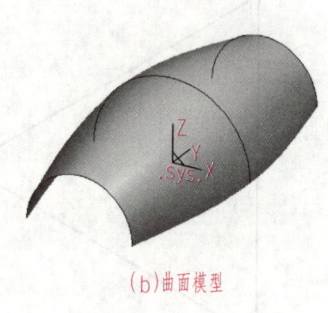
(b)曲面模型

图4-18

成"→"放样面"→当前命令选择"截面曲线"→"不封闭"→"精度"中输入"0.1000"→连续拾取三条圆弧→右击结束操作,如图4-20所示。

图4-19　　　　　　　　图4-20

九、网格面

网格面是指以网格线为骨架,蒙上自由曲面后生成的曲面。

范例实施:完成图4-21所示曲面的绘制。

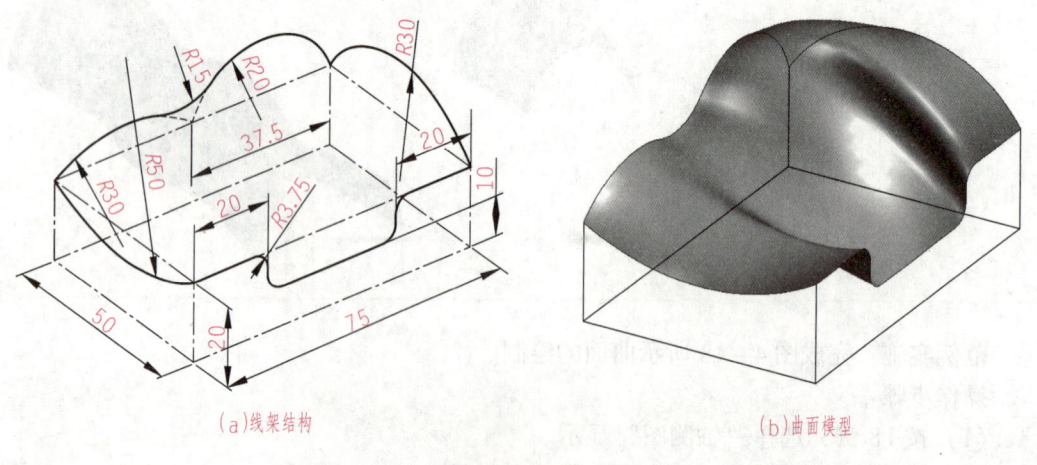
(a)线架结构　　　　　　　　(b)曲面模型

图4-21

操作步骤：

(1) 按 F8 键，选择"轴测图"显示。

(2) 绘制曲面线架结构（略），如图 4-22 所示。

(3) 单击［曲面生成］工具栏上的图标，或者单击主菜单"造型"→"曲面生成"→"网格面"→当前命令"精度"中输入"0.1000"→连续拾取 U 向曲线→连续拾取 V 向曲线→右击结束操作，如图 4-23 所示。

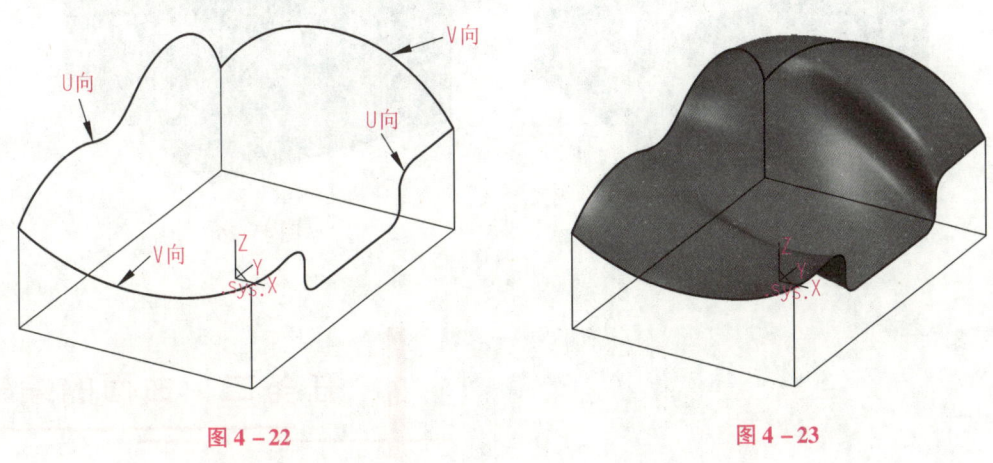

图 4-22　　　　　　　　　　　图 4-23

十、实体表面

实体表面是指剥离已有实体的表面形成的曲面，有拾取表面和所有表面两种方式。

范例实施：完成图 4-24 所示曲面的绘制。

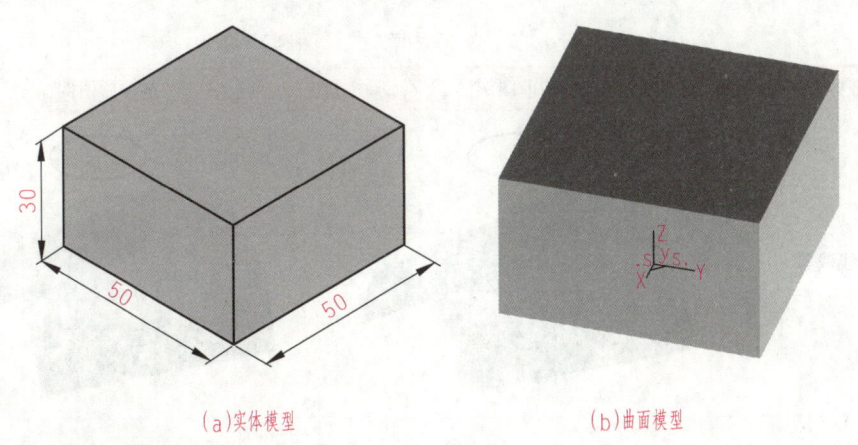

(a) 实体模型　　　　　　　　　(b) 曲面模型

图 4-24

操作步骤：

(1) 按 F8 键，选择"轴测图"显示。

(2) 绘制实体模型（略），如图 4-25 所示。

(3) 单击［曲面生成］工具栏上的图标，或者单击主菜单"造型"→"曲面生成"→"实体表面"→当前命令选择"拾取表面"→拾取实体上表面→右击结束操作,如图4-26所示。

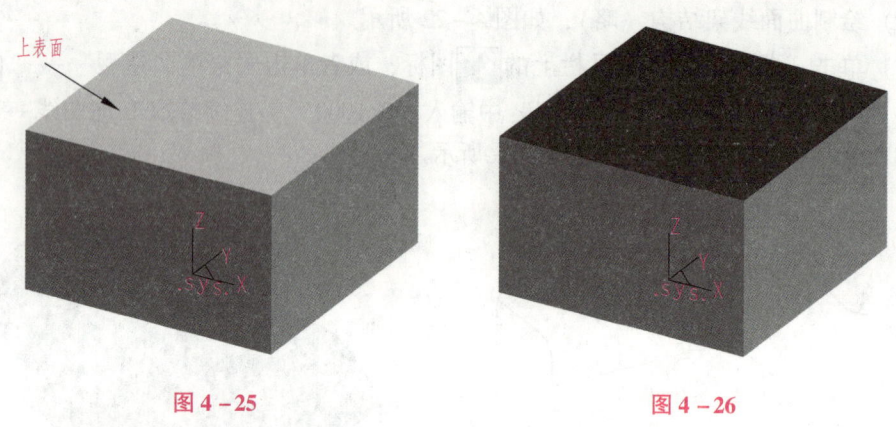

图4-25　　　　　　　　　　　图4-26

任务二　曲面的编辑

一、曲面裁剪

曲面裁剪是对已生面的曲面进行修剪,去掉不需要的部分,有投影线裁剪、等参数线裁剪、线裁剪、面裁剪和裁剪恢复五种方式,如表4-6所示。

表4-6　曲面裁剪方式及图例

曲面裁剪方式	裁剪前图例	裁剪后图例
投影线裁剪		
等参数线裁剪		

续表

曲面裁剪方式	裁剪前图例	裁剪后图例
线裁剪		
面裁剪		
裁剪恢复		

范例实施：完成图 4-27 曲面投影线裁剪[曲面尺寸如图 4-27 所示，圆心坐标为（0，0，60）]。

操作步骤：

（1）按 F8 键，选择"轴测图"显示。

（2）绘制曲面和圆（略），如图 4-28 所示。

（3）单击［线面编辑］工具栏上的 图标，或者单击主菜单"造型"→"曲面编辑"→"曲面裁剪"→当前命令选择"投影线裁剪"→"裁剪"→"精度"中输入"0.0100"→拾取被裁剪曲面保留部分→按空格键→选择投影方向为 Z 负方向→鼠标左键拾取剪刀线 $\phi 34$ mm 圆→右击结束操作，如图 4-29 所示。

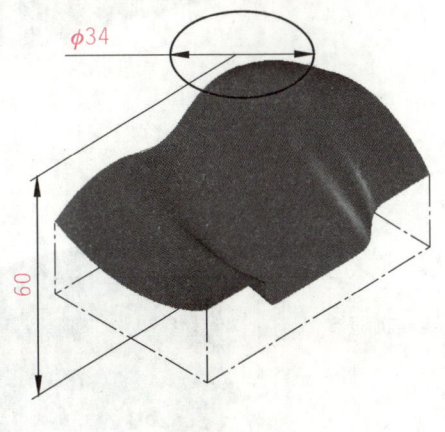

图 4-27

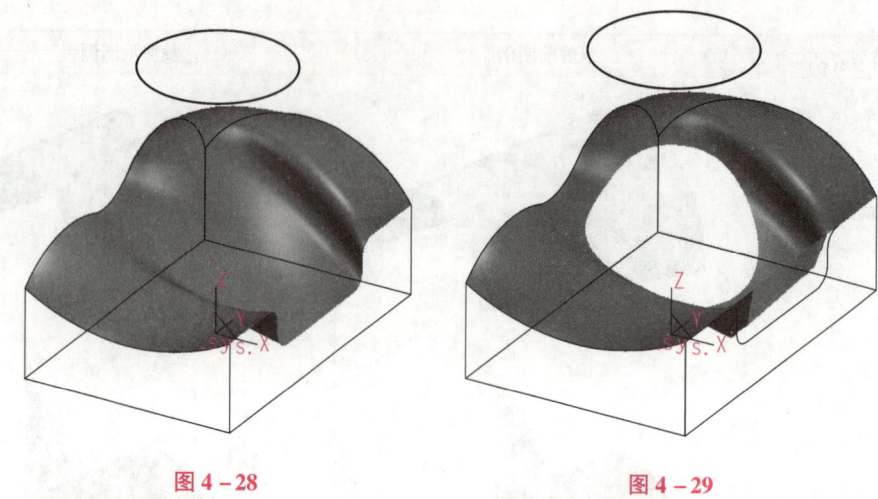

图 4-28 图 4-29

二、曲面过渡

曲面过渡是在给定的曲面之间以一定的方式作给定半径变化规律的圆弧过渡面,以实现曲面之间的光滑过渡,有两面过渡、三面过渡、系列面过渡、曲线曲面过渡、参考线过渡、曲面上线过渡和两线过渡七种方式,如表 4-7 所示。

表 4-7 曲面过渡方式及图例

曲面过渡方式	过渡前图例	过渡后图例
两面过渡	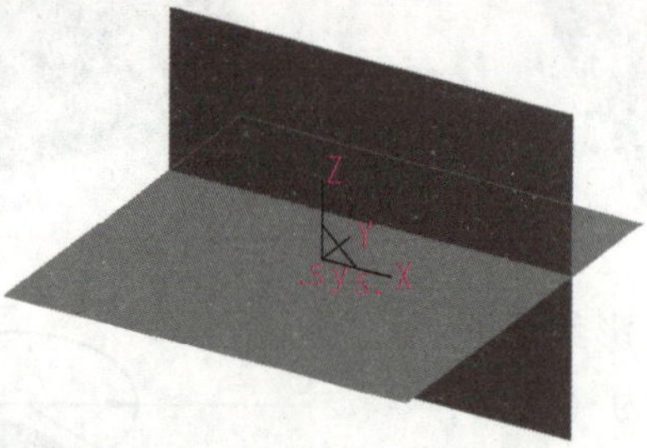	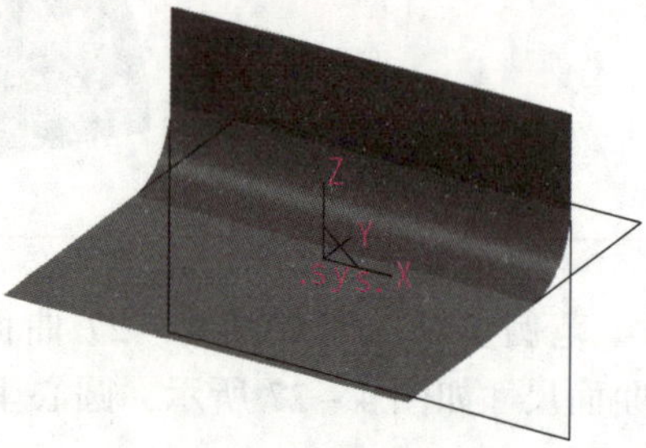
三面过渡	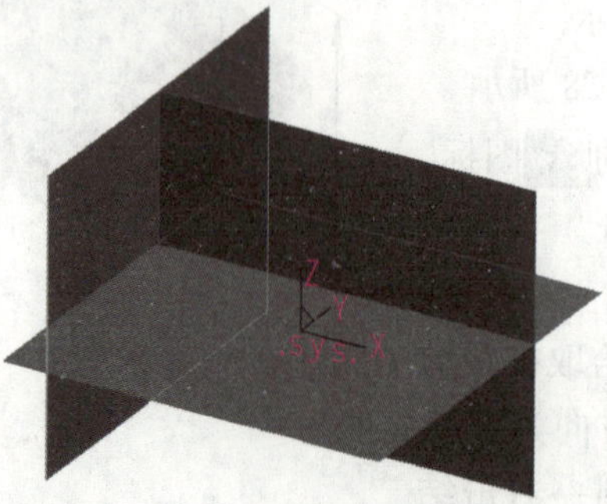	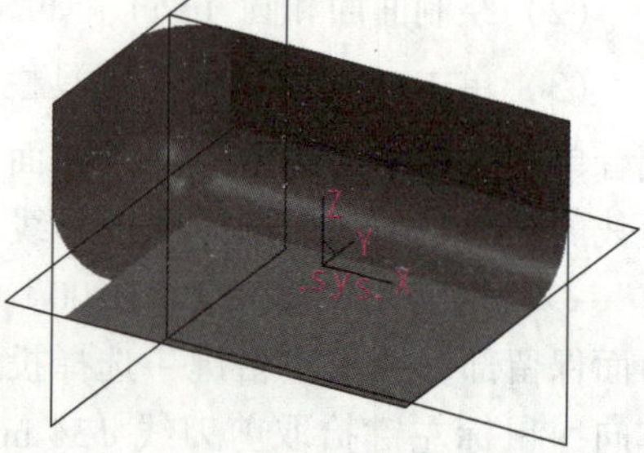

续表

曲面过渡方式	过渡前图例	过渡后图例
系列面过渡		
曲线曲面过渡		
参考线过渡		
曲面上线过渡		
两线过渡		

范例实施：用参考线完成图 4-30 曲面 1 和曲面 2 参考线过渡。已知曲面 1 是 "XOY 平面"上型值点坐标为（-50，8）、（-30，17）、（-10，7）、（10，11）、（30，6）、（50，14）的样条线和对其作 DZ 值等于 40 mm 平移拷贝后样条线生成的直纹面，曲面 2 是 "XOY 平面"上中心坐标为（0，0）、长 100 mm、宽 70 mm 的直纹面，参考线是 "XOY" 平面上起点坐标为（-55，-44）、终点坐标为（30，-44）的直线，过渡半径为 20 mm。

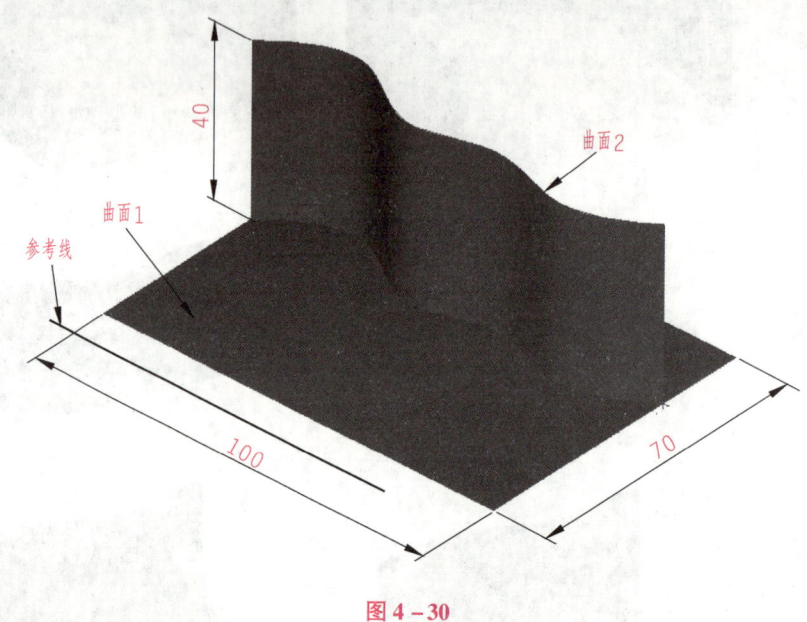

图 4-30

操作步骤：

（1）按 F8 键，选择 "轴测图"显示。

（2）绘制曲面和其他曲线（略），如图 4-31 所示。

（3）单击 [线面编辑] 工具栏上的 图标，或者单击主菜单 "造型"→"曲面编辑"→"曲面过渡"→当前命令选择 "参考线过渡"→"等半径"→"半径"中输入 "20.0000"→"裁剪两面"→"精度"中输入 "0.0100"→拾取曲面 1→选择向上方向→拾取曲面 2→选择向前方向→拾取参考线→右击结束操作，如图 4-32 所示。

图 4-31　　　　　　　　　图 4-32

三、曲面拼接

曲面拼接是通过多个曲面的对应边界生成一张曲面与这些曲面光滑相接，有两面拼接、三面拼接和四面拼接三种方式，如表 4-8 所示。曲面拼接主要用在曲面间有不封闭区域，需要用一张光滑曲面对其进行封闭的场合。

表 4-8 曲面拼接方式及图例

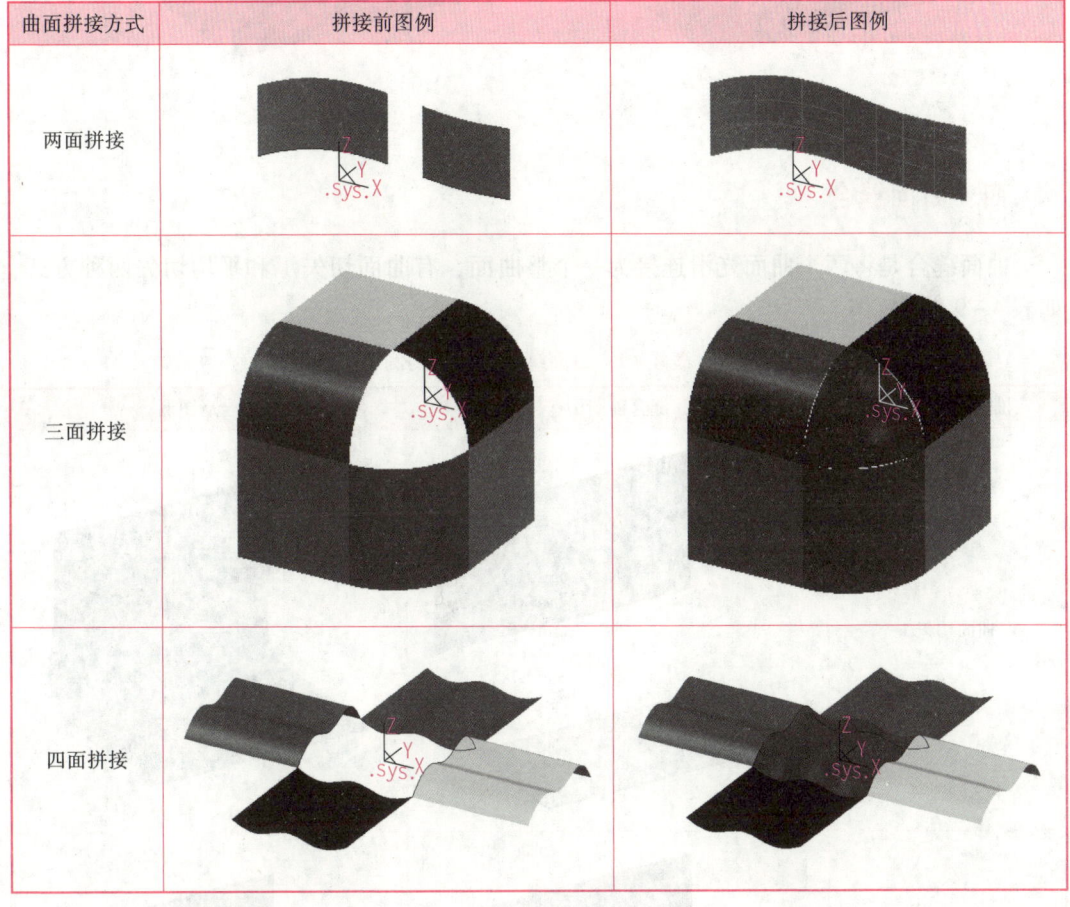

范例实施：用中心坐标为（0，-25，0）、长 = 50 mm、宽 = 25 mm 且与"XOY 平面"平行的曲面 1 和中心坐标为（0，0，25）、长 = 50 mm、宽 = 25 mm 且与"XOZ 平面"平行的曲面 2 作曲面拼接。

操作步骤：

（1）按 F8 键，选择"轴测图"显示。

（2）绘制两曲面（略），如图 4-33 所示。

（3）单击［线面编辑］工具栏上的 图标，或者单击主菜单"造型"→"曲面编辑"→"曲面拼接"→当前命令选择"两面拼接"→"精度"中输入"0.0100"→拾取曲面 1→拾取曲面 2→右击结束操作，如图 4-34 所示。

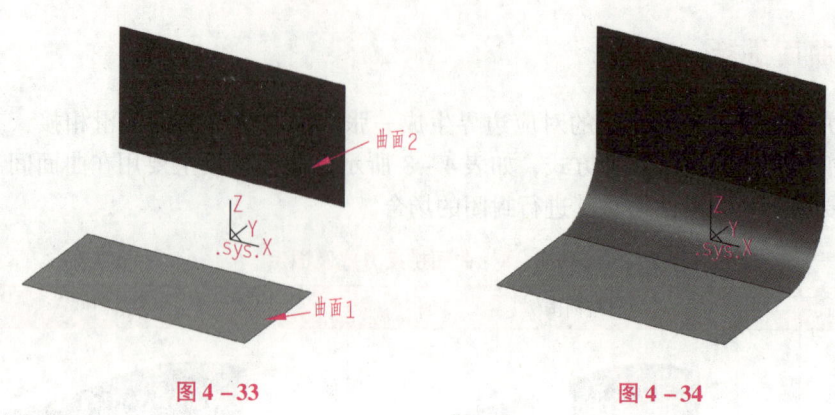

图 4-33　　　　　　　　　图 4-34

四、曲面缝合

曲面缝合是将两个曲面光滑连接为一个整曲面，有曲面切矢 1 和平均切矢两种方式，如表 4-9 所示。

表 4-9　曲面缝合方式及图例

曲面缝合方式	缝合前图例	缝合后图例
曲面切矢 1	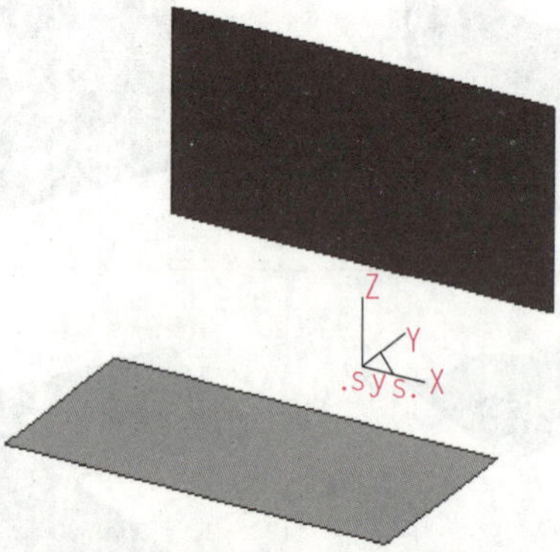	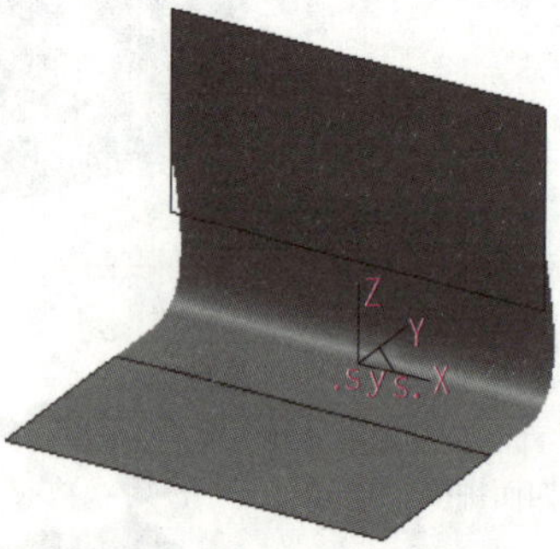
平均切矢	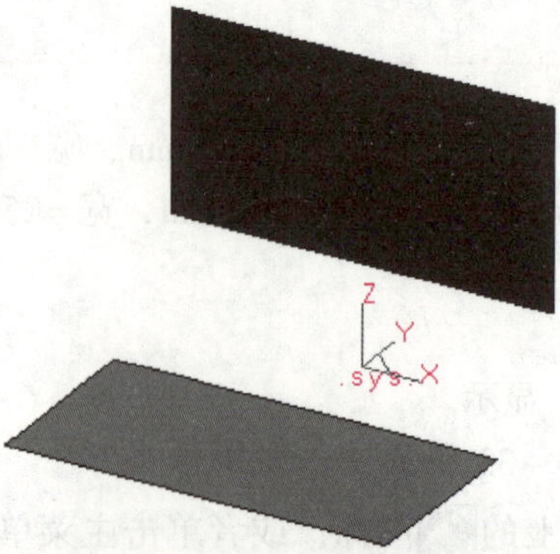	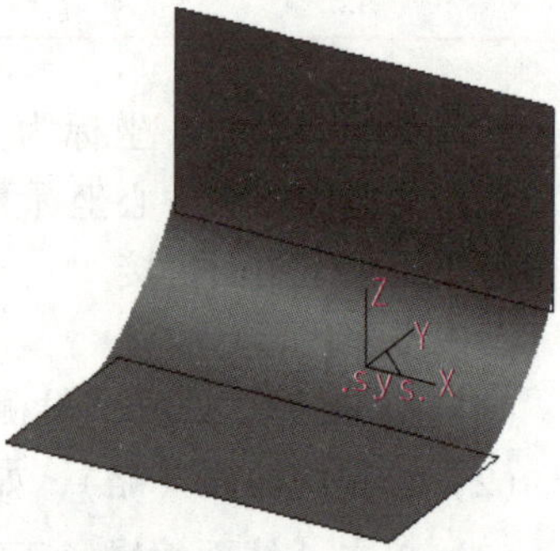

范例实施：用中心坐标为（0，-25，0）、长 = 50 mm、宽 = 25 mm 且与"XOY 平面"平行的曲面 1 和中心坐标为（0，0，25）、长 = 50 mm、宽 = 25 mm 且与"XOZ 平面"

平行的曲面 2 作曲面缝合。

操作步骤：

（1）按 F8 键，选择"轴测图"显示。

（2）绘制两曲面（略），如图 4-35 所示。

（3）单击 ［线面编辑］工具栏上的  图标，或者单击主菜单"造型"→"曲面编辑"→"曲面缝合"→当前命令选择"平均切矢"→拾取曲面 1→拾取曲面 2→右击结束操作，如图 4-36 所示。

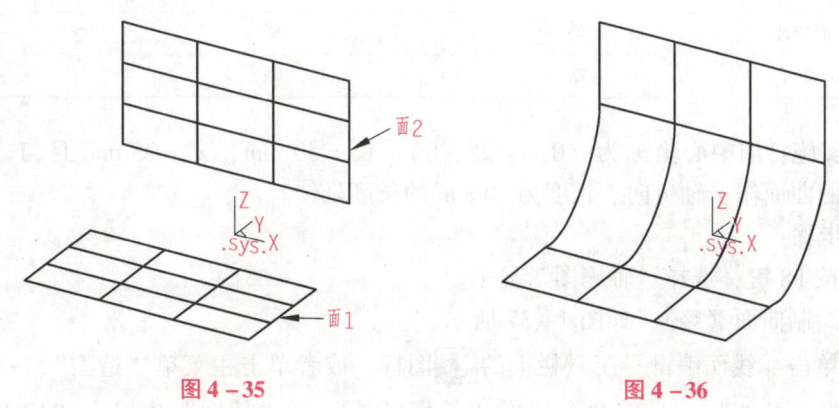

图 4-35　　　　　　　　　　　图 4-36

五、其他曲面编辑方式

其他曲面编辑方式在曲面编辑过程中使用相对较少，主要有曲面延伸、曲面优化、曲面重拟合、曲面正反面修改和查找异常曲面五种方式，如表 4-10 所示。

表 4-10　其他曲面编辑方式及图例

其他曲面编辑方式	编辑前图例	编辑后图例	备注
曲面延伸			按给定的长度沿相切的方向延伸扩大曲面，有长度延伸和比例延伸两种方式
曲面优化			在给定的精度范围内去掉多余的控制点，提高对曲面的处理效率

续表

其他曲面编辑方式	编辑前图例	编辑后图例	备注
曲面重拟合			在给定的精度条件下把 NURBS 曲面拟合成 B 样条曲面
曲面正反面修改	略	略	—
查找异常曲面	略	略	—

范例实施：用中心坐标为（0，-25，0）、长 = 50 mm、宽 = 25 mm 且与"XOY 平面"平行的曲面作 Y 轴负向、长度为 10 mm 的长度延伸。

操作步骤：

（1）按 F8 键，选择"轴测图"显示。

（2）绘制曲面（略），如图 4-37 所示。

（3）单击 [线面编辑] 工具栏上的 图标，或者单击主菜单"造型"→"曲面编辑"→"曲面延伸"→当前命令选择"长度延伸"→"长度"中输入"10.0000"→"保留原曲面"→拾取曲面 Y 轴负向最远端→右击结束操作，如图 4-38 所示。

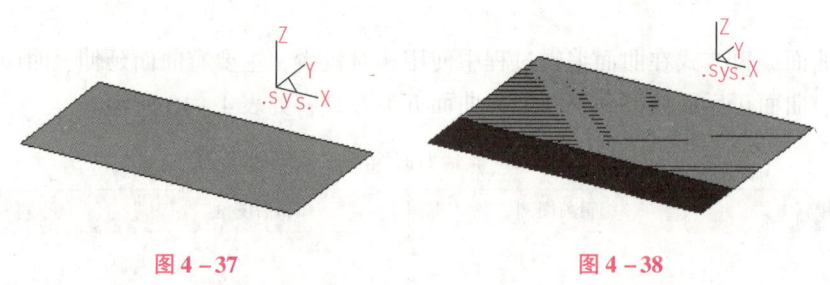

图 4-37　　　　　　　　　　　图 4-38

任务三　曲面造型综合实例

一、完成图 4-39 曲面模型的绘制

操作步骤：

（1）按 F8 键，选择"轴测图"显示。

（2）绘制曲面线架结构（略），如图 4-40 所示。

（3）单击 [曲面生成] 工具栏上的 图标，或者单击主菜单"造型"→"曲面生成"→"导动面"→当前命令选择"固接导动"→"单截面线"→"精度"中输入

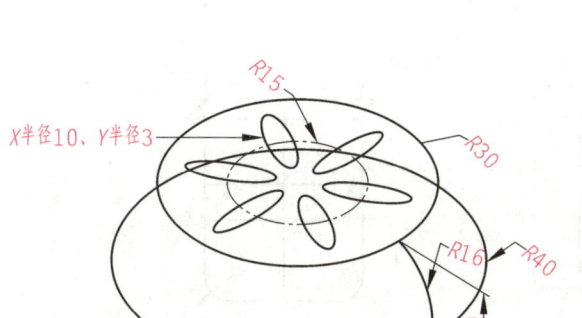 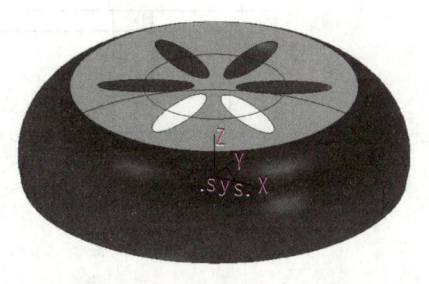

图 4-39

"0.0100"→拾取 R40 mm 圆作为导动线→选择任意箭头方向为导动方向→拾取截面线 R16 mm→右击结束操作，如图 4-41 所示。

(4) 单击 [曲面生成] 工具栏上的 ▰ 图标，或者单击主菜单"造型"→"曲面生成"→"平面"→当前命令选择"裁剪平面"→拾取（单个拾取）平面外轮廓 R30 mm 圆和内轮廓六个椭圆，并选择任意方向→右击结束操作，如图 4-39 所示。

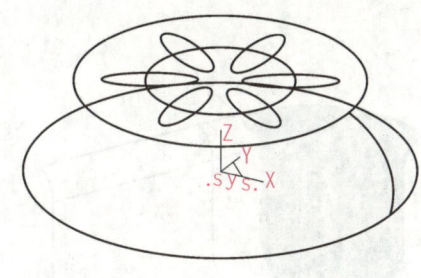 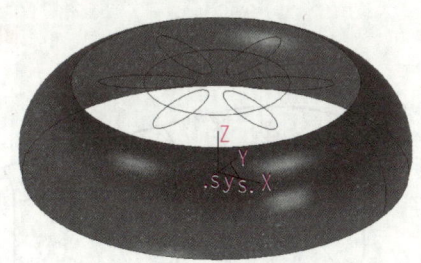

图 4-40　　　　　　　　　　　图 4-41

二、完成图 4-42 所示罩壳曲面模型的绘制

操作步骤：

(1) 按 F8 键，选择"轴测图"显示。

(2) 由于该曲面模型为对称图形，因此只需绘制对称部分曲面线架结构（略），如图 4-43 所示。

(3) 单击 [曲面生成] 工具栏上的 ▰ 图标，或者单击主菜单"造型"→"曲面生成"→"旋转面"→当前命令"起始角"中输入"0.0000"→"终止角"中输入"90"→拾取旋转轴线→选择向上方向→拾取母线上部分线段→重复之前拾取动作，完成整条母线的拾取→右击结束操作，如图 4-44 所示。

(4) 单击 [曲面生成] 工具栏上的 ▰ 图标，或者单击主菜单"造型"→"曲面生成"→"直纹面"→当前命令选择"曲线+曲线"→分别拾取弧1、弧2（图 4-45）→重复拾取对应曲线，完成剩下所有曲面的绘制→右击结束操作，如图 4-46 所示。

(5) 按 F5 键，选择"XOY 平面"显示。

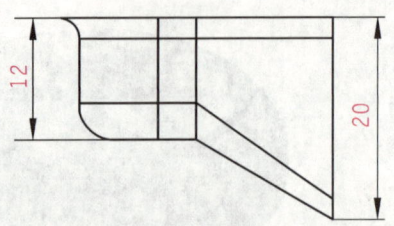
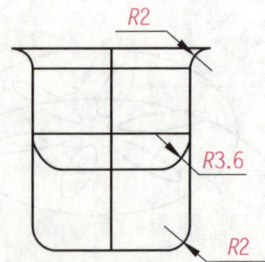

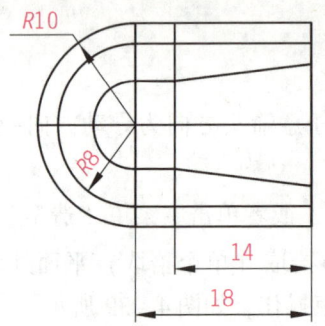

图 4-42

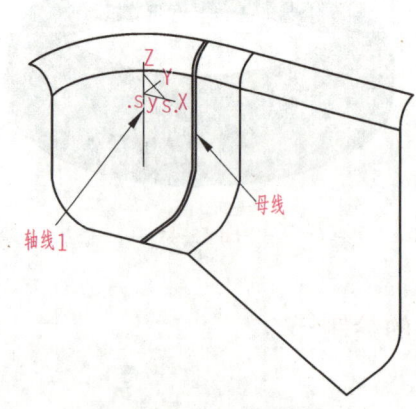
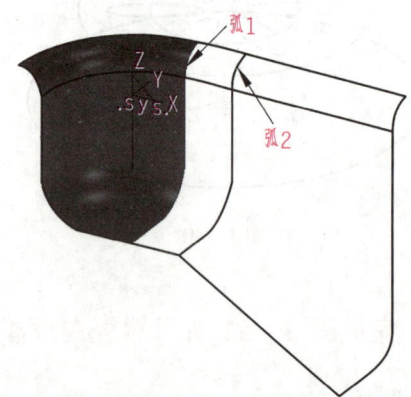

图 4-43　　　　　　　　　图 4-44

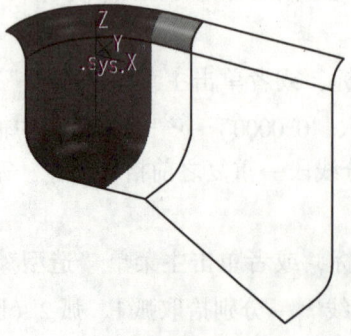
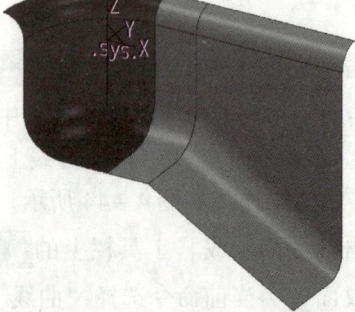

图 4-45　　　　　　　　　图 4-46

(6) 单击［几何变换］工具栏上的 图标，或者单击主菜单"造型"→"几何变换"→"平面镜像"→当前命令选择"拷贝"→"轨迹坐标系阵列"→拾取点（0，0）、（10，0）为镜像轴→拾取所有图素→右击结束操作，结果如图 4-47 所示。

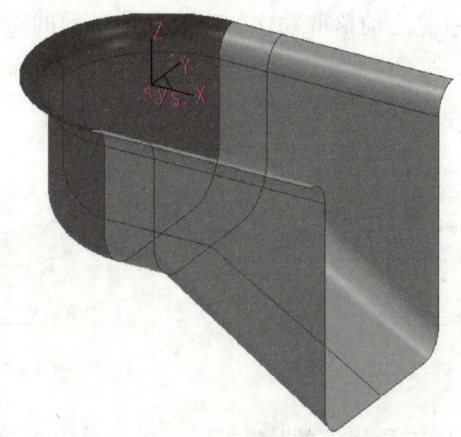

图 4-47

三、完成图 4-48 所示笔筒曲面模型的绘制

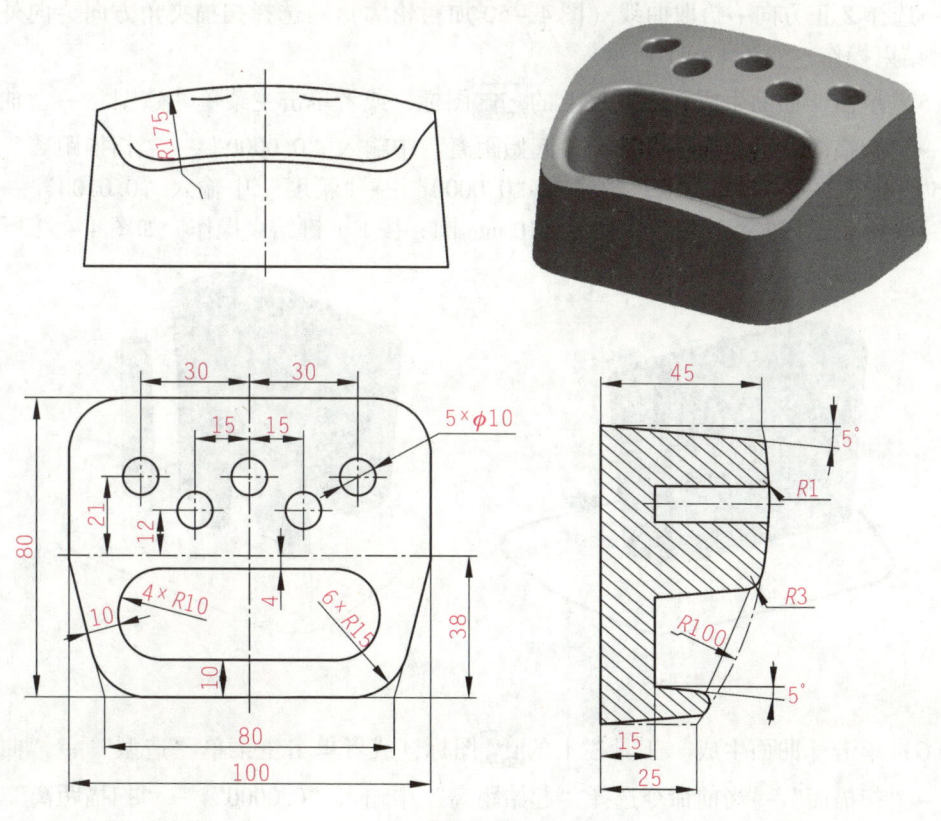

图 4-48

操作步骤：

（1）按 F8 键，选择"轴测图"显示。

(2) 绘制曲面线架结构（略），如图 4-49 所示。

(3) 单击［曲面生成］工具栏上的  图标，或者单击主菜单"造型"→"曲面生成"→"平面"→当前命令选择"裁剪平面"→拾取平面外轮廓 φ10 mm 圆、并选择任意方向→右击结束操作→重复之前拾取动作，完成其他平面的绘制，如图 4-50 所示。

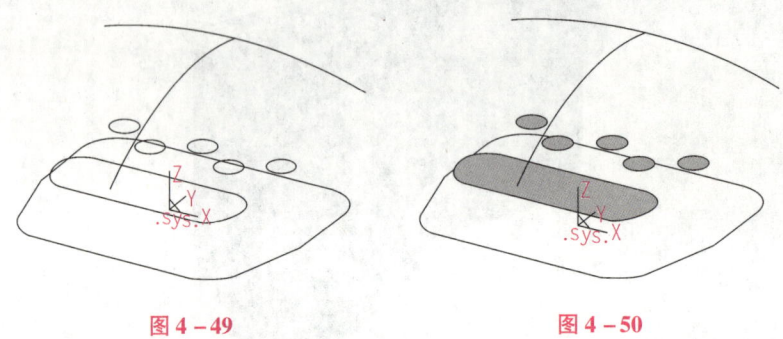

图 4-49   图 4-50

(4) 单击［曲面生成］工具栏上的 图标，或者单击主菜单"造型"→"曲面生成"→"扫描面"→当前命令选择"起始距离"中输入"0.0000"→"扫描距离"中输入"50.0000"→"扫描角度"中输入"5.0000"→"精度"中输入"0.0100"→按空格键→选择 Z 正方向→拾取曲线（图 4-50 加粗轮廓）→选择扫描夹角方向为向外→按 Esc 键结束操作，如图 4-51 所示。

(5) 单击［曲面生成］工具栏上的 图标，或者单击主菜单"造型"→"曲面生成"→"扫描面"→当前命令选择"起始距离"中输入"0.0000"→"扫描距离"中输入"50.0000"→"扫描角度"中输入"0.0000"→"精度"中输入"0.0100"→按空格键→选择 Z 正方向→连续拾取曲线 φ10 mm 圆→按 Esc 键结束操作，如图 4-52 所示。

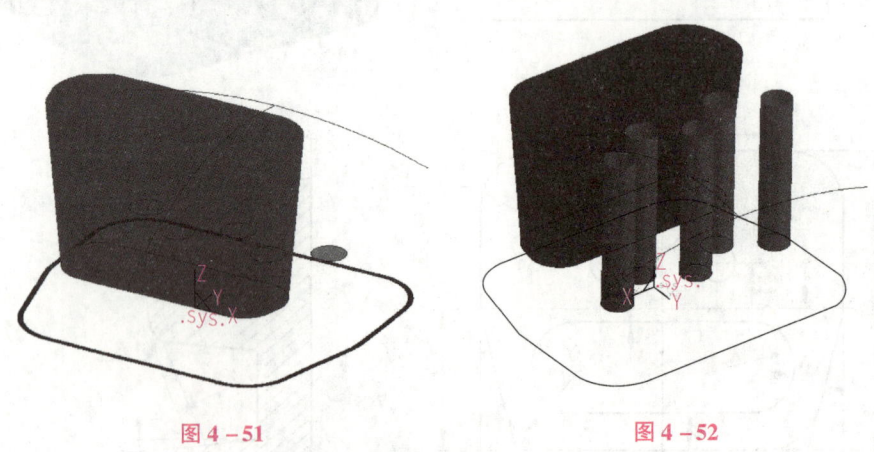

图 4-51   图 4-52

(6) 单击［曲面生成］工具栏上的 图标，或者单击主菜单"造型"→"曲面生成"→"扫描面"→当前命令选择"起始距离"中输入"0.0000"→"扫描距离"中输入"50.0000"→"扫描角度"中输入"5.0000"→"精度"中输入"0.0100"→按空格键→选择 Z 正方向→拾取曲线（图 4-51 加粗轮廓）→选择扫描夹角方向为向里→按 Esc 键结束操作，如图 4-53 所示。

（7）单击［曲面生成］工具栏上的图标，或者单击主菜单"造型"→"曲面生成"→"导动面"→当前命令选择"固接导动"→"单截面线"→"精度"中输入"0.0100"→拾取 $R100$ mm 圆作为导动线→选择 Y 负箭头方向为导动方向→拾取截面线 $R175$ mm→右击结束操作，如图 4-54 所示。

图 4-53　　　　　　　　　　图 4-54

（8）单击［线面编辑］工具栏上的图标，或者单击主菜单"造型"→"曲面编辑"→"曲面裁剪"→当前命令行选择"面裁剪"→"裁剪"→"相互裁剪"→"精度"中输入"0.0100"→拾取被裁剪曲面保留部分→剪掉曲面保留部分→重复之前拾取动作，完成其他曲面裁剪→右击结束操作，如图 4-55 所示。

（9）单击［线面编辑］工具栏上的图标，或者单击主菜单"造型"→"曲面编辑"→"曲面过渡"→当前命令选择"两面过渡"→"等半径"→"半径"中输入"3"→"裁剪两面"→"精度"中输入"0.0100"→拾取曲面1→选择向里方向→拾取曲面2→选择向下方向→右击结束操作，如图 4-56 所示。

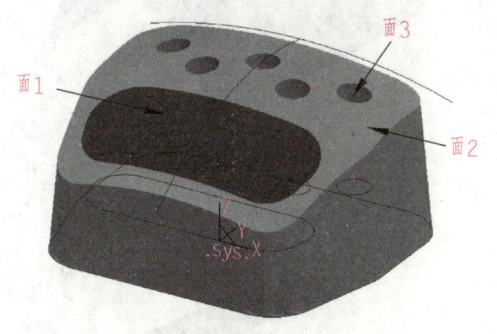 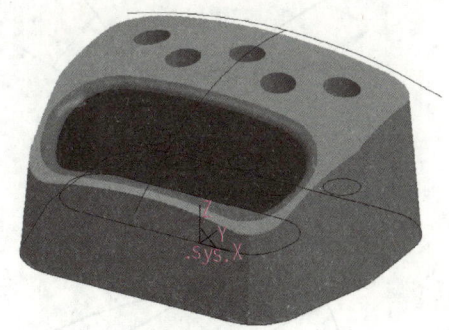

图 4-55　　　　　　　　　　图 4-56

（10）单击［线面编辑］工具栏上的图标，或者单击主菜单"造型"→"曲面编辑"→"曲面过渡"→当前命令选择"两面过渡"→"等半径"→"半径"中输入"1"→"裁剪两面"→"精度"中输入"0.0100"→拾取曲面3（$\phi10$ mm 圆柱面）→选择向外方向→拾取曲面2→选择向下方向→重复之前动作，编辑其他圆弧过渡→右击结束操作，如图 4-57 所示。

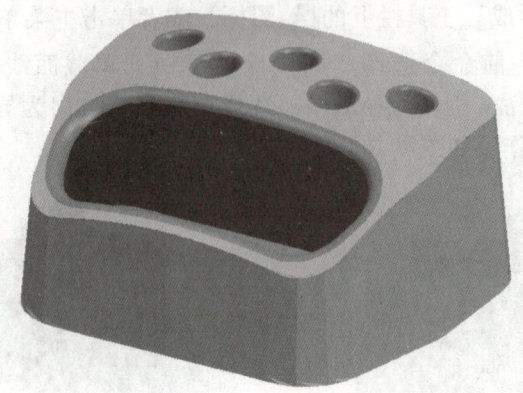

图 4-57

课后习题及上机操作训练

1. 简述在 CAXA 制造工程师 2016 中共有多少种曲面编辑功能。
2. 能不能生成变半径的过渡曲面？如果能，哪种功能可以做到？
3. 绘制图 4-58～图 4-62 所示图形的曲面。

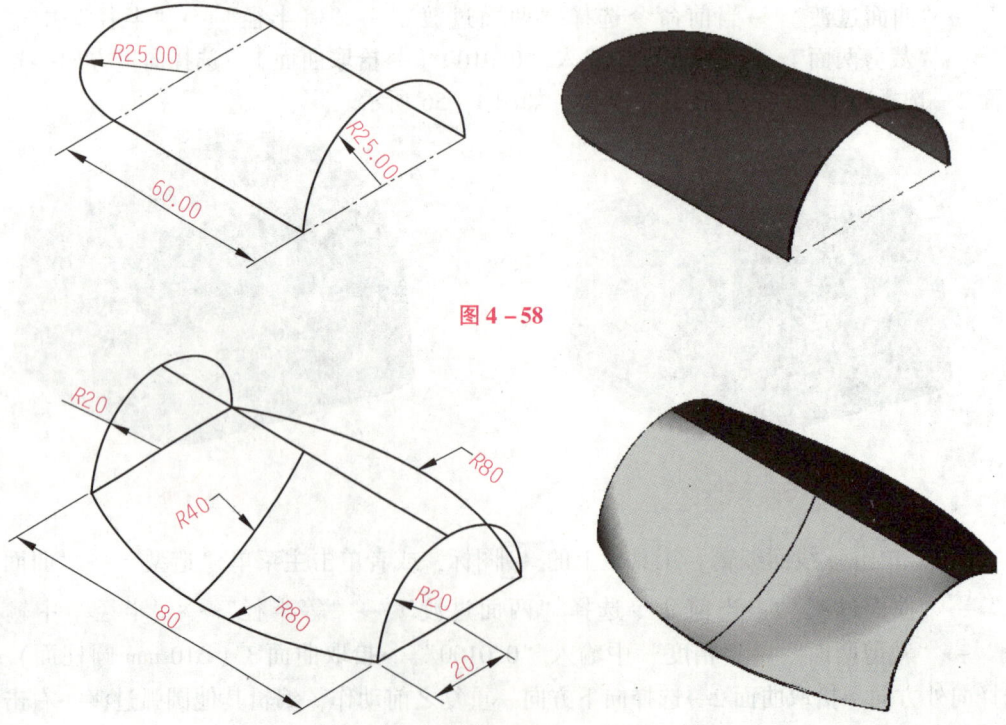

图 4-58

图 4-59

项目四 曲面造型及编辑

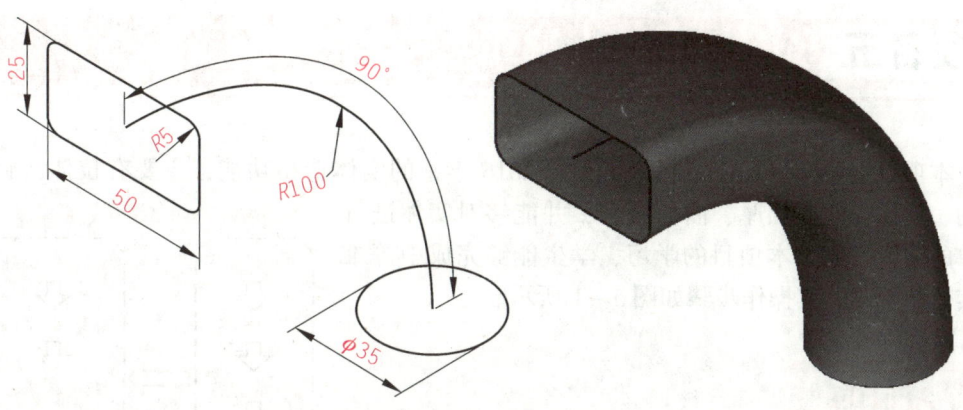

图 4-60

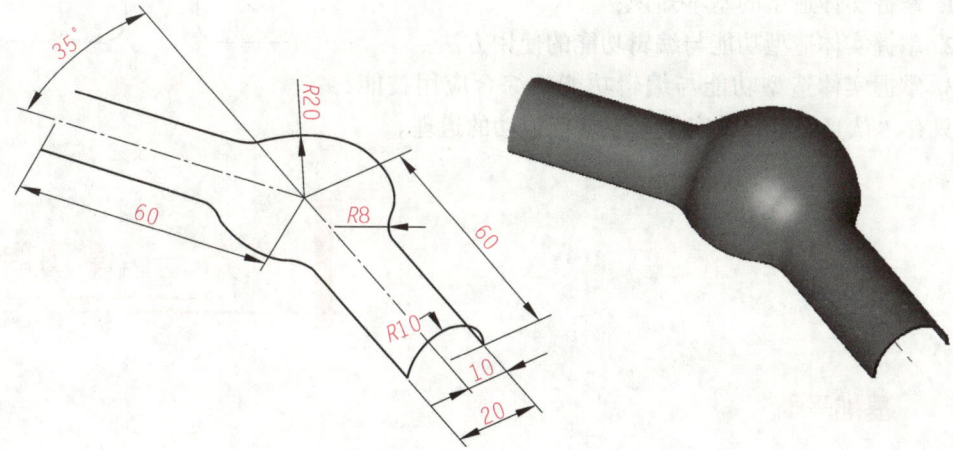

图 4-61

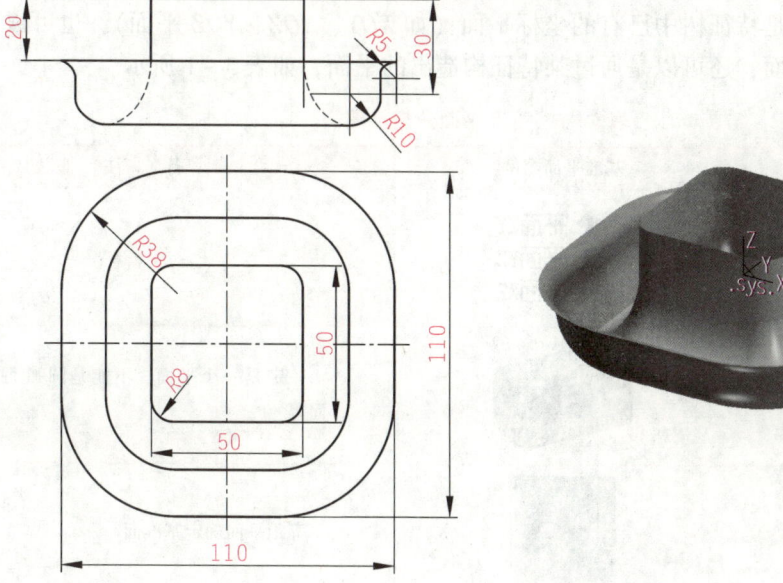

图 4-62

项目五　实体造型及编辑

本项目主要介绍 CAXA 制造工程师 2016 丰富的实体造型功能，主要有拉伸、旋转、导动、放样、曲面加厚、曲面裁剪；并能够对实体进行简单的编辑。通过本项目的学习，学生能够完成中等难度实体的绘制，其操作步骤如图 5-1 所示。

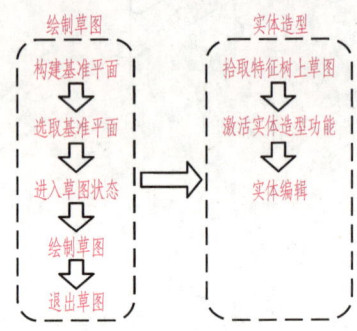

图 5-1

学习目的

1. 掌握实体造型的基本知识；
2. 掌握实体造型功能与编辑功能的使用方法；
3. 掌握实体造型功能与编辑功能的综合应用技能，明白只有"认真做事，踏实做人"才能成功的道理。

任务一　草图绘制

一、基准平面

草图的基准平面是草图和实体赖以存在的平面，它的作用是确定草图在哪个基准面上绘制。开始绘制一个新草图前必须选择一个基准平面。

基准平面可以是特征树中已有的坐标平面（如 *XOY*、*XOZ*、*YOZ* 平面），也可以是实体中生成的某个平面，还可以是通过某特征构造出的平面，如表 5-1 所示。

表 5-1　基准平面分类及图例

基准平面分类	基准平面图例	备注
坐标平面	平面XY 平面YZ 平面XZ	
实体表面		一定是一个平面，不能是圆弧面、曲面等
构造基准平面		等距平面确定基准面

续表

基准平面分类	基准平面图例	备注
构造基准平面		过直线与平面成夹角确定基准平面
		过曲面上某点的切平面来确定基准平面
		过点且垂直于曲线确定基准平面
		过点且平行平面确定基准平面
		过点和直线确定基准平面
		三点确定基准平面
		根据当前坐标系构建基准平面

范例实施：用三点确定基准平面的方法来完成图 5-2 基准平面的创建。

操作步骤：

（1）按 F8 键，选择"轴测图"显示。

（2）绘制线架结构（略），如图 5-3 所示。

（3）单击 [特征生成] 工具栏上的  图标，或者单击主菜单"造型"→"特征生成"→"基准面"→弹出"构造基准面"对话框（图 5-4）→选择三点确定基准面→连续拾取三条直线向外顶点→单击"确定"按钮结束操作，如图 5-5 所示。

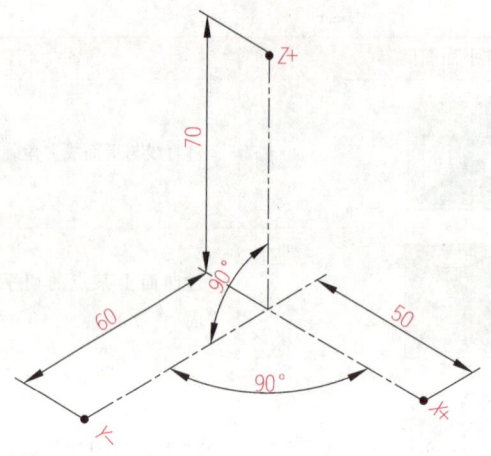

图 5-2

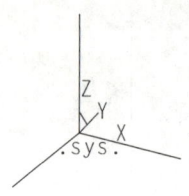

图 5-3

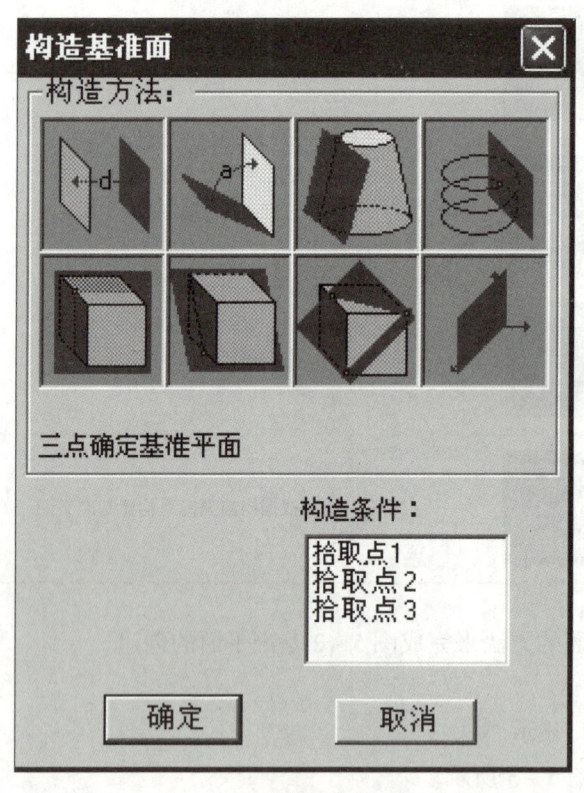

图 5-4

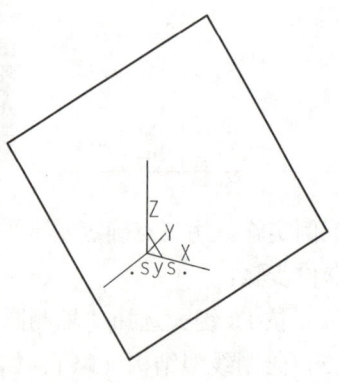

图 5-5

二、草图

(1) 选择一个基准平面后,右击弹出快捷菜单,选择"创建草图"或者单击"绘制草图"按钮，也可以选择一个基准平面后按 F2 键,这样即可进入草图绘制状态。

(2) 进入草图绘制状态后,利用曲线生成命令绘制需要的草图即可。草图的绘制可以通过两种方式进行：①先绘制出图形的大致形状，然后通过草图参数化对图形进行修改，最终得到所需图形；②直接按标准尺寸精确绘制。

（3）完成草图绘制后，单击"草图绘制"按钮 ，也可以选择按 F2 键，这样即可退出草图。

（4）在草图绘制状态下绘制的草图若需进行编辑和修改，可选择特征树中的这一草图，单击"绘制草图"按钮 ，或将光标移到特征树的草图上右击，在弹出的快捷菜单中选择"编辑草图"。

范例实施：利用草图参数化绘制方式在 *XOY* 平面绘制出一个中心坐标（0，0）、长 100 mm、宽 60 mm 的矩形。

操作步骤：

（1）单击选择特征树"平面 XY"为基准平面→按 F2 键进入草图绘制状态。

（2）按 F5 键，选择显示草绘平面。

（3）在草绘平面绘制任意位置、任意大小的矩形，如图 5-6 所示。

（4）单击 [曲线生成] 工具栏上的 图标或者选择"造型"→"尺寸"→"尺寸标注"，对已绘制矩形进行形状、位置的尺寸标注，如图 5-7 所示。

（5）单击 [曲线生成] 工具栏上的 图标或者选择"造型"→"尺寸"→"尺寸驱动"；对已绘制矩形进行形状、位置的尺寸标注修改，如图 5-8 所示。

（6）按 F2 键退出草图绘制状态，完成草图绘制。

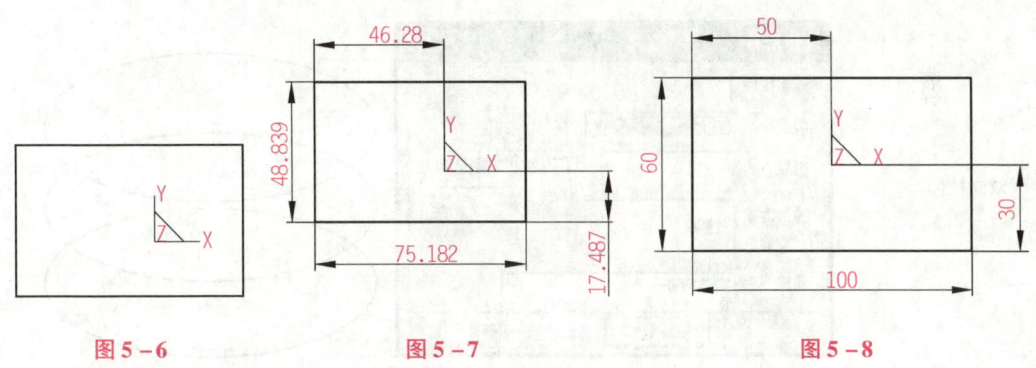

图 5-6　　　　　　　图 5-7　　　　　　　图 5-8

任务二　特征生成

草图绘制完成后，首先退出草图，然后对草图进行拉伸、旋转、放样等特征操作。对零件进行特征造型大致有以下几个步骤：

（1）规划零件。主要包括分析零件的特征组成、分析零件特征之间的相互关系、分析特征的构造顺序以及特征的生成方法。

（2）创建基本特征。

（3）创建其他附加特征。

（4）编辑修改特征。

一、拉伸增料

拉伸增料是指对草图用给定的距离、沿着与草图面垂直的方向，用以生成一个增加材料的特征，其类型包括固定深度、双向拉伸和拉伸到面三种，如表5-2所示。

表5-2 拉伸增料类型及图例

拉伸增料类型	图 例
固定深度	
双向拉伸	
拉伸到面	

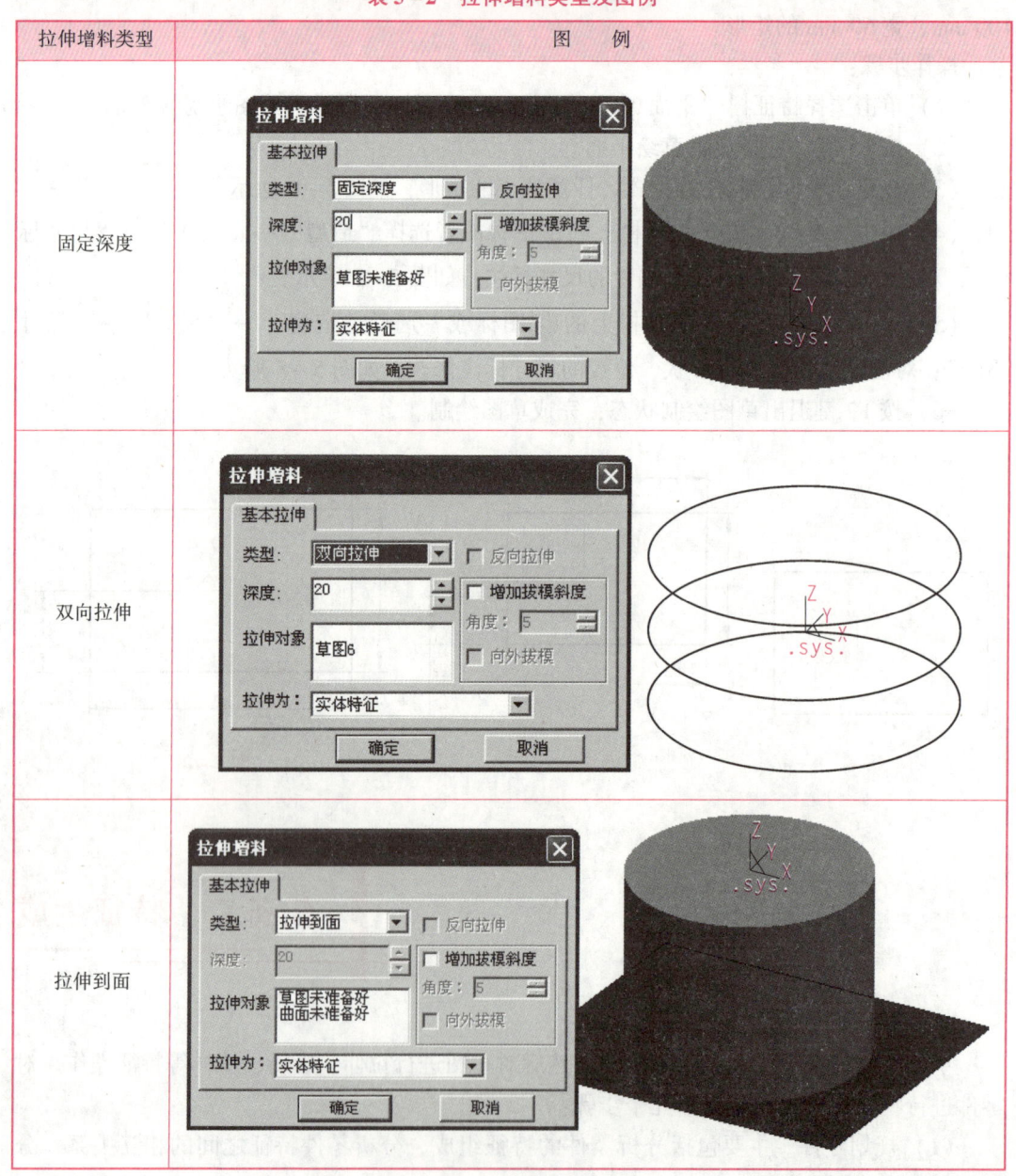

范例实施：利用固定深度增料方法，生成重心在坐标原点、半径为 30 mm、高 40 mm、拔模斜度 15°的圆台。

操作步骤：

（1）单击选择特征树"平面 XY"为基准平面→按 F2 键进入草图绘制状态。

（2）按 F5 键，选择显示草绘平面。

（3）在草绘平面按要求绘制出草图（略），如图 5-9 所示。

（4）按 F2 键退出草图绘制状态，完成草图绘制。

（5）按 F8 键，选择"轴测图"显示。

（6）单击［特征生成］工具栏上的 图标，或者单击主菜单"造型"→"特征生成"→"增料"→"拉伸"→填写弹出的"拉伸增料"对话框（图 5-10）→拾取已绘草图→单击"确定"按钮结束操作，如图 5-11 所示。

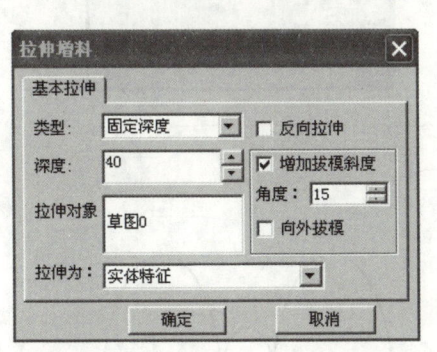

图 5-10

图 5-11

二、拉伸除料

拉伸除料是指在已有的实体上对草图用给定的距离、沿着与草图面垂直的方向，用以生成一个减少材料的特征，其类型包括固定深度、双向拉伸、拉伸到面和贯穿四种，如表 5-3 所示。

范例实施：利用固定拉伸方法，完成图 5-12 所示图形的绘制。

操作步骤：

（1）绘制圆台（具体步骤略）。

（2）单击选择圆台上表面为基准平面→按 F2 键进入草图绘制状态。

（3）按 F5 键，选择显示草绘平面。

表 5-3 拉伸除料类型及图例

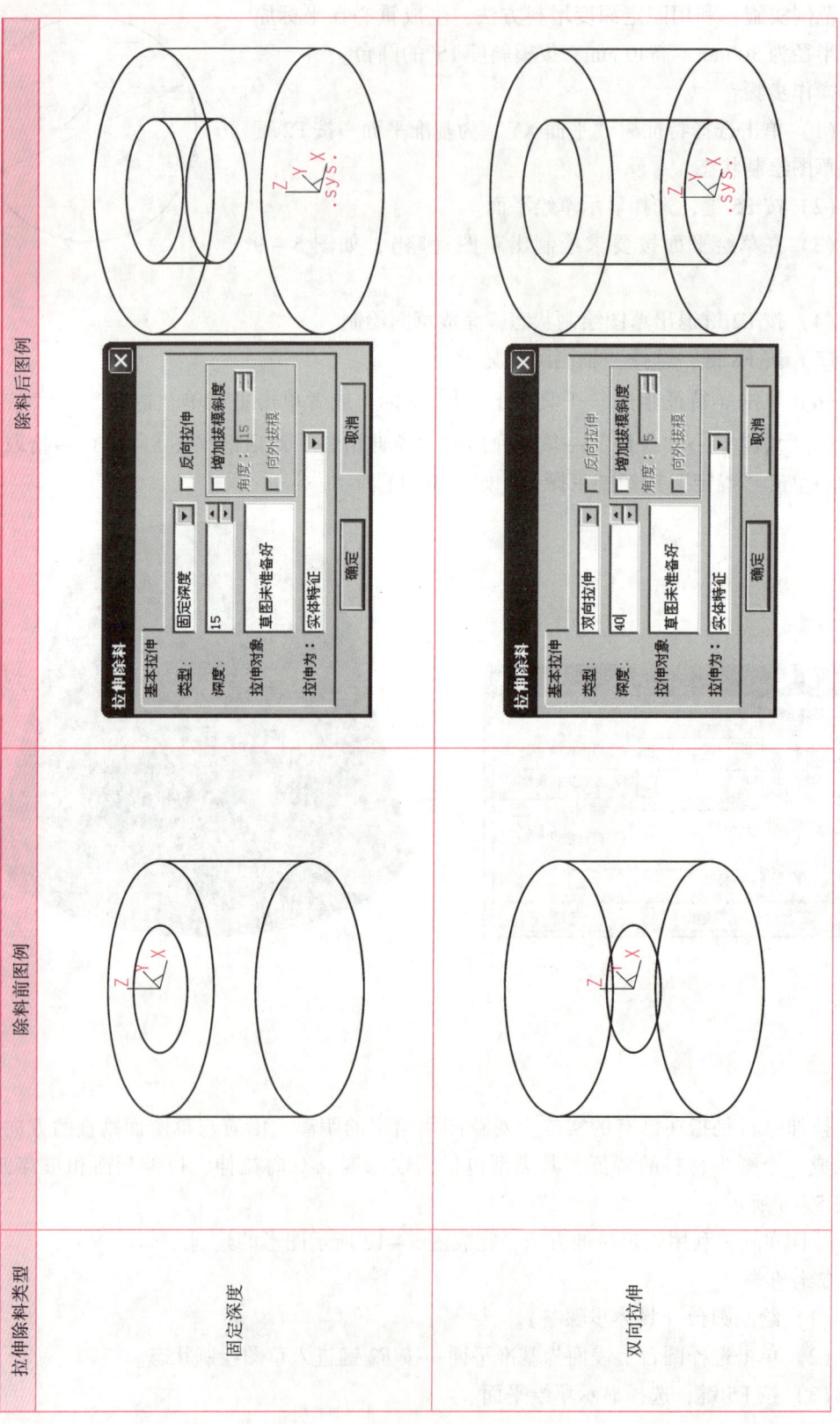

项目五 实体造型及编辑

续表

拉伸除料类型	除料前图例	除料后图例
拉伸到面	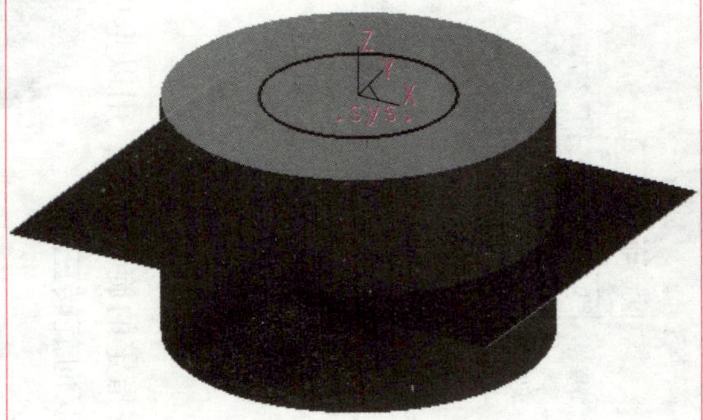	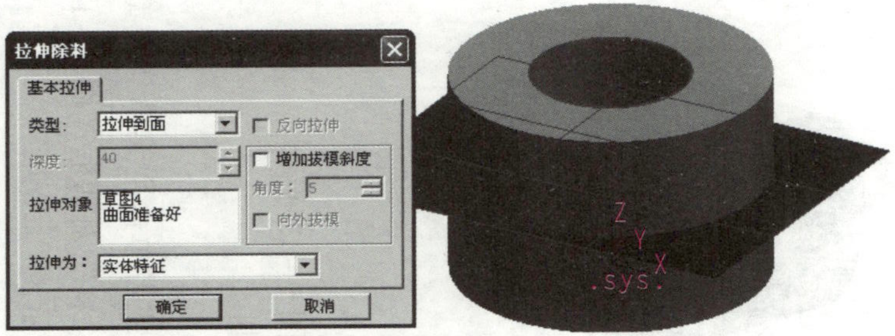
贯穿	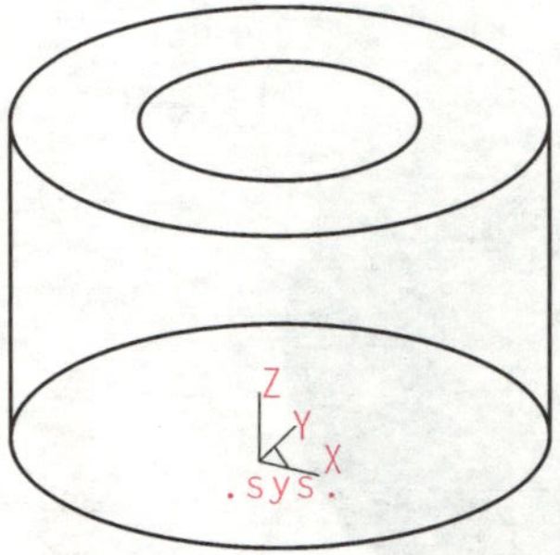	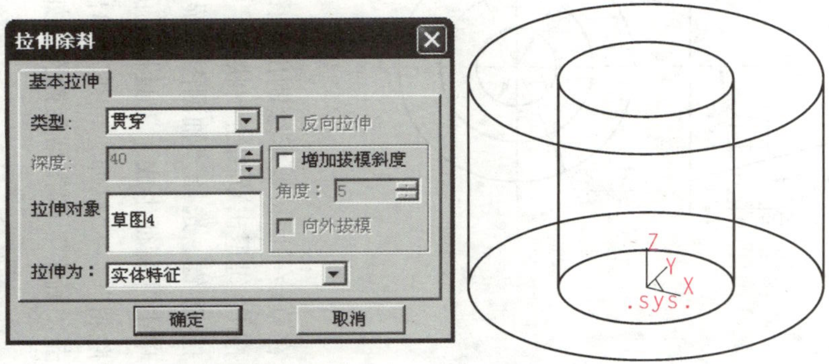

·103·

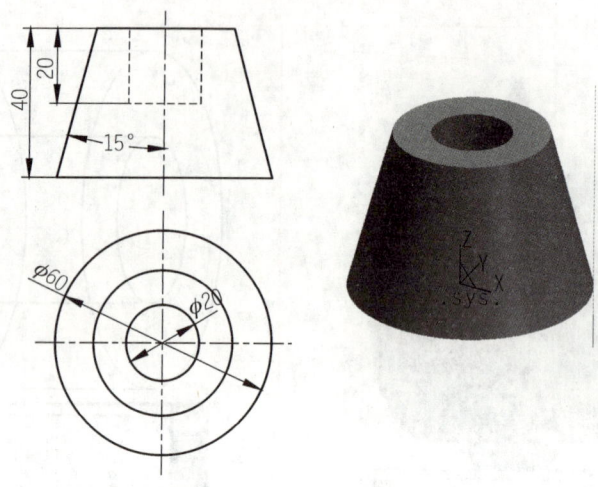

图 5-12

(4) 在草绘平面按要求绘制出草图（略），如图 5-13 所示。
(5) 按 F2 键退出草图绘制状态，完成草图绘制。
(6) 按 F8 键，选择"轴测图"显示。
(7) 单击［特征生成］工具栏上的 图标，或者单击主菜单"造型"→"特征生成"→"除料"→"拉伸"→填写弹出的"拉伸除料"对话框（图 5-14）→拾取已绘草图→单击"确定"按钮结束操作，如图 5-15 所示。

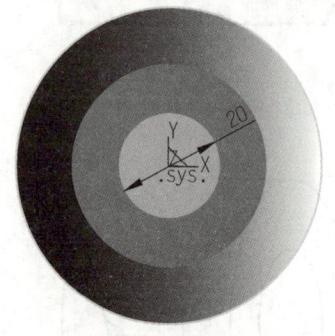

图 5-13

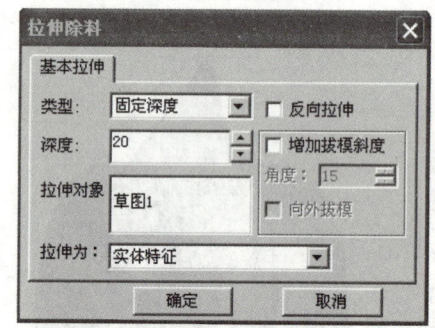

图 5-14

三、旋转增料

旋转增料是指草图围绕轴线（空间直线）按指定的旋转方向，用以生成一个增加材料的特征，其类型包括单向旋转、对称旋转和双向旋转三种，如表 5-4 所示。

范例实施：利用单向旋转增料方法，完成图 5-16 所示图形的绘制。

操作步骤：

(1) 在非草图绘制状态下绘制空间直线（旋转轴），起点坐标（0，0，0）、终点坐标（0，0，250）。

图 5-15

· 104 ·

项目五 实体造型及编辑

表 5-4 旋转增料类型及图例

旋转增料类型	增料前图例	增料后图例
单向旋转	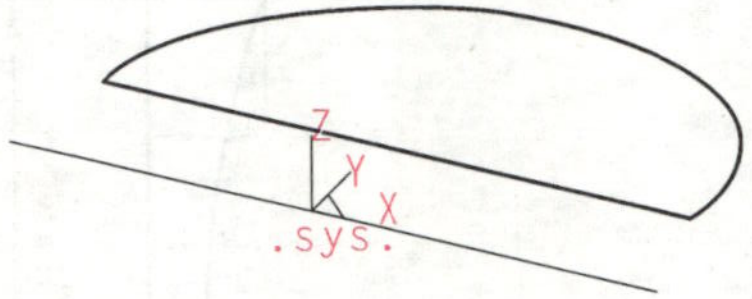	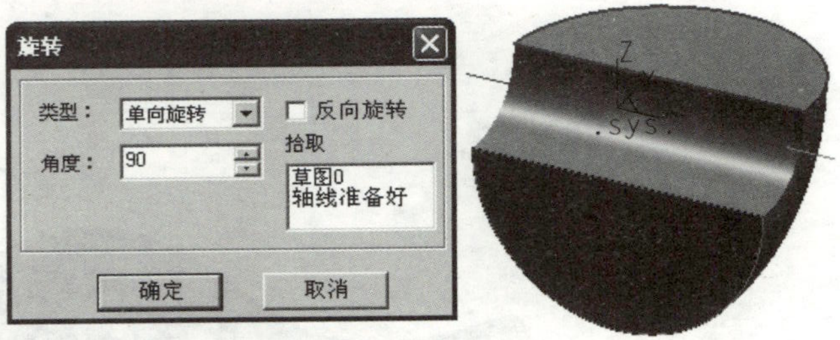
对称旋转	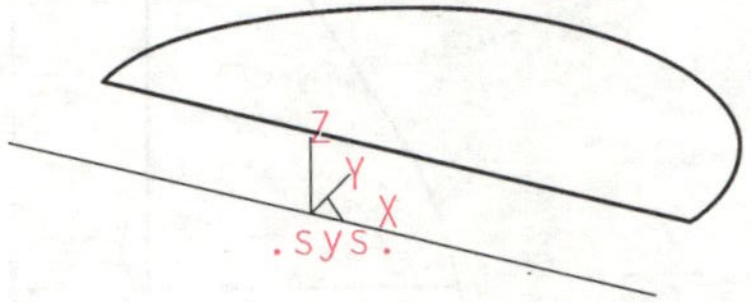	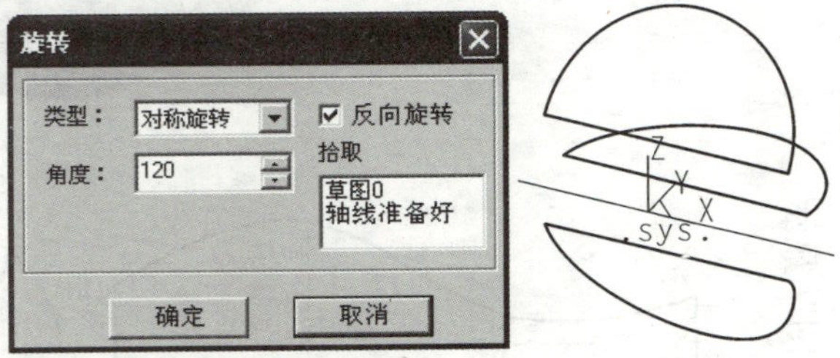
双向旋转	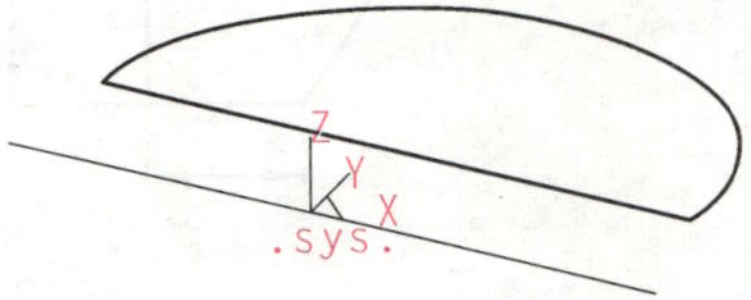	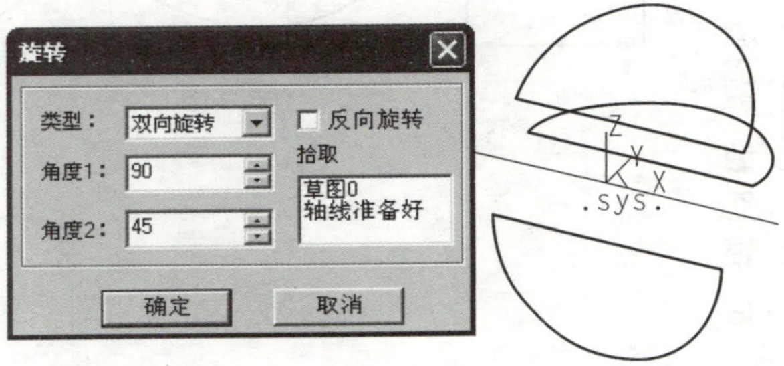

（2）单击选择特征树"平面 XZ"为基准平面→按 F2 键进入草图绘制状态。

（3）按 F5 键，选择显示草绘平面。

（4）在草绘平面按要求绘制出草图（略），如图 5-17 所示。

（5）按 F2 键退出草图绘制状态，完成草图绘制。

（6）按 F8 键，选择"轴测图"显示。

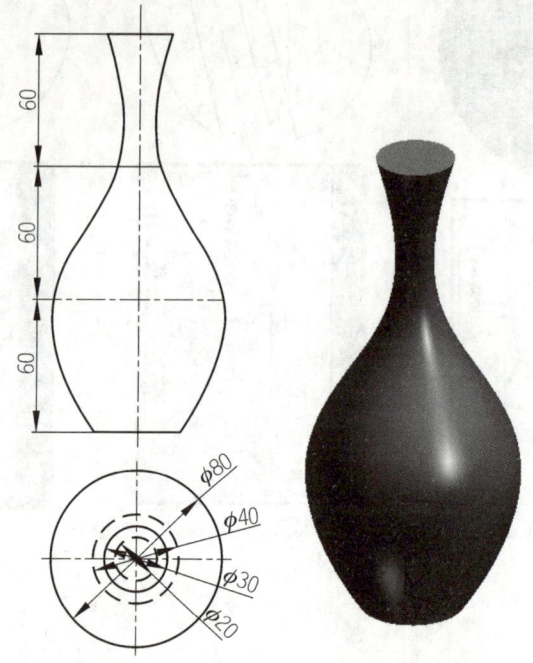

图 5-16

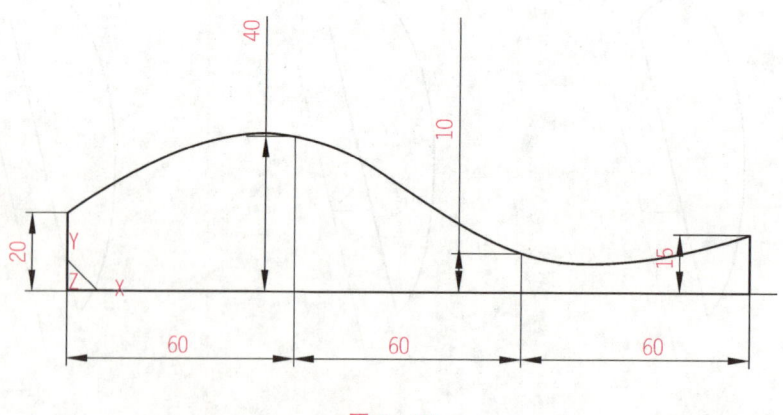

图 5-17

（7）单击［特征生成］工具栏上的 图标，或者单击主菜单"造型"→"特征生成"→"增料"→"旋转"→填写弹出的"旋转"对话框（图 5-18）→拾取已绘草图和旋转轴→单击"确定"按钮结束操作，如图 5-19 所示。

四、旋转除料

旋转除料是指在已有的实体上让草图围绕轴线（空间直线）按指定的旋转方向，用以生成一个减少材料的特征，其类型包括单向旋转、对称旋转和双向旋转三种，如表5-5所示。

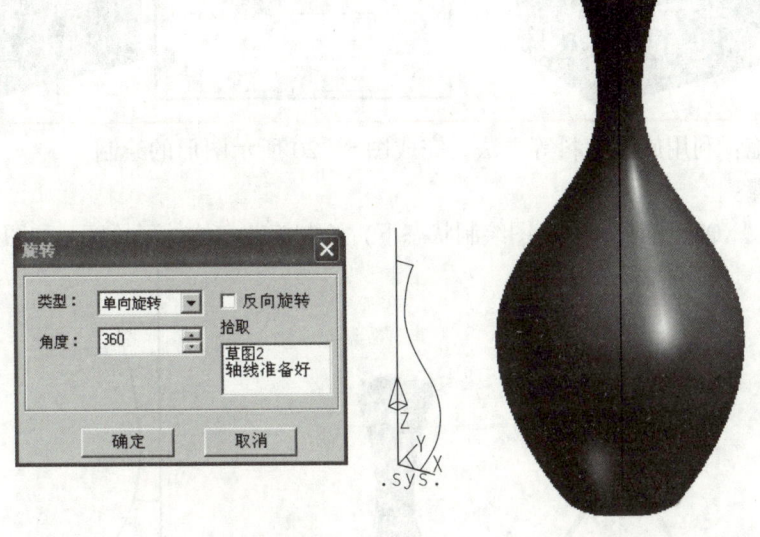

图 5-18　　　　　　　　　图 5-19

表 5-5　旋转除料类型及图例

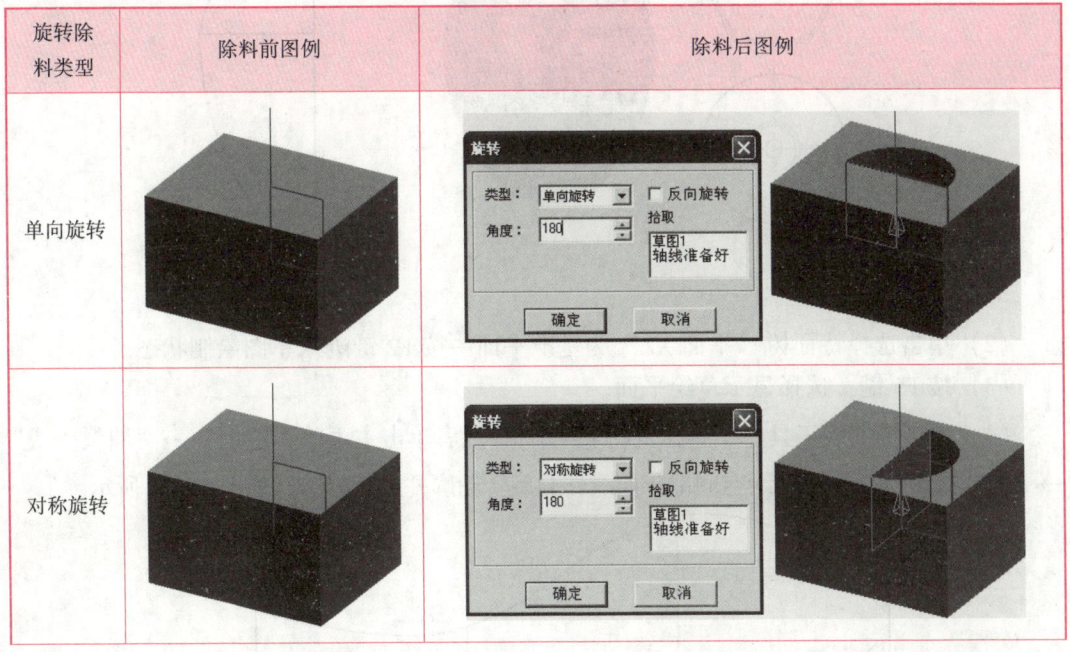

旋转除料类型	除料前图例	除料后图例	
单向旋转			
对称旋转			

续表

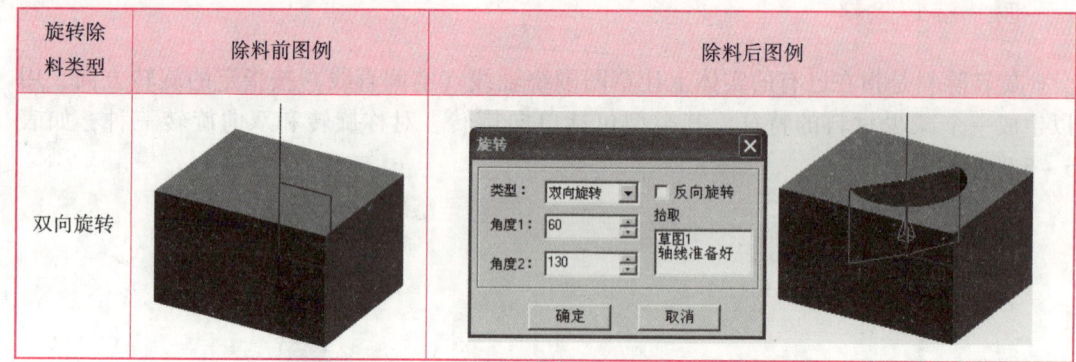

范例实施：利用旋转除料等方法，完成图 5-20 所示图形的绘制。

操作步骤：

（1）在"XOZ 平面"（非草图绘制状态下）绘制旋转实体外形轮廓，如图 5-21 所示。

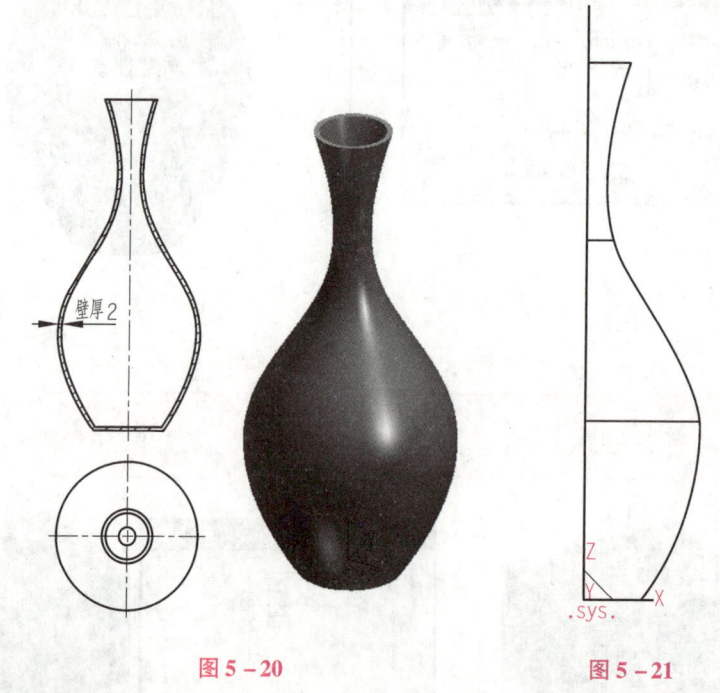

图 5-20　　　　　　　　　　图 5-21

（2）单击选择特征树"平面 XZ"为基准平面→按 F2 键进入草图绘制状态。

（3）按 F5 键，选择显示草绘平面。

（4）单击 [曲线工具] 工具栏上的 图标，或者单击主菜单"造型"→"曲线生成"→"曲线投影"→拾取已绘空间部分曲线作为旋转轮廓并进行修剪，如图 5-22 所示。

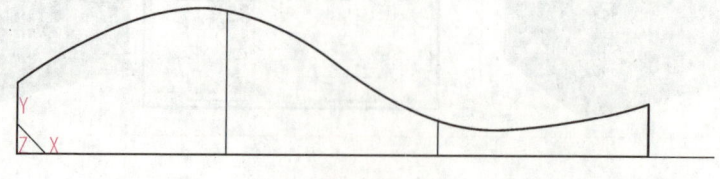

图 5-22

（5）按 F2 键退出草图绘制状态，完成草图绘制。

（6）按 F8 键，选择"轴测图"显示。

（7）单击［特征生成］工具栏上的 图标，或者单击主菜单"造型"→"曲线生成"→"增料"→"旋转"→填写弹出的"旋转"对话框（图5-18）→拾取已绘草图和旋转轴→单击"确定"按钮结束操作，如图5-19所示。

（8）单击选择特征树"平面 XZ"为基准平面→按 F2 键进入草图绘制状态。

（9）按 F5 键，选择显示草绘平面。

（10）单击［曲线工具］工具栏上的 图标，或者单击主菜单"造型"→"曲线生成"→"曲线投影"→拾取已绘空间部分曲线（图5-23）→单击［曲线工具］栏上的 图标，或者单击主菜单"造型"→"曲线生成"→"等距线"→当前命令选择"单根曲线"→"等距"→"距离"中输入"2.0000"→"精度"中输入"0.1000"→拾取曲线→选择内侧箭头（图5-24）→对曲线进行修剪、删除和补充，如图5-25所示。

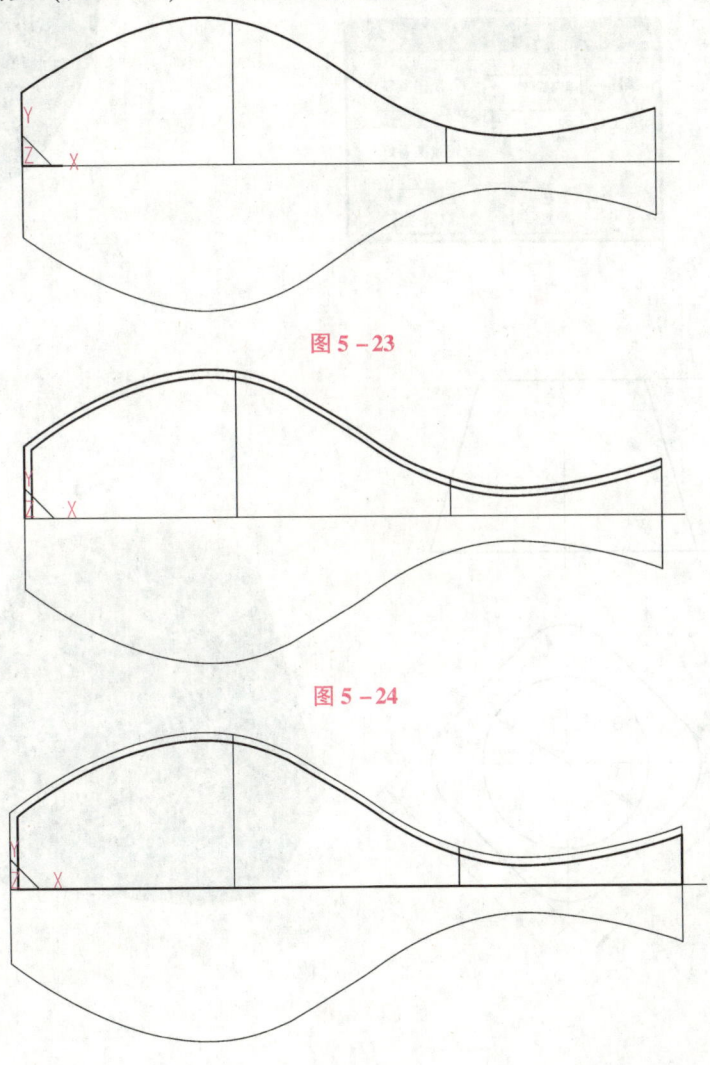

图 5-23

图 5-24

图 5-25

(11)按 F2 键退出草图绘制状态,完成草图绘制。

(12)按 F8 键,选择"轴测图"显示。

(13)单击[特征生成]工具栏上的图标,或者单击主菜单"造型"→"特征生成"→"除料"→"旋转"→填写弹出的"旋转"对话框(图5-26)→拾取已绘草图和旋转轴→单击"确定"按钮结束操作,如图5-27所示。

五、放样增料

放样增料是指用多个草图,依次拾取生成一个实体的操作。

范例实施:利用放样增料方法,完成图5-28所示图形的绘制。

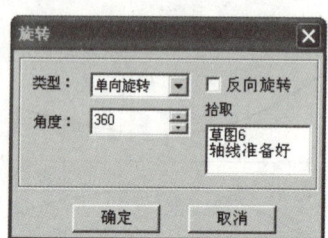

图5-26

图5-27

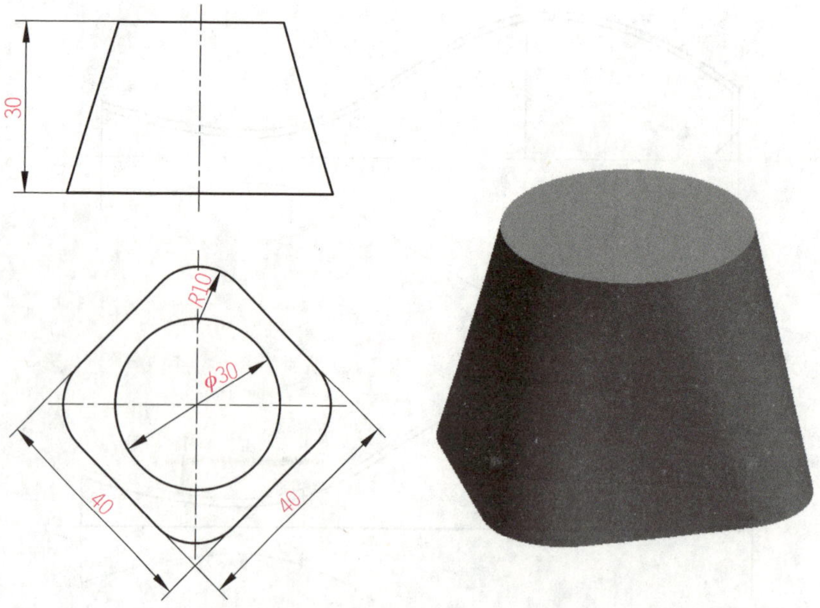

图5-28

操作步骤:

(1)单击选择特征树"平面XY"为基准平面→按 F2 键进入草图绘制状态。

· 110 ·

（2）按 F5 键，选择显示草绘平面。

（3）在草绘平面上按要求绘制出草图（略），如图 5 - 29 所示。

（4）将图 5 - 29 中标记"R10"的圆弧于 X 轴交点处打断。

（5）按 F2 键退出草图绘制状态，完成草图绘制。

（6）按 F8 键，选择"轴测图"显示。

（7）单击［特征生成］工具栏上的 图标，或者单击主菜单"造型"→"特征生成"→"基准面"→弹出"构造基准面"对话框（图 5 - 30）→选择等距平面，确定基准面→拾取特征树"平面 XY"→输入距离"30"→单击"确定"按钮结束操作，如图 5 - 30 所示。

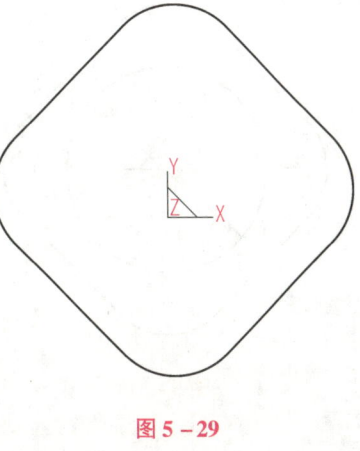

图 5 - 29

（8）单击选择特征树中生成的基准平面→按 F2 键进入草图绘制状态。

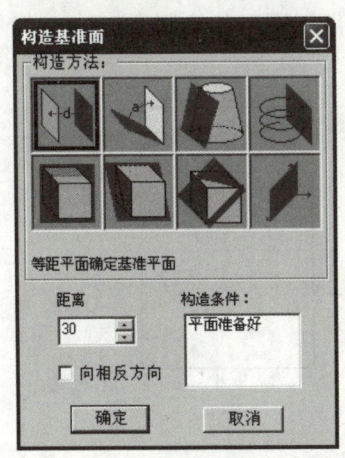

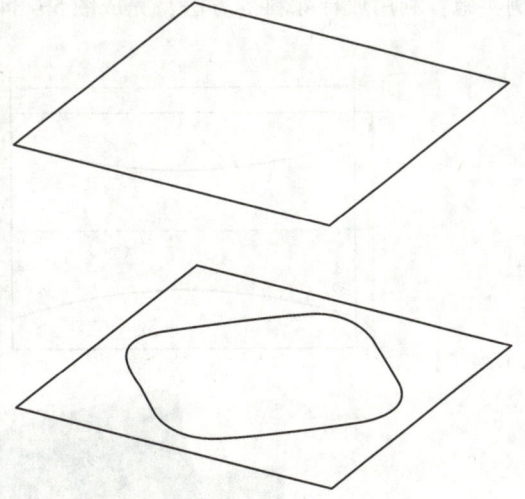

图 5 - 30

（9）按 F5 键，选择显示草绘平面。

（10）在草绘平面按要求绘制 φ30 mm 圆（略），如图 5 - 31 所示。

（11）按 F2 键退出草图绘制状态，完成草图绘制。

（12）按 F8 键，选择"轴测图"显示。

（13）单击［特征生成］工具栏上的 图标，或者单击主菜单"造型"→"特征生成"→"增料"→"放样"→弹出"放样"对话框（图 5 - 32）→拾取已绘两草图（注意拾取位置）→单击"确定"按钮结束操作，如图 5 - 33 所示。

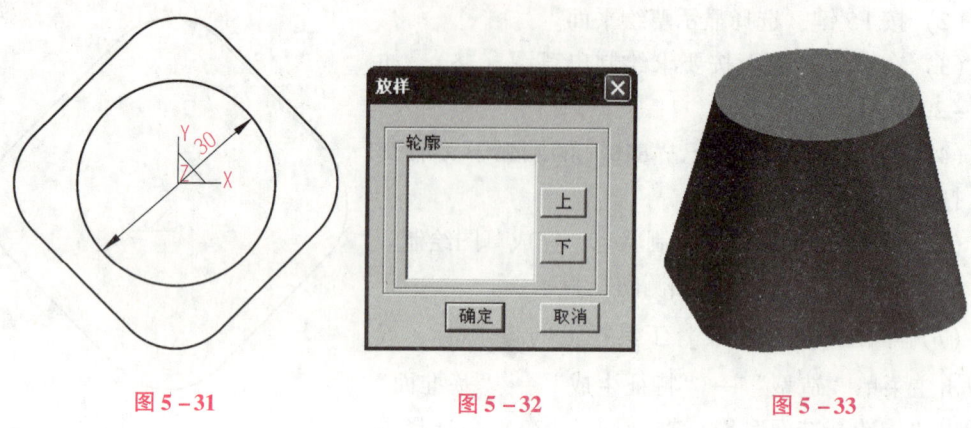

图 5-31　　　　　　　图 5-32　　　　　　　图 5-33

六、放样除料

放样除料是指在已有的实体上用多个草图，依次拾取生成一个减少实体的操作。

范例实施：利用放样除料等方法，完成图 5-34 所示图形的绘制。

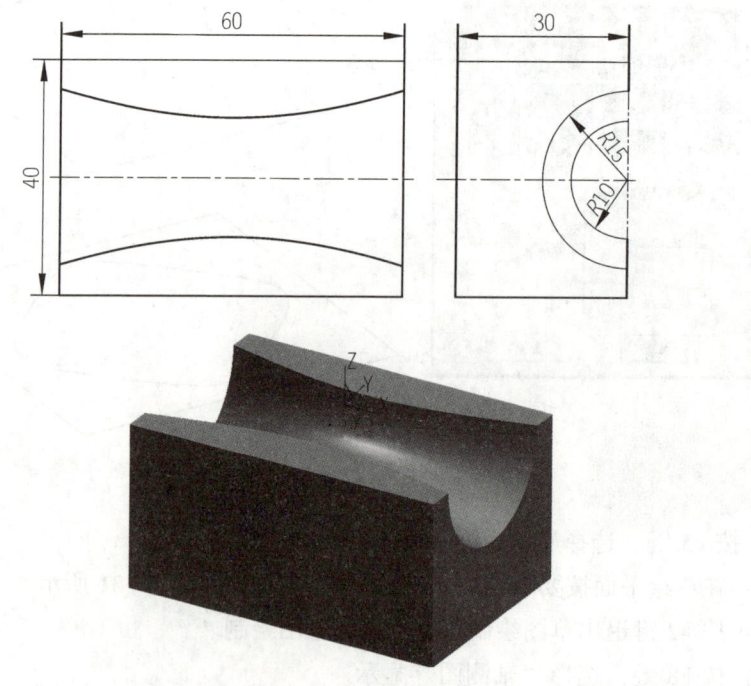

图 5-34

操作步骤：

(1) 单击选择特征树"平面 XY"为基准平面→按 F2 键进入草图绘制状态。

(2) 按 F5 键，选择显示草绘平面。

(3) 在草绘平面上按要求绘制出草图（略），如图 5-35 所示。

（4）按 F2 键退出草图绘制状态，完成草图绘制。

（5）按 F8 键，选择"轴测图"显示。

（6）单击［特征生成］工具栏上的 图标，或者单击主菜单"造型"→"特征生成"→"增料"→"拉伸"→填写弹出的"拉伸增料"对话框（图 5-36）→拾取已绘草图→单击"确定"按钮结束操作，如图 5-37 所示。

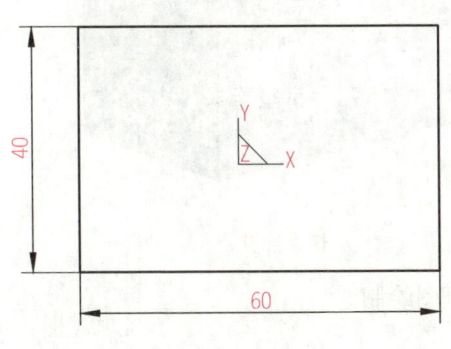

图 5-35

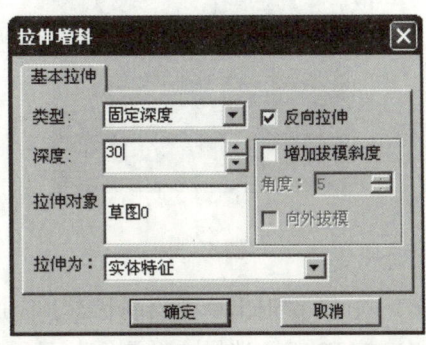

图 5-36

（7）单击选择特征树"平面 YZ"为基准平面→按 F2 键进入草图绘制状态。

（8）按 F5 键，选择显示草绘平面。

（9）在草绘平面按要求绘制出草图（略），如图 5-38 所示。

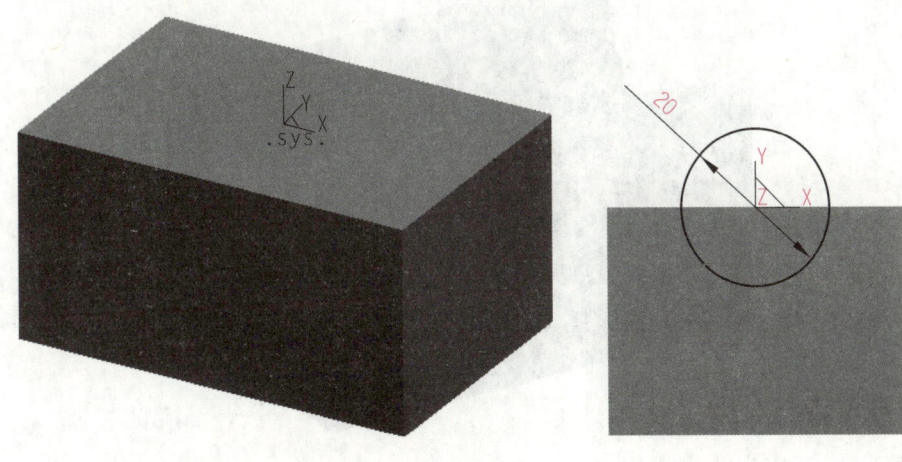

图 5-37　　　　　　　　　　　　图 5-38

（10）按 F2 键退出草图绘制状态，完成草图绘制。

（11）按 F8 键，选择"轴测图"显示。

（12）单击选择长方体右侧面→按 F2 键进入草图绘制状态。

（13）按 F5 键，选择显示草绘平面。

（14）在草绘平面上按要求绘制出草图（略），如图 5-39 所示。

（15）同理，绘制左侧面草图（略），如图 5-40 所示。

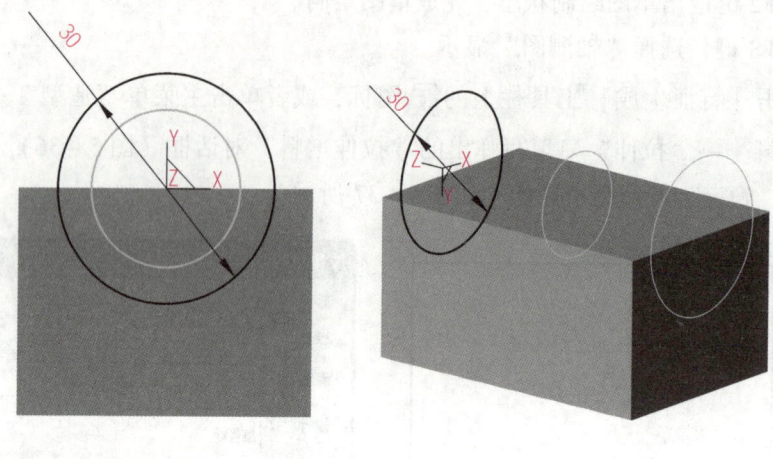

图 5-39　　　　　　　　　　图 5-40

(16) 按 F2 键退出草图绘制状态，完成草图绘制。

(17) 按 F8 键，选择"轴测图"显示。

(18) 单击 [特征生成] 工具栏上的 图标，或者单击主菜单"造型"→"特征生成"→"除料"→"放样"→弹出"放样"对话框→拾取已绘草图（注意拾取位置）→单击"确定"按钮结束操作，如图 5-41 所示。

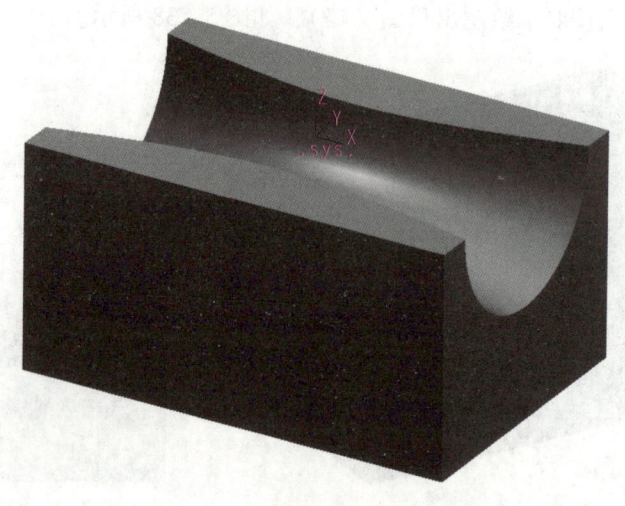

图 5-41

七、导动增料

导动增料是指草图沿着导动线，在指定的方向上扫过，生成一个增加材料的特征，有平行导动和固接导动两种类型，如表 5-6 所示。

表 5-6 导动增料类型及图例

导动增料类型	导动前图例	导动后图例
平行导动		
固接导动		

范例实施：利用导动增料等方法，完成图 5-42 所示图形的绘制。

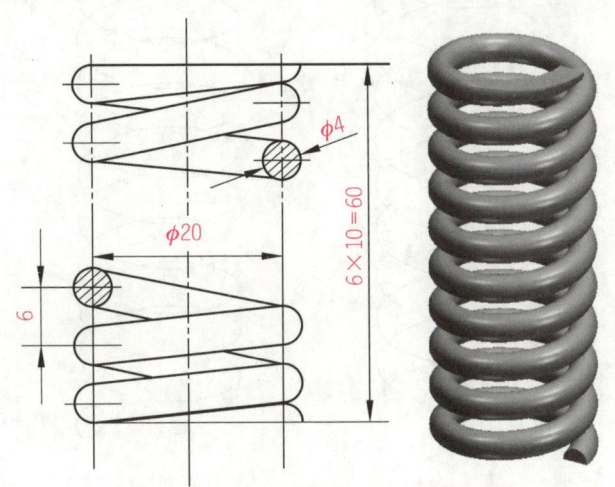

图 5-42

操作步骤：

（1）单击[曲线工具]工具栏上的 f(x) 图标，或者单击主菜单"造型"→"曲线生成"→"公式曲线"→填写弹出的"公式曲线"对话框（图 5-43）→拾取坐标原点，结束操作，如图 5-44 所示。

（2）单击选择特征树"平面 XZ"为基准平面→按 F2 键进入草图绘制状态。

（3）按 F5 键，选择显示草绘平面。

（4）在草绘平面按要求绘制出草图。

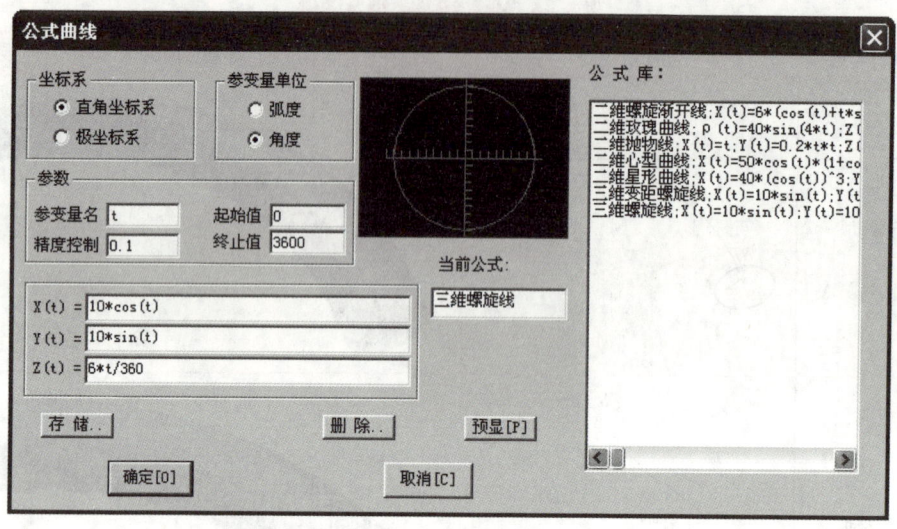

图 5-43

(5) 按 F2 键退出草图绘制状态,完成草图绘制。

(6) 按 F8 键,选择"轴测图"显示,如图 5-45 所示。

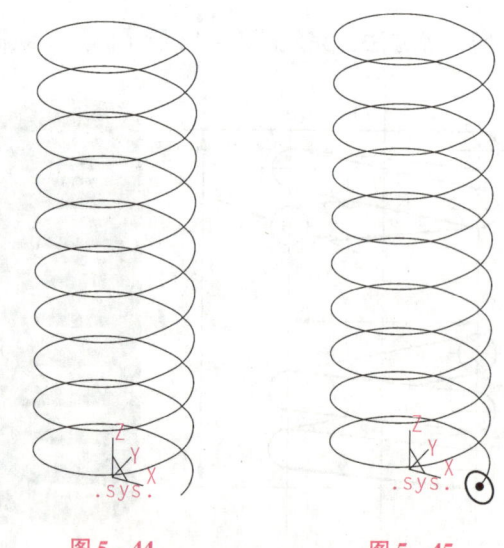

图 5-44　　　　　图 5-45

(7) 单击[特征生成]工具栏上的图标,或者单击主菜单"造型"→"特征生成"→"增料"→"导动"→弹出"导动"对话框(图 5-46)→拾取已绘草图和轨迹线→单击"确定"按钮结束操作,如图 5-47 所示。

(8) 单击选择特征树"平面 XZ"为基准平面→按 F2 键进入草图绘制状态。

(9) 按 F5 键,选择显示草绘平面。

(10) 在草绘平面上按要求绘制出草图(注意,矩形一边必过螺旋线端点,如图 5-48所示)。

(11) 按 F2 键退出草图绘制状态,完成草图绘制。

项目五 实体造型及编辑

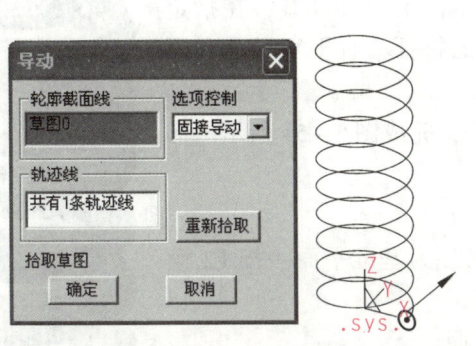

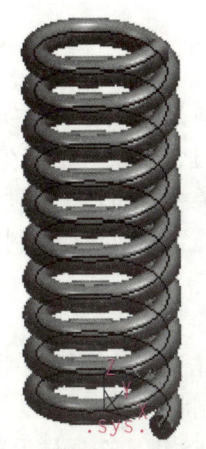

图 5-46　　　　　　　　　图 5-47

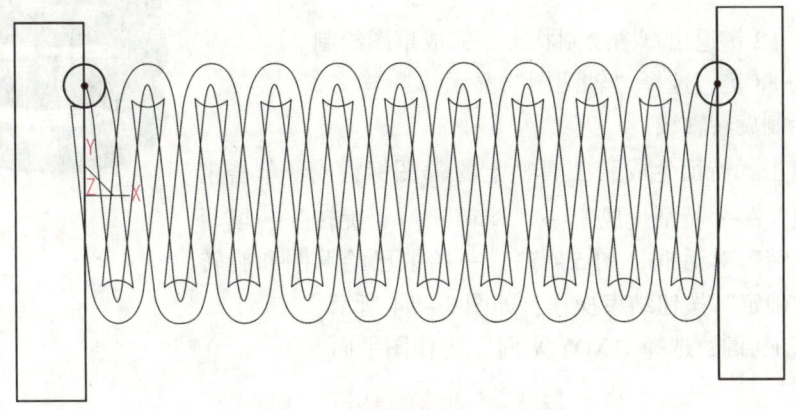

图 5-48

(12) 按 F8 键，选择"轴测图"显示。

(13) 单击 [特征生成] 工具栏上的 图标，或者单击主菜单"造型"→"特征生成"→"除料"→"拉伸"→填写弹出的"拉伸除料"对话框（图 5-49）→拾取已绘草图→单击"确定"按钮结束操作，如图 5-50 所示。

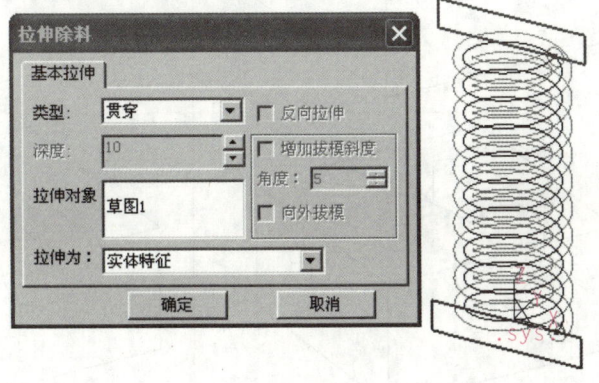

图 5-49

· 117 ·

八、导动除料

导动除料是指在已有的实体上草图沿着导动线,在指定的方向上扫过,生成一个减少材料的特征,有平行导动和固接导动两种类型,如表5-7所示。

范例实施:利用导动除料等方法,完成图5-51所示图形的绘制。

操作步骤:

(1) 单击选择特征树"平面XZ"为基准平面→按F2键进入草图绘制状态。

(2) 按F5键,选择显示草绘平面。

(3) 在草绘平面上按要求绘制出草图(略),如图5-52所示。

(4) 按F2键退出草图绘制状态,完成草图绘制。

(5) 按F8键,选择"轴测图"显示。

(6) 绘制旋转轴线。

(7) 单击[特征生成]工具栏上的图标,或者单击主菜单"造型"→"特征生成"→"增料"→"旋转"→填写弹出的"旋转"对话框(图5-53)→拾取已绘草图和旋转轴→单击"确定"按钮结束操作,如图5-54所示。

(8) 按F9键,选择"XOY平面"为作图平面。

图 5-50

表 5-7 导动除料类型及图例

导动除料类型	导动前图例	导动后图例
平行导动		
固接导动		

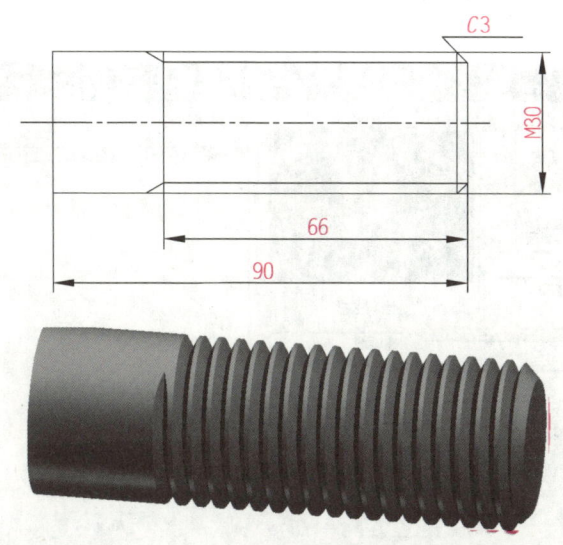

图 5-51

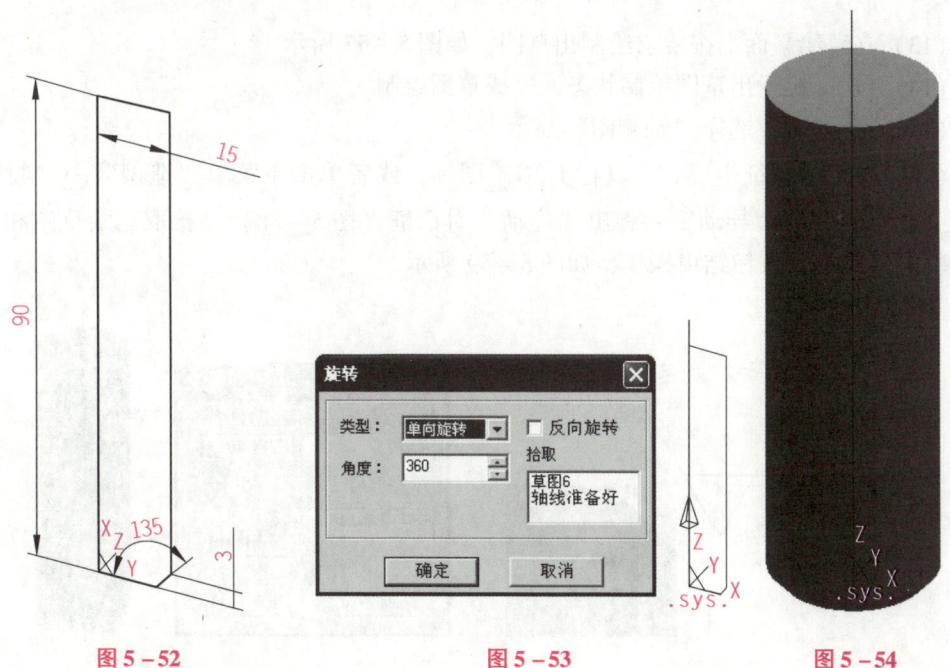

图 5-52　　　　　　　图 5-53　　　　　　　图 5-54

（9）单击 [曲线工具] 工具栏上的 f(x) 图标，或者单击主菜单"造型"→"曲线生成"→"公式曲线"→弹出"公式曲线"对话框并填写内容（图 5-55）→输入定位点 (0, 0, -2)，结束操作，如图 5-56 所示；

（10）利用"投影裁剪"，保证螺纹有效长度为 66 mm（略）。

（11）单击选择特征树"平面 XZ"为基准平面→按 F2 键进入草图绘制状态。

（12）按 F5 键，选择显示草绘平面。

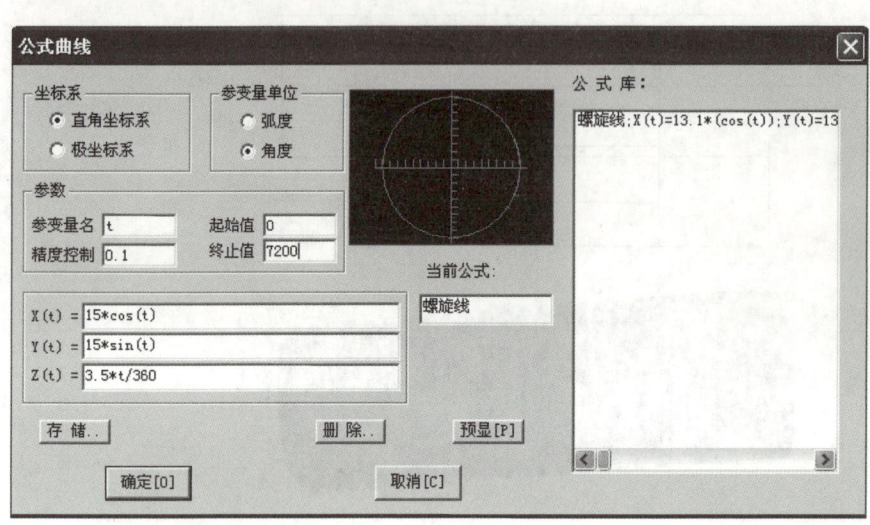

图 5-55

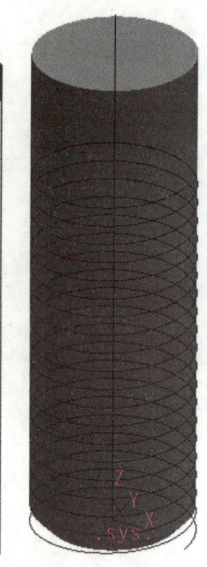

图 5-56

(13) 在草绘平面上按要求绘制出草图，如图 5-57 所示。

(14) 按 F2 键退出草图绘制状态，完成草图绘制。

(15) 按 F8 键，选择"轴测图"显示。

(16) 单击[特征生成]工具栏上的 图标，或者单击主菜单"造型"→"特征生成"→"除料"→"导动"→弹出"导动"对话框（图 5-58）→拾取已绘草图和轨迹线→单击"确定"按钮结束操作，如图 5-59 所示。

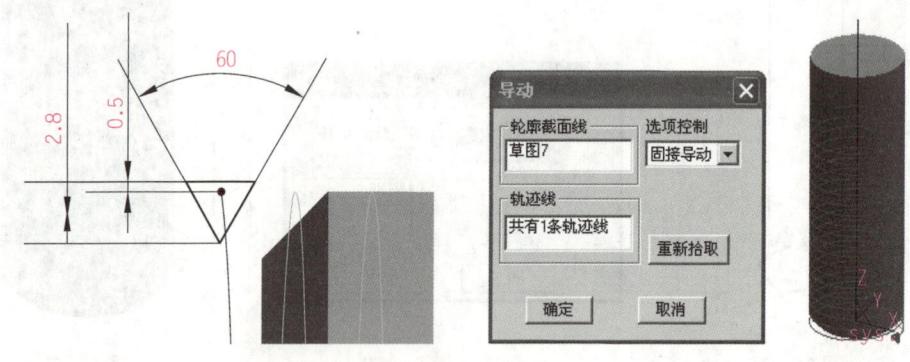

图 5-57　　　　　　　　图 5-58

(17) 单击选择螺纹末端小三角平面（图 5-60）为基准平面→按 F2 键进入草图绘制状态。

(18) 按 F5 键，选择显示草绘平面。

(19) 在草绘平面上按要求绘制出草图（利用相关线中实体边界，如图 5-61 所示）。

(20) 按 F2 键退出草图绘制状态，完成草图绘制。

(21) 按 F8 键，选择"轴测图"显示。

图 5-60

图 5-59

图 5-61

(22) 单击 [特征生成] 工具栏上的 图标，或者单击主菜单"造型"→"特征生成"→"除料"→"拉伸"→填写弹出的"拉伸除料"对话框（图 5-62）→拾取已绘草图→单击"确定"按钮结束操作。

九、曲面加厚

曲面加厚是对指定的曲面按照给定的厚度和方向，生成一个增加或去除材料的特征，如表 5-8 所示。

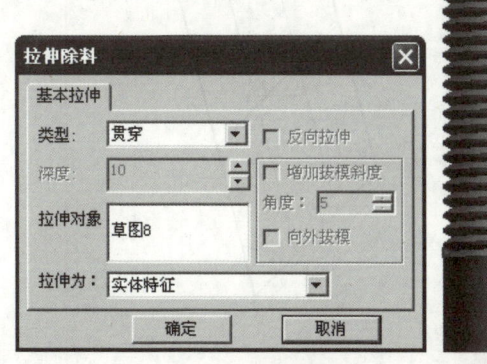

图 5-62

· 121 ·

表 5-8 曲面加厚类型及图例

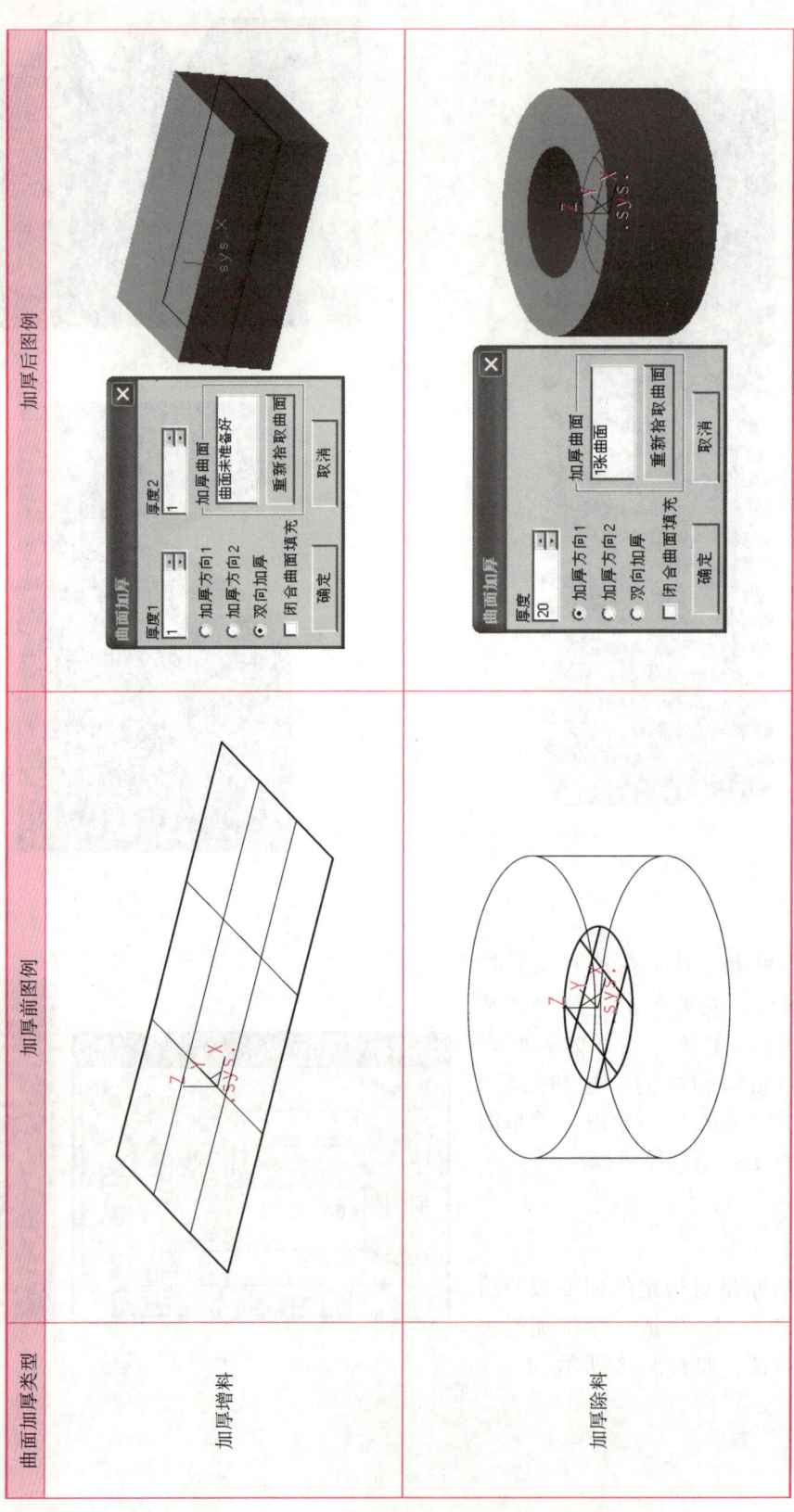

范例实施：利用曲面加厚等方法，完成图 5-63 所示图形中叶片的绘制。

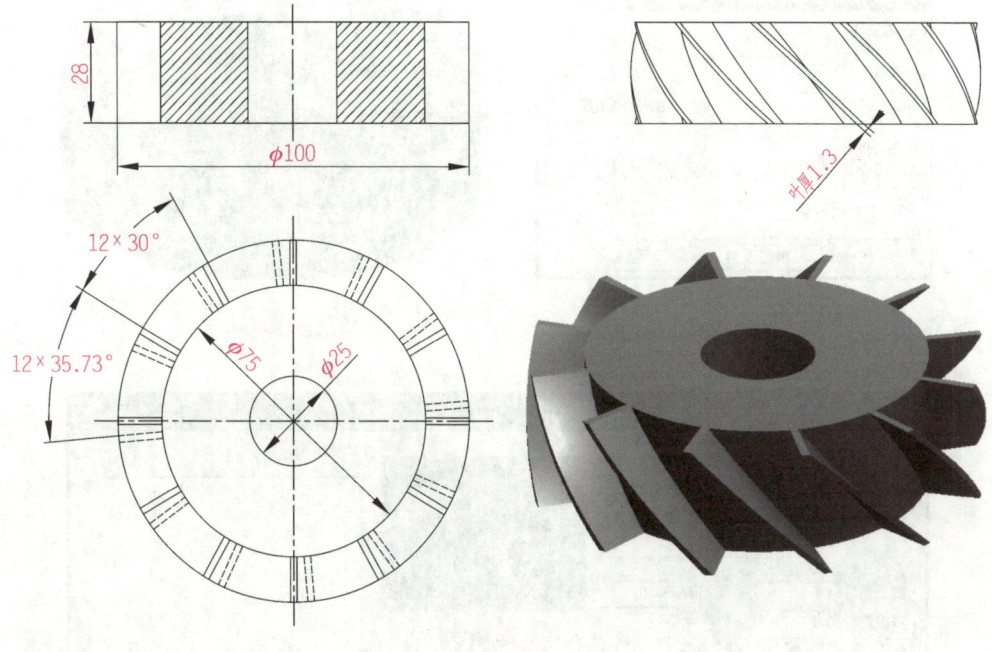

图 5-63

操作步骤：

（1）单击选择特征树"平面 XY"为基准平面→按 F2 键进入草图绘制状态。

（2）按 F5 键，选择显示草绘平面。

（3）在草绘平面按要求绘制出草图（略），如图 5-64 所示。

（4）按 F2 键退出草图绘制状态，完成草图绘制。

（5）按 F8 键，选择"轴测图"显示。

（6）单击［特征生成］工具栏上的 图标，或者单击主菜单"造型"→"特征生成"→"增料"→"拉伸"→填写弹出的"拉伸增料"对话框（图 5-65）→拾取已绘草图→单击"确定"按钮结束操作，如图 5-66 所示。

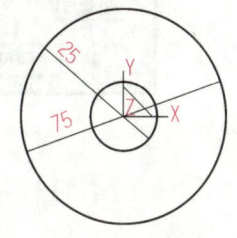

图 5-64

（7）按 F9 键，选择"XOY 平面"为作图平面。

（8）单击［曲线工具］工具栏上的 f(x) 图标，或者单击主菜单"造型"→"曲线生成"→"公式曲线"→填写弹出的"公式曲线"对话框（图 5-67）→输入定位点（0，0，0），结束操作，如图 5-68 所示。

（9）绘制曲面线架（略），如图 5-69 所示。

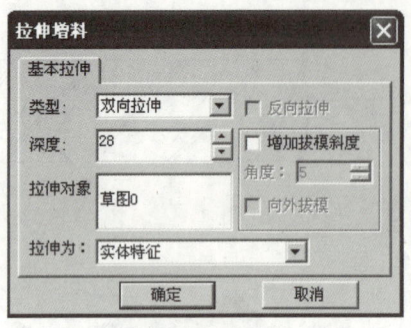

图 5-65

图 5-66

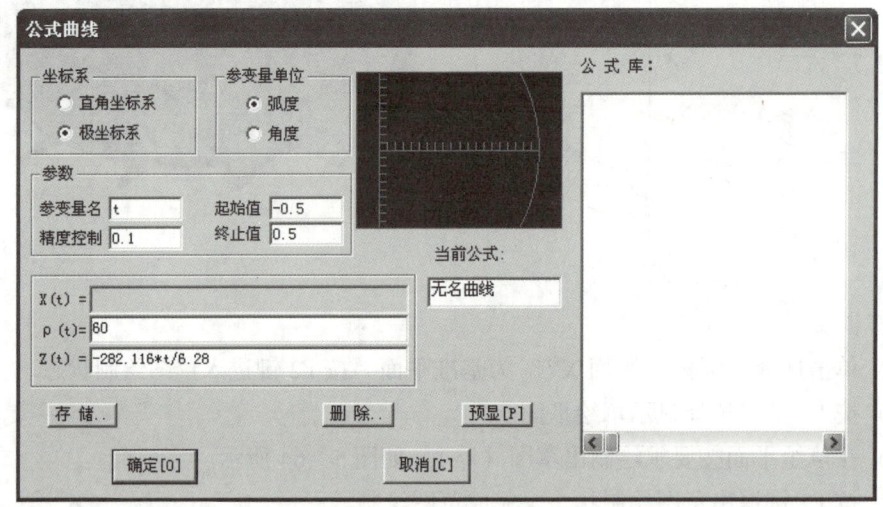

图 5-67

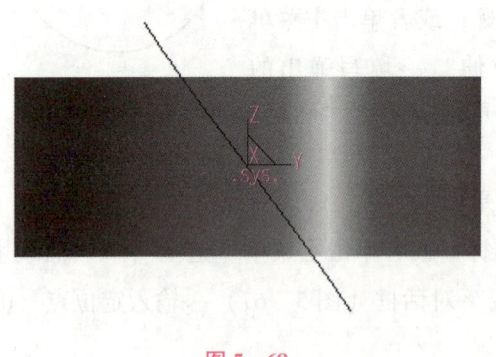

图 5-68

(10) 单击 [曲面生成] 工具栏上的  图标，或者单击主菜单 "造型" → "曲面生成" → "边界面" → 当前命令选择 "四边面" → 连续拾取四条边 → 右击结束操作，如图 5-70 所示。

(11) 按 F9 键，选择 "XOY 平面" 为作图平面。

(12) 绘制圆心（0，0，25）、半径为 30 mm 的圆。

(13) 单击 [线面编辑] 工具栏上的 图标，或者单击主菜单 "造型" → "曲面编辑" → "曲面裁剪" → 当前命令选择 "投影线裁剪" → "裁剪" → "精度" 中输入 "0.0100" → 拾取被裁剪曲面保留部分 → 按空格键 → 选择投影方向为 Z 负方向 → 拾取剪刀线 φ60 mm 圆 → 右击结束操作，如图 5-71 所示。

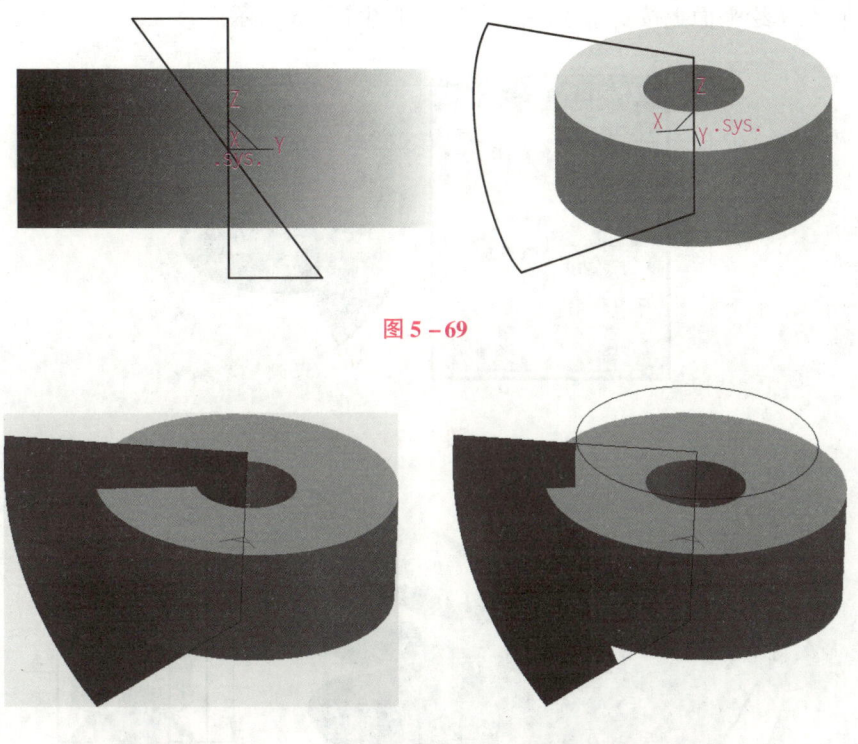

图 5-69

图 5-70　　　　　　　　　　图 5-71

(14) 单击 [特征生成] 工具栏上的 图标，或者单击主菜单"造型"→"特征生成"→"增料"→"曲面加厚"→填写弹出的"曲面加厚"对话框（图 5-72）→拾取已绘曲面→单击"确定"按钮结束操作，如图 5-73 所示。

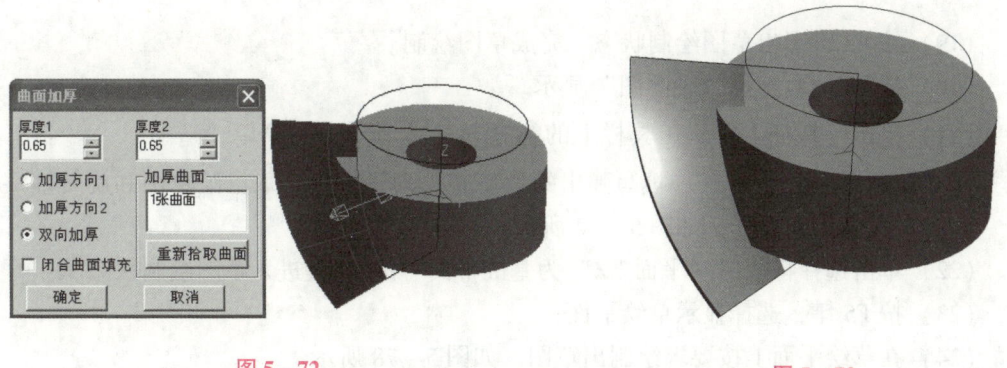

图 5-72　　　　　　　　　　图 5-73

(15) 单击 [特征生成] 工具栏上的 图标，或者单击主菜单"造型"→"特征生成"→"环形阵列"→填写弹出的"环形阵列"对话框（图 5-74）→拾取已绘叶片→拾取旋转轴→单击"确定"按钮结束操作，如图 5-75 所示。

(16) 单击选择特征树"平面 XZ"为基准平面→按 F2 键进入草图绘制状态。

(17) 按 F5 键，选择显示草绘平面。

(18) 在草绘平面上按要求绘制出草图,如图5-76所示。

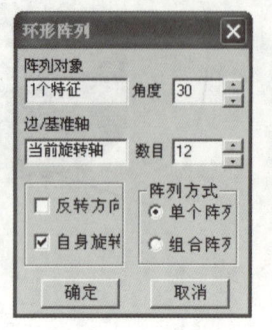 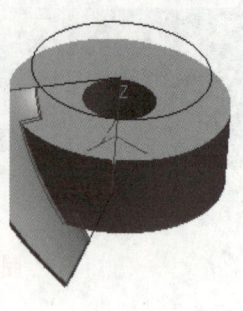

图 5-74

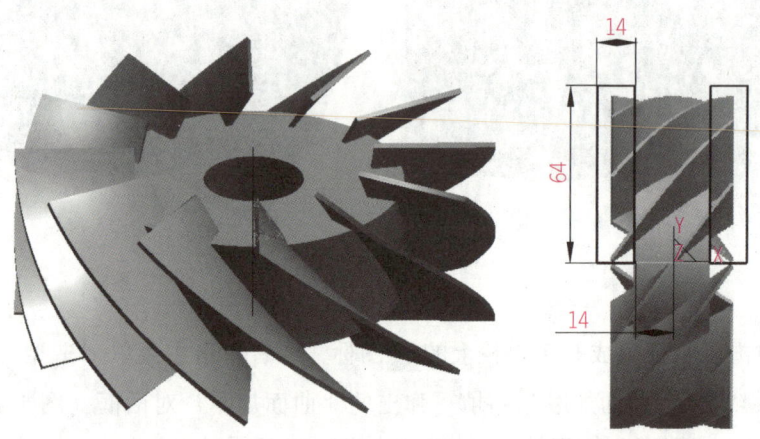

图 5-75　　　　　　　　　　图 5-76

(19) 按 F2 键退出草图绘制状态,完成草图绘制。

(20) 按 F8 键,选择"轴测图"显示。

(21) 单击 [特征生成] 工具栏上的 图标,或者单击主菜单"造型"→"特征生成"→"除料"→"旋转"→填写弹出的"旋转"对话框→拾取已绘草图和旋转轴→单击"确定"按钮结束操作,如图 5-77 所示。

(22) 单击选择特征树"平面 XZ"为基准平面→按 F2 键进入草图绘制状态。

(23) 按 F5 键,选择显示草绘平面。

(24) 在草绘平面上按要求绘制出草图,如图 5-78 所示。

(25) 按 F2 键退出草图绘制状态,完成草图绘制。

(26) 按 F8 键,选择"轴测图"显示。

(27) 单击 [特征生成] 工具栏上的 图标,或者单击主菜单"造型"→"特征生成"→"除料"→"旋转"→填写弹出的"旋转"对话框→拾取已绘草图和旋转轴→单击"确定"按钮结束操作,如图 5-79 所示。

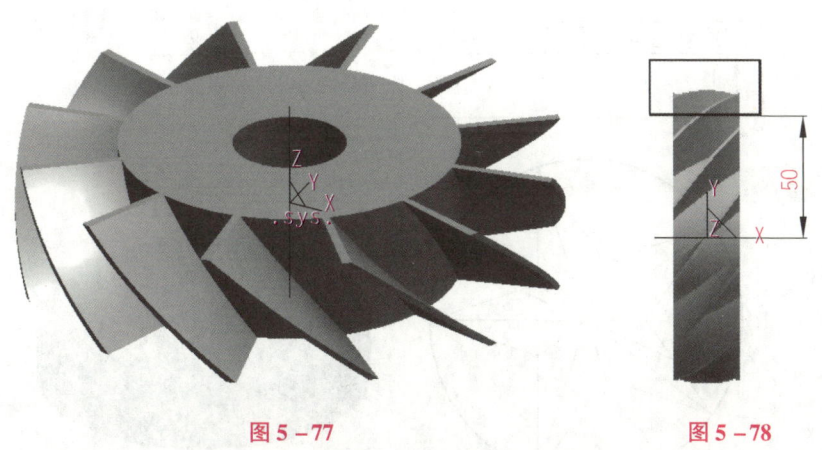

图 5-77　　　　　　　　图 5-78

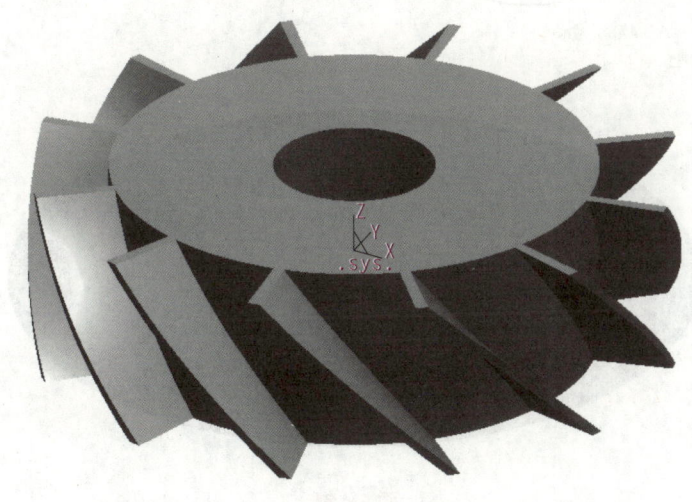

图 5-79

十、曲面裁剪除料

曲面裁剪除料是指用曲面对实体进行修剪,去掉不需要的部分。

范例实施:利用曲面裁剪除料等方法,完成图 5-80 所示图形的绘制。

操作步骤:

(1) 绘制曲面(注意,裁剪平面外轮廓圆半径大于 100 mm 皆可,如图 5-81 所示)。

(2) 单击选择特征树"平面 XY"为基准平面→按 F2 键进入草图绘制状态。

(3) 按 F5 键,选择显示草绘平面。

(4) 在草绘平面上按要求绘制出草图(略),如图 5-82 所示。

(5) 按 F2 键退出草图绘制状态,完成草图绘制。

(6) 按 F8 键,选择"轴测图"显示。

(7) 单击[特征生成]工具栏上的 图标,或者单击主菜单"造型"→"特征生成"→"增料"→"拉伸"→填写弹出的"拉伸增料"对话框(图 5-83)→拾取已绘

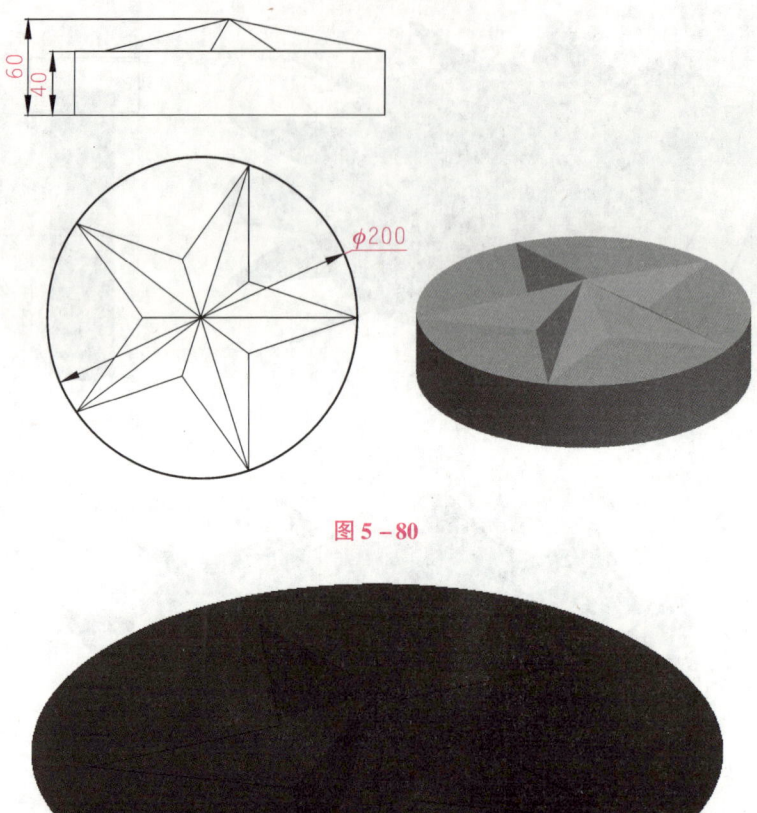

图 5-80

图 5-81

草图→单击"确定"按钮结束操作。

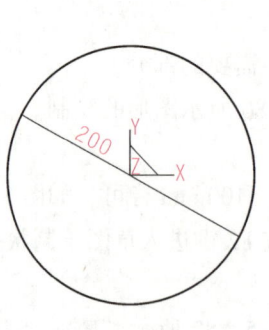

图 5-82

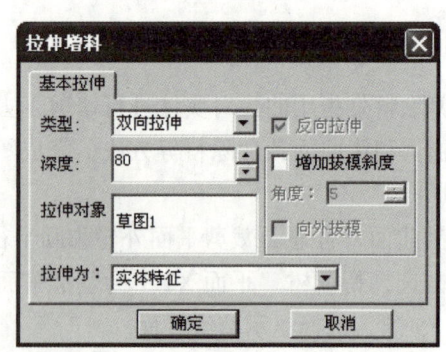

图 5-83

（8）单击 [特征生成] 工具栏上的 图标，或者单击主菜单"造型"→"特征生成"→"除料"→"曲面裁剪"→弹出"曲面裁剪"对话框→框选拾取所有曲面→检查除料方向是否正确→单击"确定"按钮结束操作，如图 5-84 所示。

(9) 隐藏或删除所有空间曲线和曲面,如图 5-85 所示。

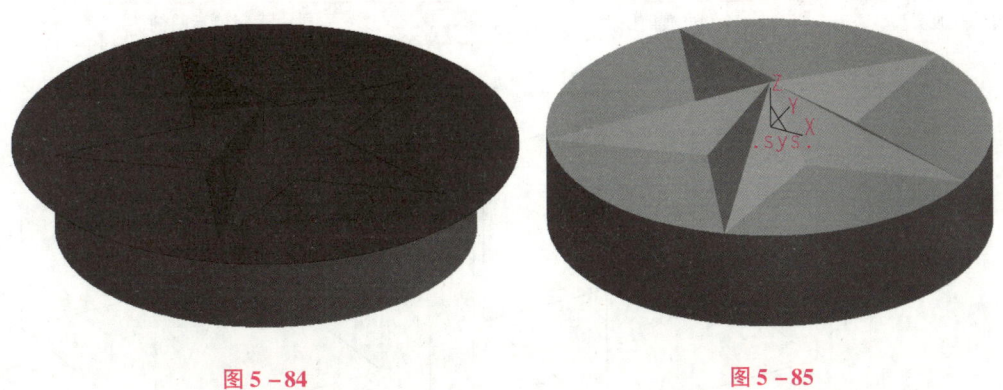

图 5-84　　　　　　　　　　　　图 5-85

任务三　实体编辑

实体编辑又称为"特征造型",CAXA 制造工程师 2016 提供了过渡、倒角、筋板、抽壳、拔模、打孔、线性阵列和环形阵列八种编辑功能。

一、过渡

过渡是指用给定的半径或半径变化规律在实体表面间作光滑过渡,有等半径和变半径两种方式,如表 5-9 所示。

表 5-9　实体过渡类型及图例

实体过渡类型	过渡前图例	过渡后图例
等半径	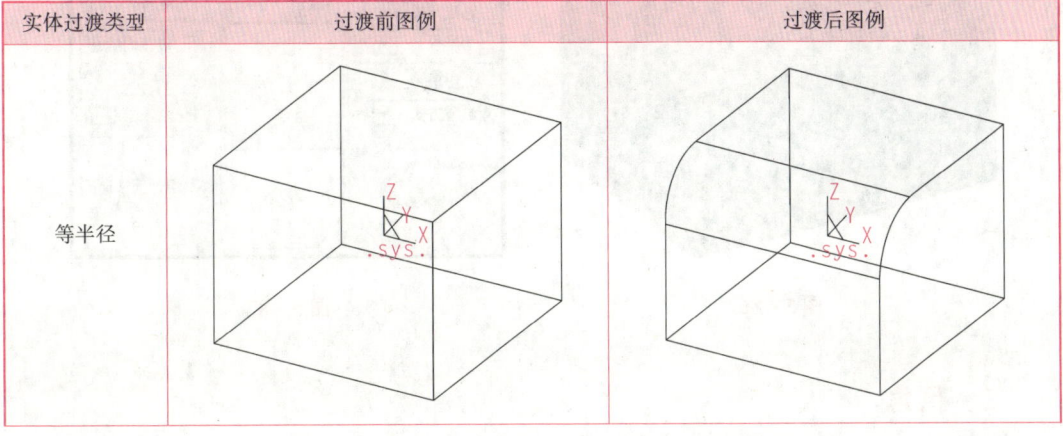	

续表

实体过渡类型	过渡前图例	过渡后图例
变半径	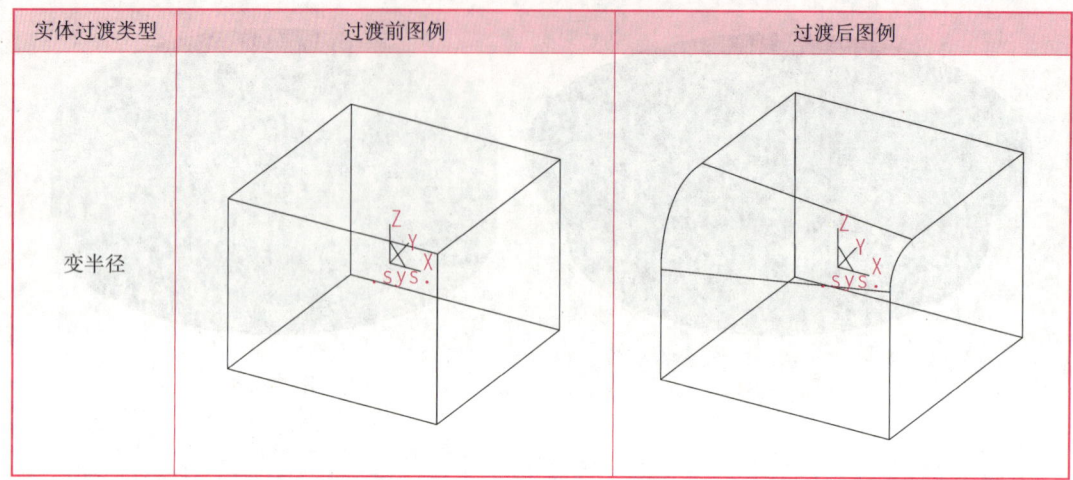	

范例实施：对长 80 mm、宽 60 mm、高 40 mm 的长方体四条侧边作等半径为 15 mm 的边过渡。

操作步骤：

（1）用拉伸增料方法生成 80 mm×60 mm×40 mm 长方体，如图 5-86 所示。

（2）按 F8 键，选择"轴测图"显示。

（3）单击［特征生成］工具栏上的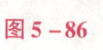图标，或者单击主菜单"造型"→"特征生成"→"过渡"→填写弹出的"过渡"对话框（图 5-87）→拾取长方体四条侧边→单击"确定"按钮结束操作，如图 5-88 所示。

图 5-86

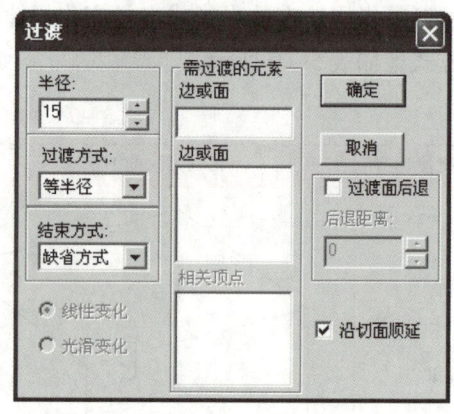

图 5-87

二、倒角

倒角是指对实体棱边进行光滑过渡。

范例实施：对长 80 mm、宽 60 mm、高 40 mm 的长方体上表面四棱边作距离为 10 mm、角度为 60°的倒角。

图 5-88

操作步骤：

（1）用拉伸增料方法生成 80 mm×60 mm×40 mm 的长方体。

（2）按 F8 键，选择"轴测图"显示。

（3）单击［特征生成］工具栏上的 图标，或者单击主菜单"造型"→"特征生成"→"倒角"→填写弹出的"倒角"对话框（图 5-89）→拾取长方体四条侧边→单击"确定"按钮结束操作，如图 5-90 所示。

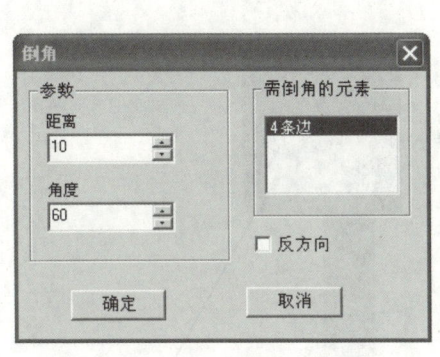

图 5-89

图 5-90

三、筋板

筋板是指在实体的指定位置增加加强筋，筋板是唯一的草图可以不封闭的生成实体功能，且草图轮廓线的两个端点也不必在实体中，延长线与实体相交即可。

范例实施：完成图 5-91 所示图形的绘制。

操作步骤：

（1）用拉伸增料完成除筋板以外的实体造型。

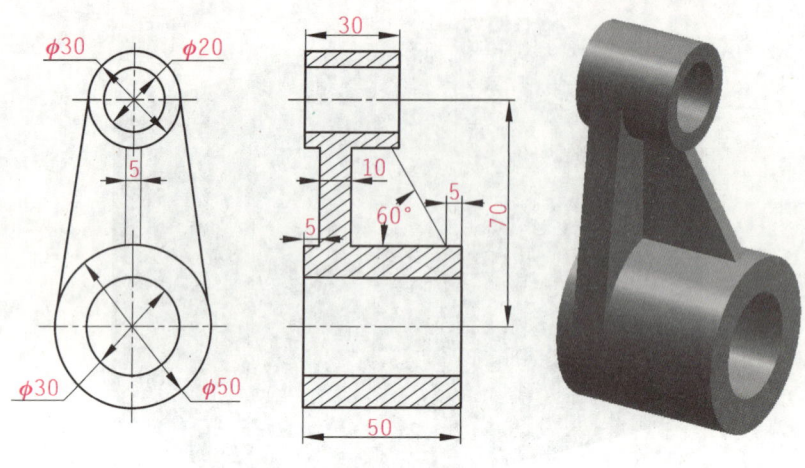

图 5 – 91

（2）按 F8 键，选择"轴测图"显示，如图 5 – 92 所示。

（3）单击选择特征树"平面 XZ"为基准平面→按 F2 键进入草图绘制状态。

（4）按 F5 键，选择显示草绘平面。

（5）在草绘平面按要求绘制出草图，如图 5 – 93 所示。

（6）按 F2 键退出草图绘制状态，完成草图绘制。

（7）按 F8 键，选择"轴测图"显示。

（8）单击［特征生成］工具栏上的 图标，或者单击主菜单"造型"→"特征生成"→"筋板"→填写弹出的"筋板特征"对话框（图 5 – 94）→拾取筋板草图→单击"确定"按钮结束操作，如图 5 – 95 所示。

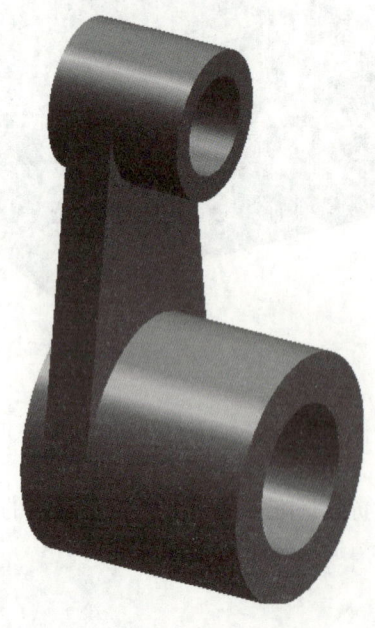

图 5 – 92

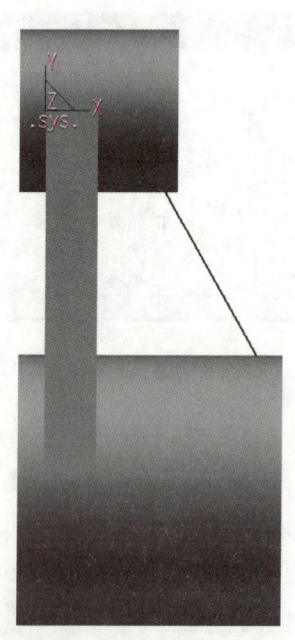

图 5 – 93

· 132 ·

项目五 实体造型及编辑

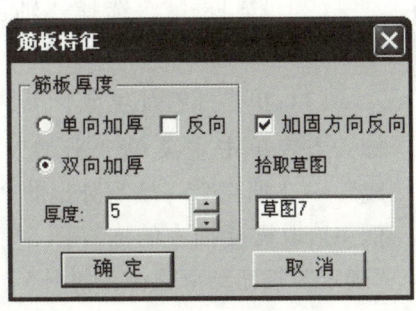

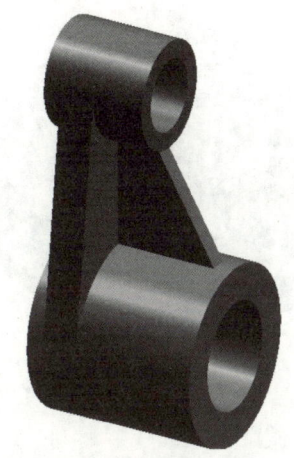

图 5-94　　　　　　　　　图 5-95

四、抽壳

抽壳是指用给定的厚度将实体抽成均匀内空的薄壳体。

范例实施：利用抽壳等方法，完成图 5-96 所示图形的绘制。

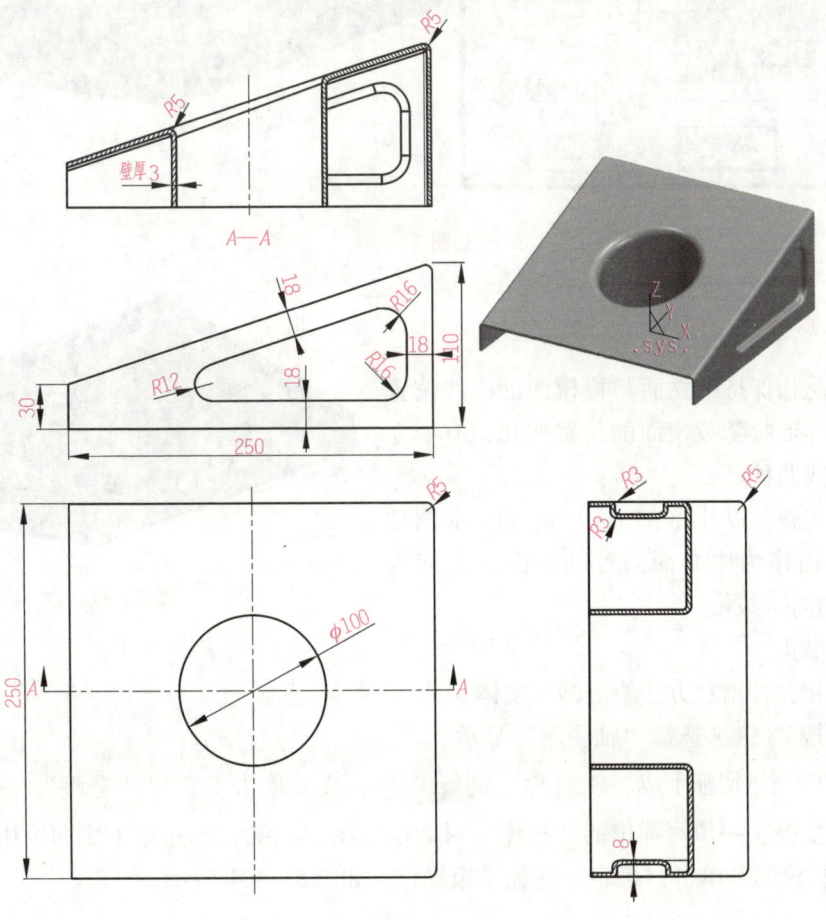

图 5-96

· 133 ·

图 5-97

操作步骤:

(1) 用拉伸增料、拉伸除料、过渡方法完成除抽壳以外的实体造型。

(2) 按 F8 键,选择"轴测图"显示,如图 5-97 所示。

(3) 单击 [特征生成] 工具栏上的 图标,或者单击主菜单"造型"→"特征生成"→"抽壳"→填写弹出的"抽壳"对话框→拾取需要抽去的面(图 5-98)→单击"确定"按钮结束操作,如图 5-99 所示。

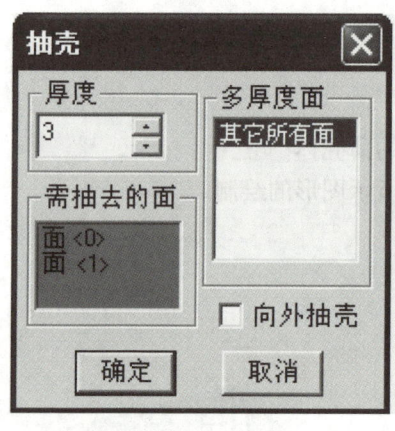

图 5-98

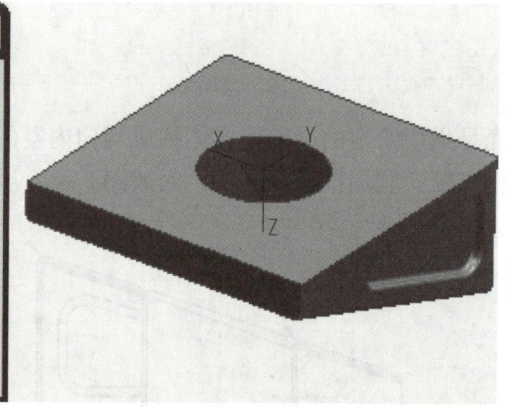

图 5-99

五、拔模

拔模是指保持中立面与拔模面的交线位置不变,实体形状随拔模面的位置变化,有中立面和分型线两种。

范例实施:以外径 32 mm、高 40 mm 圆柱体的下底面作为中立面,对外表面作角度为 15°的"向内"拔模。

操作步骤:

(1) 用拉伸增料方法绘制圆柱实体。

(2) 按 F8 键,选择"轴测图"显示。

(3) 单击 [特征生成] 工具栏上的 图标,或者单击主菜单"造型"→"特征生成"→"拔模"→填写弹出的"拔模"对话框(图 5-100)→拾取下表面为中性面,圆柱侧面为拔模面→单击"确定"按钮结束操作,如图 5-101 所示。

项目五 实体造型及编辑

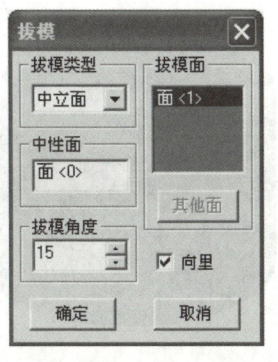

图 5-100

图 5-101

六、打孔

打孔是指在实体表面（平面）上用设定参数的方法生成各种类型的孔。

范例实施：在外径 32 mm、高 40 mm 圆柱体的上表面中心处，按图 5-103 所示参数进行打孔。

操作步骤：

（1）用拉伸增料方法绘制圆柱实体。

（2）按 F8 键，选择"轴测图"显示。

（3）单击［特征生成］工具栏上的 图标，或者单击主菜单"造型"→"特征生成"→"孔"→弹出"孔的类型"对话框→拾取上表面为打孔平面→选择孔类型（图 5-102）→拾取坐标原点为孔的定位点→单击"下一步"按钮→填写弹出的"孔的参数"对话框（图 5-103）→单击"完成"按钮结束操作，如图 5-104 所示。

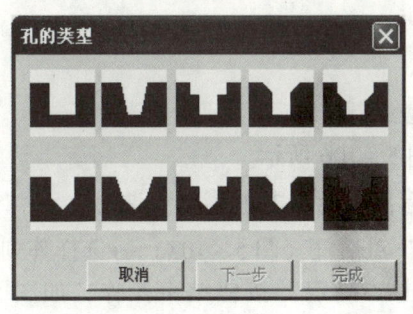

图 5-102   图 5-103

七、线性阵列

线性阵列是指对指定的实体特征沿两个相互垂直的方向复制。

范例实施：利用线性阵列等方法完成图 5-105 图形的绘制。

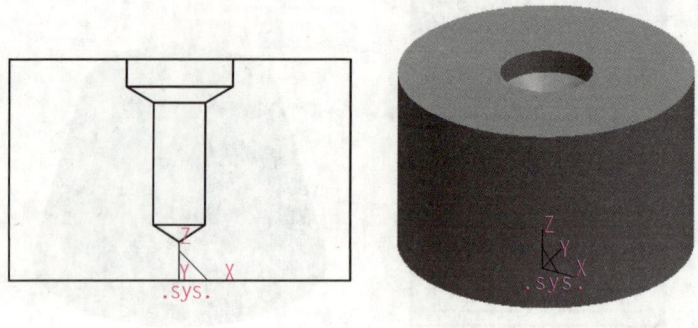

图 5-104

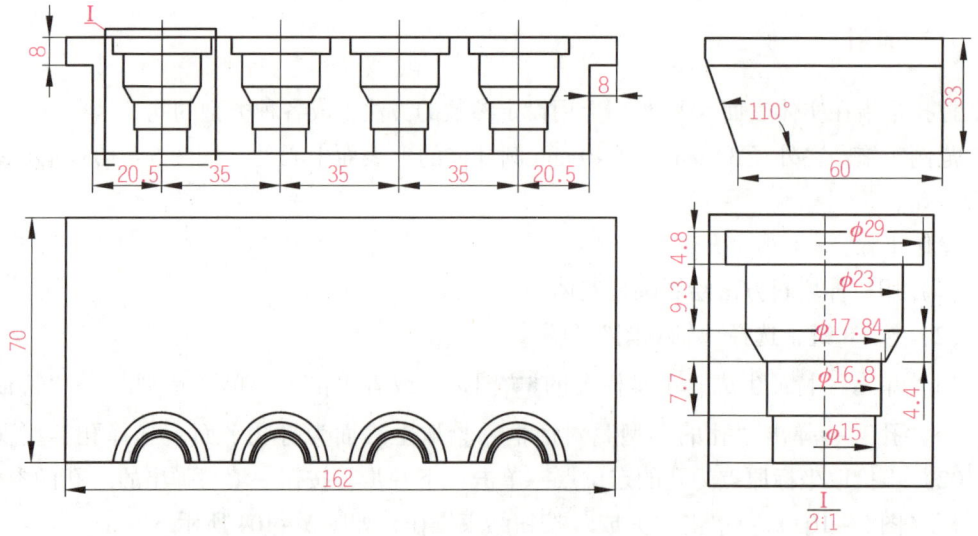

图 5-105

操作步骤：

（1）用拉伸增料、拉伸除料和旋转除料方法绘制实体。

（2）按 F8 键，选择"轴测图"显示，如图 5-106 所示。

（3）单击［特征生成］工具栏上的 图标，或者单击主菜单"造型"→"特征生成"→"线性阵列"→填写弹出的"线性阵列"对话框（图 5-107）→选择阵列对象→拾取方向 1、方向 2 棱边（图 5-108）→单击"确定"按钮结束操作，如图 5-109 所示。

八、环形阵列

环形阵列是指对指定的实体特征绕轴线作圆形阵列复制。

范例实施：利用圆形阵列等方法完成图 5-110 图形的绘制。

项目五 实体造型及编辑

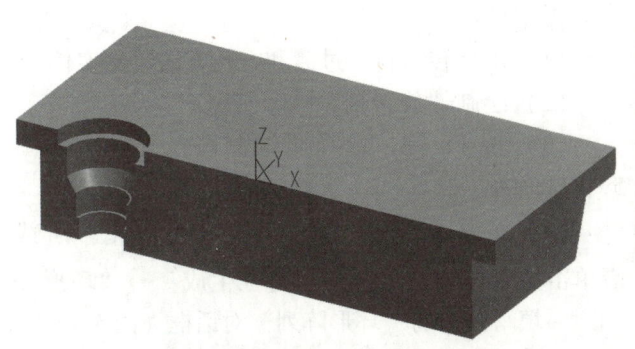

图 5-106

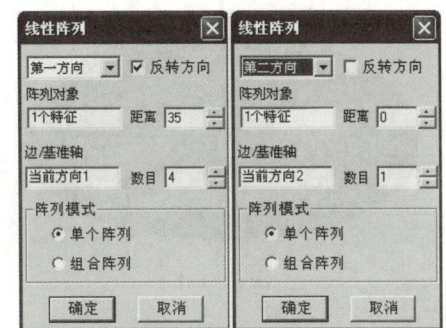

图 5-107

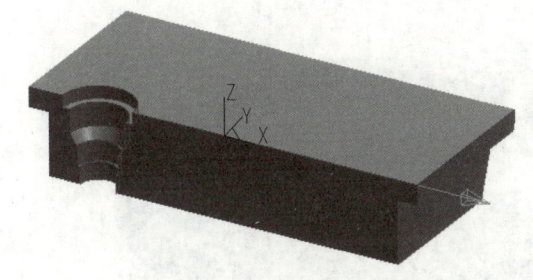

图 5-108

图 5-109

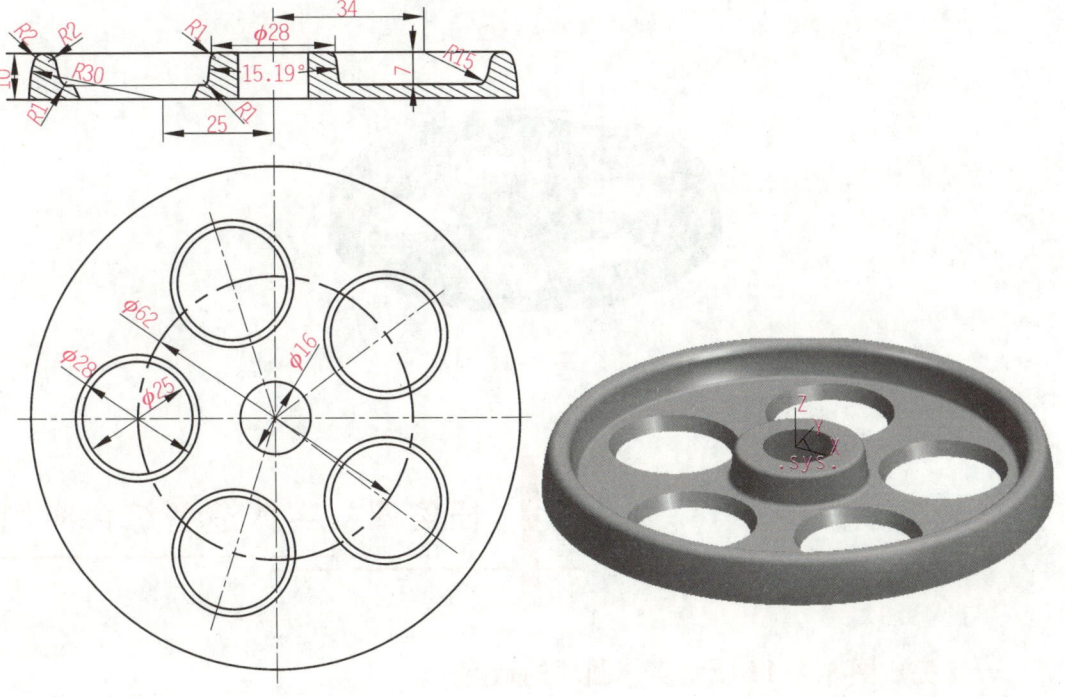

图 5-110

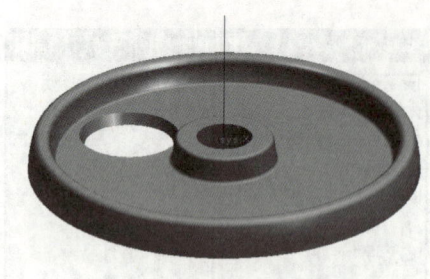

图 5-111

操作步骤：

(1) 用旋转增料、过渡和打孔方法绘制实体。

(2) 绘制"旋转轴"。

(3) 按 F8 键，选择"轴测图"显示，如图 5-111 所示。

(4) 单击 [特征生成] 工具栏上的  图标，或者单击主菜单"造型"→"特征生成"→"环形阵列"→填写弹出的"环形阵列"对话框（图 5-112）→选择阵列对象→拾取旋转轴→单击"确定"按钮结束操作，如图 5-113 所示。

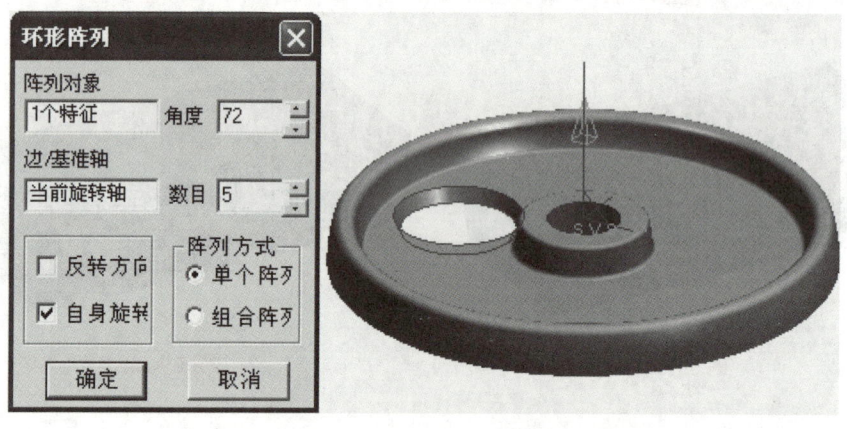

图 5-112

图 5-113

任务四　实体造型综合实例

一、完成图 5-114 所示实体圆环的造型

操作步骤：

(1) 在"XOY"平面绘制草图，并作拉伸增料，如图 5-115 所示。

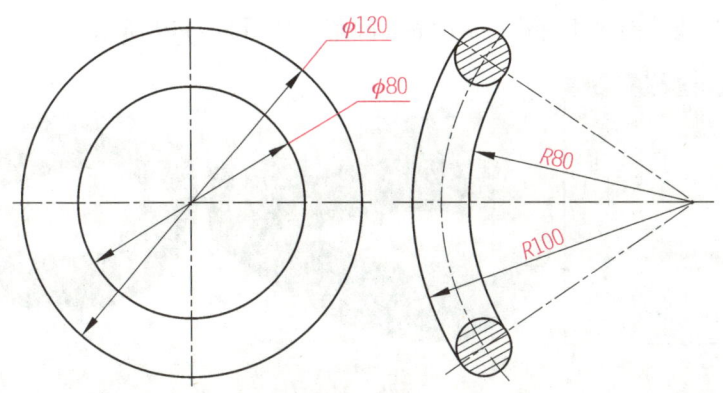

图 5-114

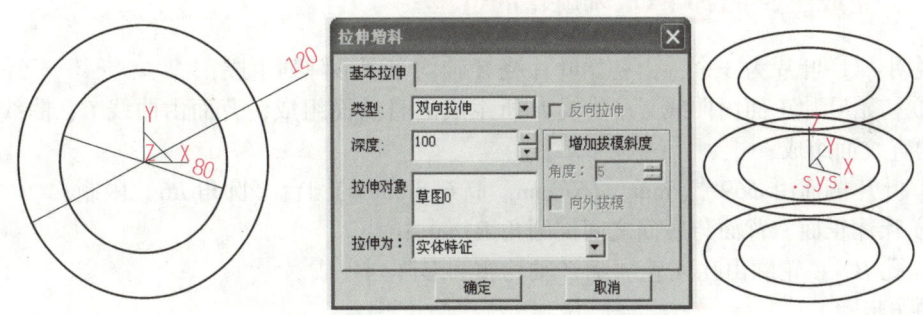

图 5-115

（2）在"YOZ"平面绘制草图，如图 5-116 所示。
（3）绘制空间直线（上一步草图旋转轴，如图 5-117 所示）。
（4）利用上一步草图进行旋转除料，如图 5-118 所示。

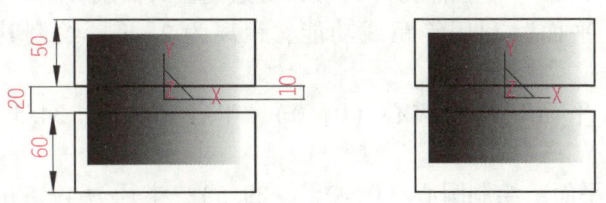

图 5-116　　　　　　图 5-117

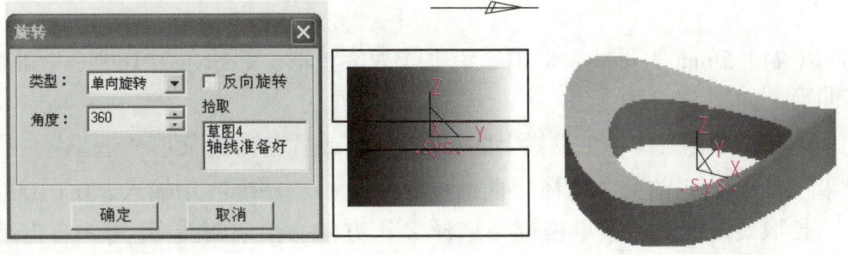

图 5-118

(5) 利用过渡功能对所有边倒 R10 mm 圆角，如图 5 – 119 所示。

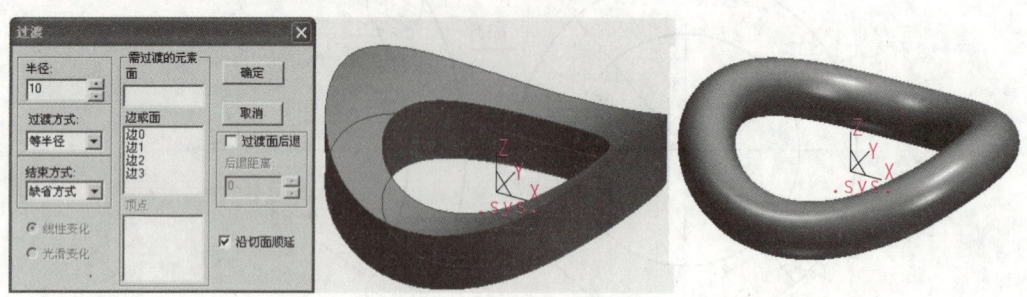

图 5 – 119

二、完成图 5 – 120 所示风扇轮的造型

说明：① 叶片为 3 个，由初始叶片绕 Z 轴均布圆形阵列生成；

② 初始叶片正面由曲线 A、曲线 B 所生成的直纹面组成，背面由曲线 C、曲线 D 所生成的直纹面组成；

③ 叶片侧面由 $\phi 69_{-0.1}^{0}$ mm、$\phi 67$ mm、高 6.8 mm 的圆台（圆角 R6）限制；

④ 叶片正面、背面与底面之间倒圆角 R4 mm；

⑤ 孔 B、C 轮廓由孔 A 轮廓绕 Z 轴均布圆形阵列生成。

操作步骤：

(1) 在"XOY 平面"绘制草图，并作拉伸增料，如图 5 – 121 所示。

(2) 在"XOY 平面"绘制草图，并作拉伸除料，如图 5 – 122 所示。

(3) 绘制空间直线（旋转轴，如图 5 – 123 所示）。

(4) 对上一步拉伸除料特征作环形阵列，如图 5 – 124 所示。

(5) 在"XOY 平面"、定位点为（0，0）处绘制公式曲线 A，如图 5 – 125 所示。

(6) 在"XOY 平面"利用等距线功能、距离为 2 mm，绘制其他曲线 C、D，如图 5 – 126 所示。

(7) 在"XOY 平面"绘制圆心（0，0）、半径 10 mm、34.5 mm 的两整圆，如图 5 – 127 所示。

(8) 在"XOZ 平面"绘制圆心（0，0，– 29.5）、半径为 49.5 mm 的 1/4 圆弧，如图 5 – 128 所示。

(9) 在"XOY 平面"显示下，利用曲线投影裁剪去除多余的曲线，如图 5 – 129 所示。

(10) 以 R49.5 mm 为母线、以中心铅垂线为旋转轴、起始角为 180°、终止角为 330°绘制旋转曲面，如图 5 – 130 所示。

(11) 单击［曲线工具］工具栏上的 图标，或者单击主菜单"造型"→"曲线生成"→"相关线"→当前命令选择"曲面投影线"→"精度"中输入"0.0100"→"窗口拾取"→拾取旋转曲面→按空格键→选择 Z 正方向→拾取曲线 C、D→右击结束操作，如图 5 – 131 所示。

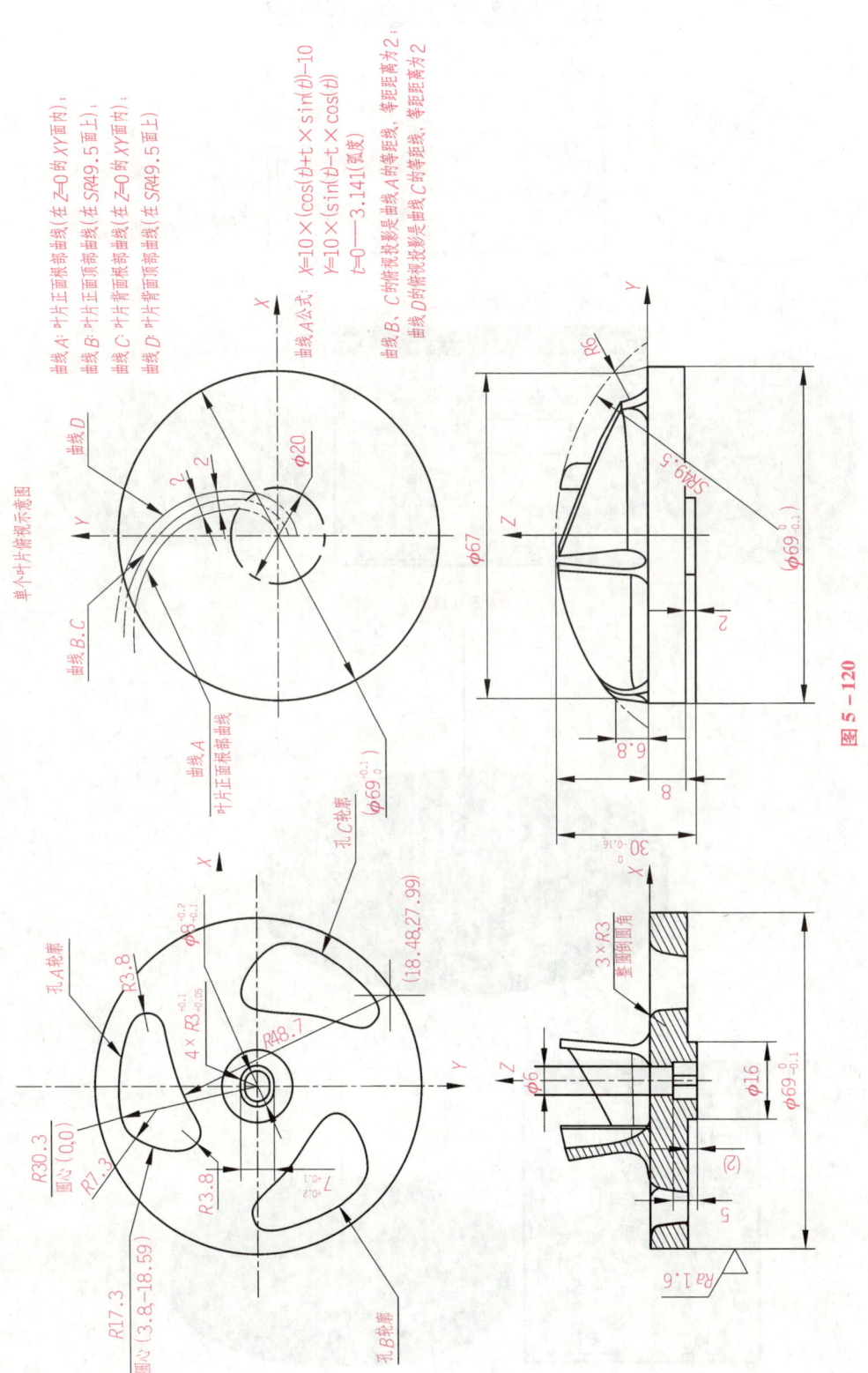

图 5-120

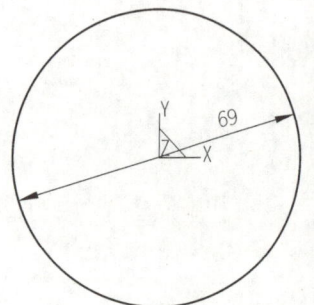 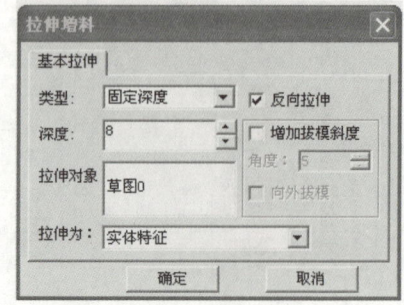 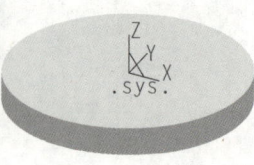

图 5–121

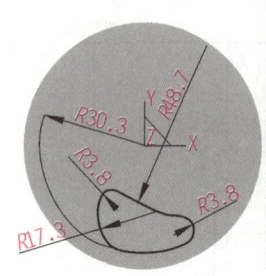 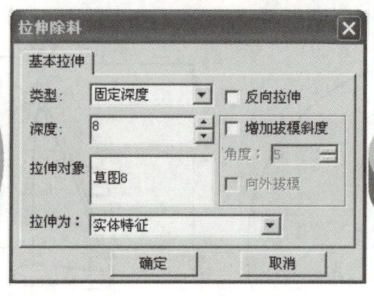 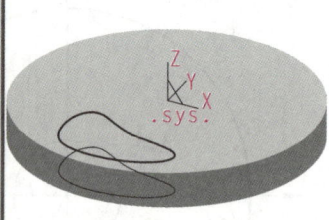

图 5–122

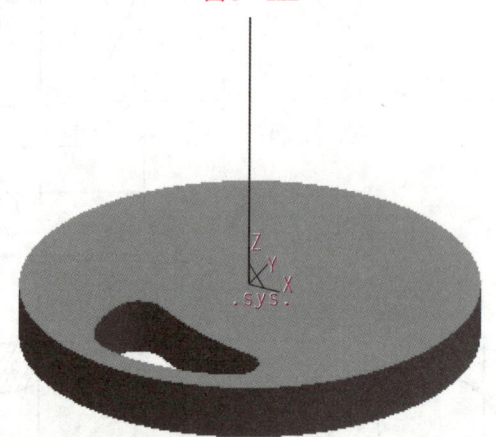

图 5–123

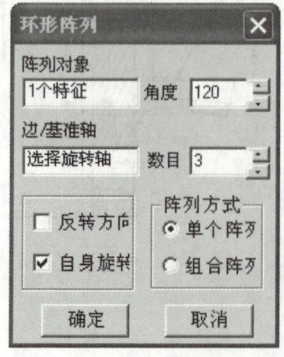 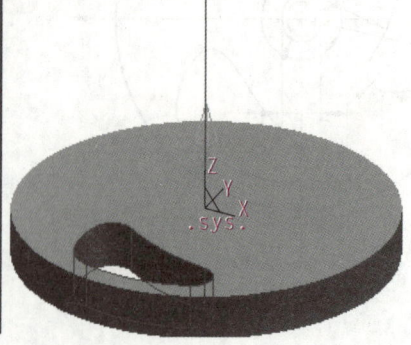

图 5–124

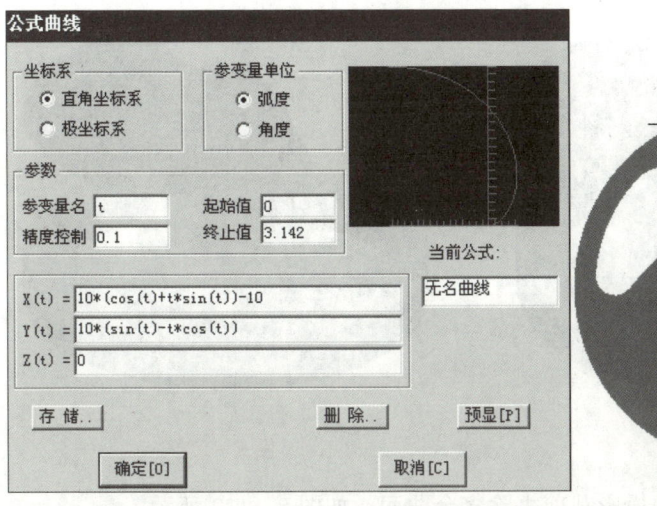
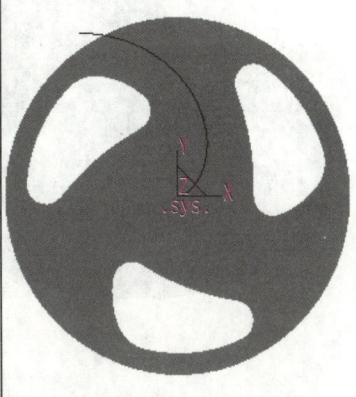

图 5-125

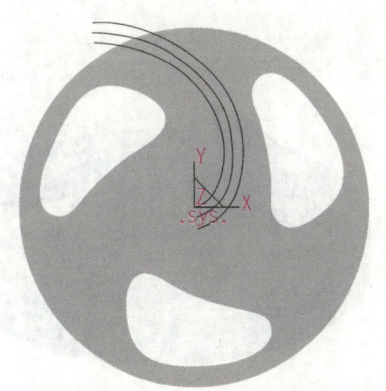

图 5-126

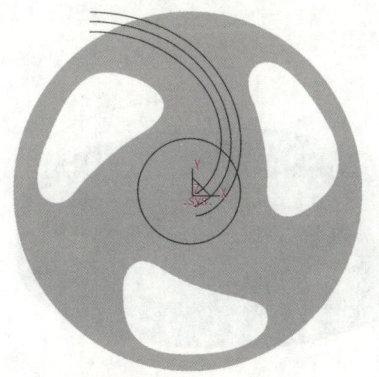

图 5-127

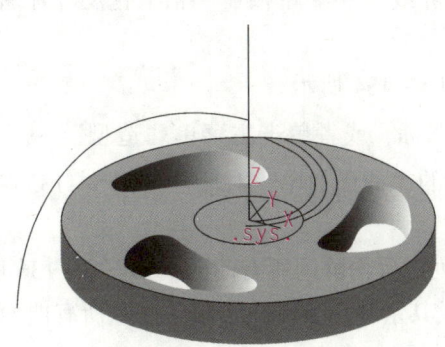

图 5-128

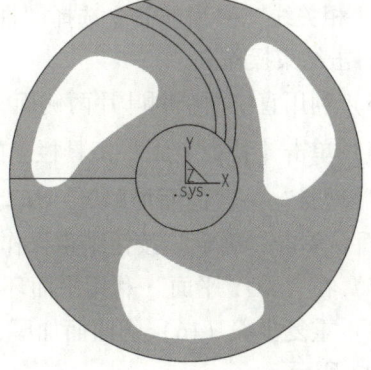

图 5-129

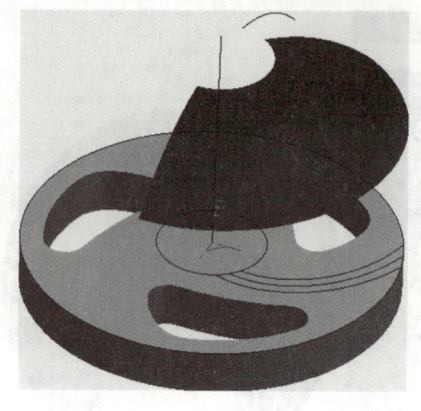

图 5–130

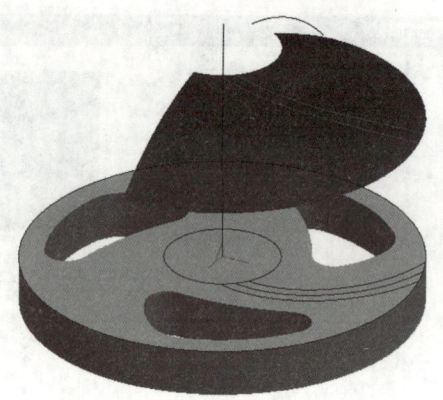

图 5–131

（12）利用曲面裁剪中的投影裁剪去除多余曲面，如图 5–132 所示。

（13）利用直纹面绘制叶片正反面，如图 5–133 所示。

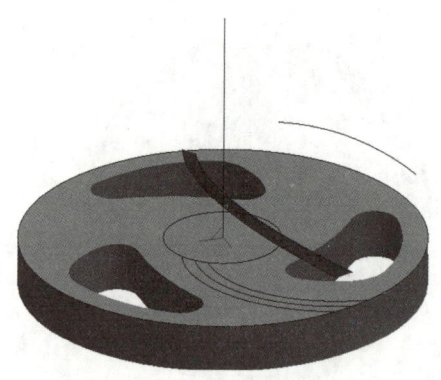

图 5–132

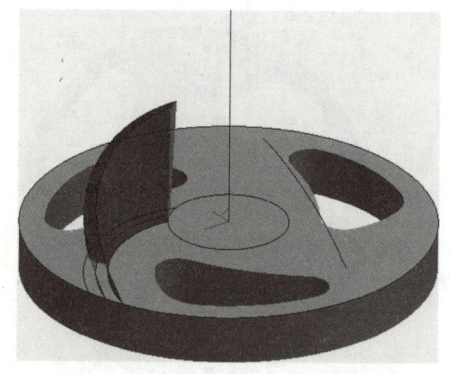

图 5–133

（14）单击［曲线工具］工具栏上的 图标，或者单击主菜单"造型"→"曲线生成"→"相关线"→当前命令选择"曲面边界线"→"单根"→拾取正反叶片曲面两侧棱边→右击结束操作。

（15）利用直纹面绘制叶片两侧面，如图 5–134 所示。

（16）单击［特征生成］工具栏上的 图标，或者单击主菜单"造型"→"特征生成"→"增料"→"曲面加厚"→填写弹出的"曲面加厚"对话框（图 5–135）→拾取已绘曲面→单击"确定"按钮结束操作。

（17）在"XOY 平面"利用平面环形阵列三等份阵列所有曲面，如图 5–136 所示。

（18）重复步骤（16）的曲面加厚，完成其余叶片实体的绘制（隐藏所有曲面后，如图 5–137 所示。

（19）在"XOZ 平面"内绘制草图，并作旋转除料，如图 5–138 所示。

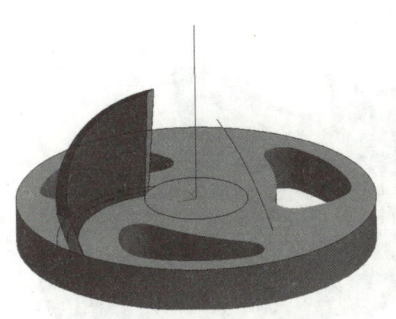
图 5-134

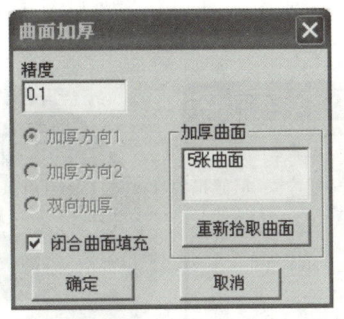
图 5-135

图 5-136

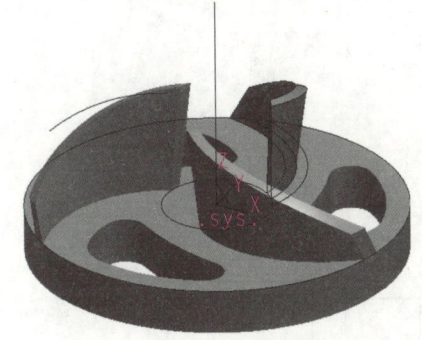
图 5-137

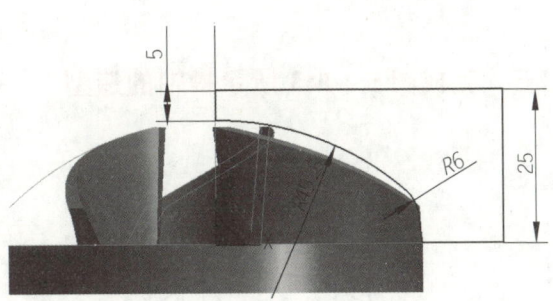
图 5-138

（20）在实体底面绘制草图，并作拉伸增料，建立 $\phi 16$ mm 凸台。

（21）在 $\phi 16$ mm 凸台底面绘制草图，并作拉伸除料，如图 5-139 所示。

（22）单击［特征生成］工具栏上的 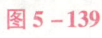 图标，或者单击主菜单"造型"→"特征生成"→"孔"→弹出"孔的参数"对话框→拾取"XOY"实体表面为打孔平面→选择孔类型（图 5-140）→拾取坐标原点为孔的定位点→单击"下一步"按钮→填写弹出的"孔的参数"对话框（图 5-141）→单击"完成"按钮结束操作。

图 5-139

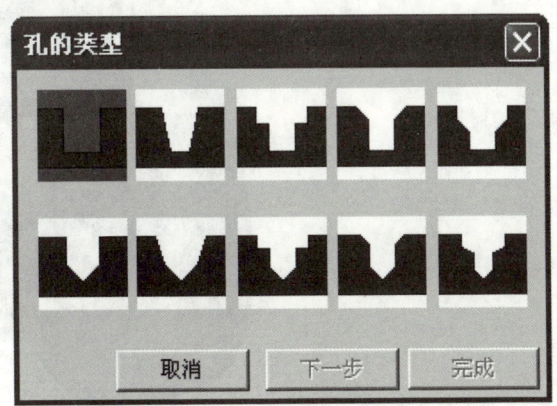
图 5-140

（23）对需要"过渡"的实体边进行相应过渡，如图 5 – 142 所示。

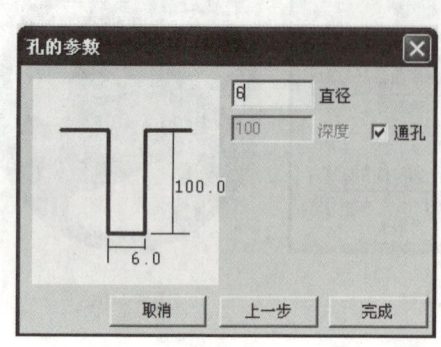

图 5 – 141

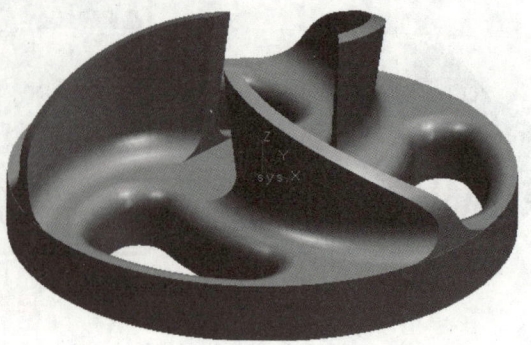

图 5 – 142

三、完成图 5 – 143 所示槽轴的造型

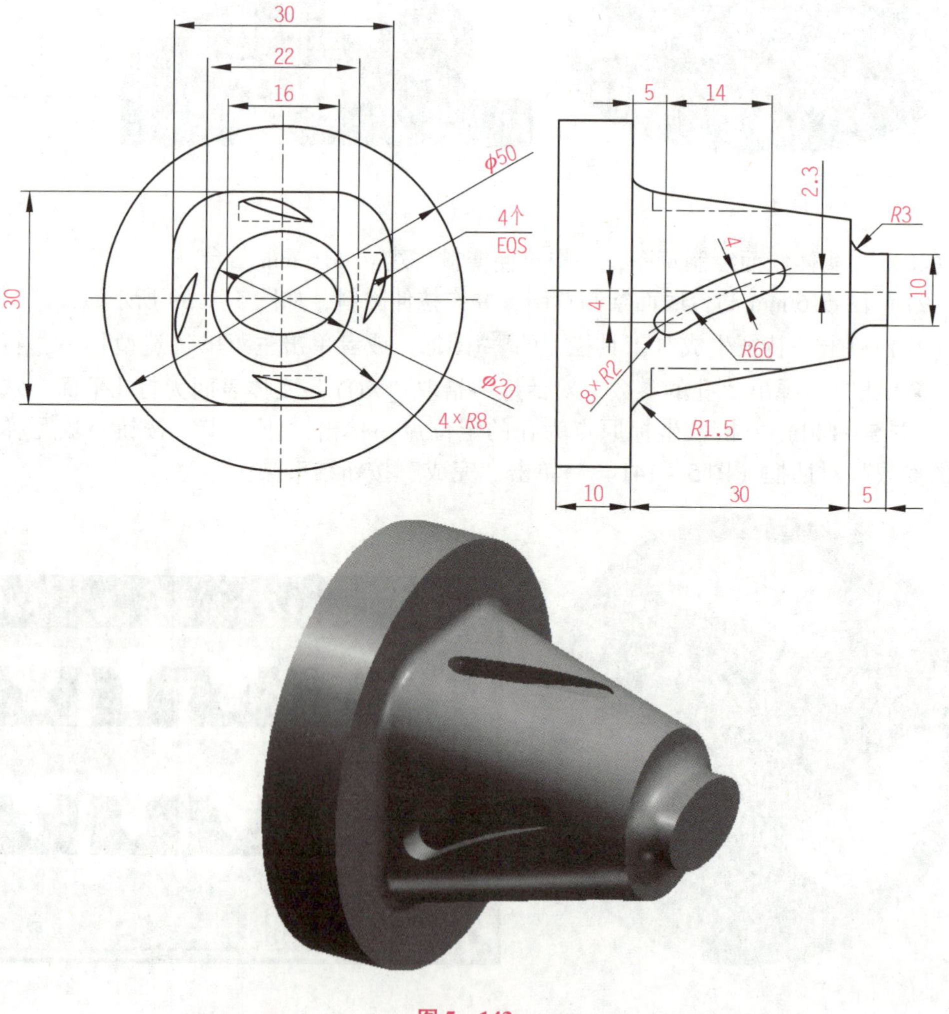

图 5 – 143

操作步骤：

(1) 在"YOZ 平面"绘制草图，并作拉伸增料，如图 5-144 所示。

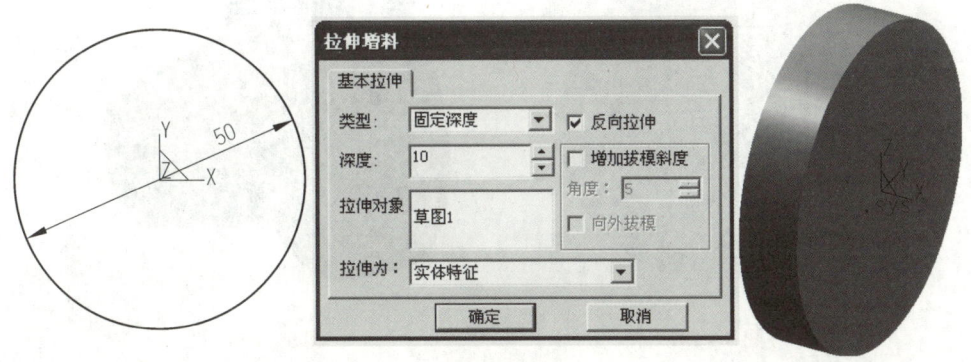

图 5-144

(2) 在"YOZ 平面"绘制草图，并在矩形右侧边中心处打断，如图 5-145 所示。

(3) 单击［特征生成］工具栏上的 图标，或者单击主菜单"造型"→"特征生成"→"基准面"→弹出"构造基准面"对话框（图 5-146）→选择等距平面，确定基准面→拾取特征树"平面 YZ"→输入距离"30"→单击"确定"按钮结束操作。

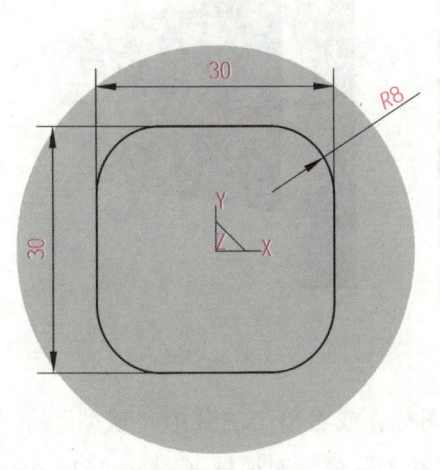

图 5-145

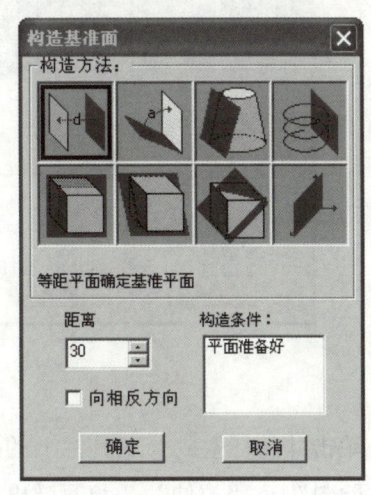

图 5-146

(4) 在上一步等距平面内绘制草图，如图 5-147 所示。

(5) 单击［特征生成］工具栏上的 图标，或者单击主菜单"造型"→"特征生成"→"增料"→"放样"→弹出"放样"对话框→拾取已绘两草图（注意拾取位置）→单击"确定"按钮结束操作，如图 5-148 所示。

(6) 单击［特征生成］工具栏上的 图标，或者单击主菜单"造型"→"特征生成"→"基准面"→弹出"构造基准面"对话框（图 5-149）→选择等距平面，确定基准面→拾取特征树"平面 XY"→输入距离"11"→单击"确定"按钮结束操作。

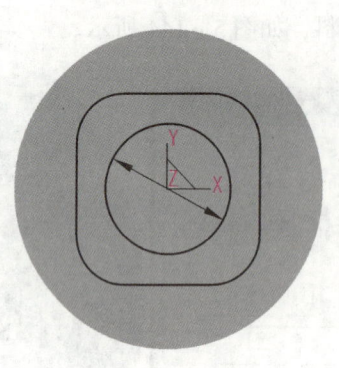

图 5-147　　　　　　　　　　　图 5-148

（7）在上一步等距平面内绘制草图，如图 5-150 所示。

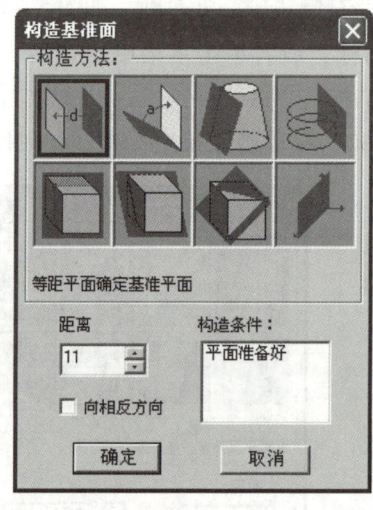

图 5-149　　　　　　　　　　　图 5-150

（8）单击［特征生成］工具栏上的 图标，或者单击主菜单"造型"→"特征生成"→"除料"→"拉伸"→填写弹出的"拉伸除料"对话框（图 5-151）→拾取已绘草图→单击"确定"按钮结束操作。

（9）绘制空间直线（旋转轴，如图 5-152 所示）。

（10）单击［特征生成］工具栏上的 图标，或者单击主菜单"造型"→"特征生成"→"环形阵列"→填写弹出的"环形阵列"对话框（图 5-153）→拾取已绘拉伸除料特征→拾取旋转轴→单击"确定"按钮结束操作，如图 5-154 所示。

（11）在放样凸台上表面绘制草图，并作拉伸增料，建立椭圆凸台，如图 5-155 所示。

（12）利用过渡功能按要求对实体倒圆角。

项目五 实体造型及编辑

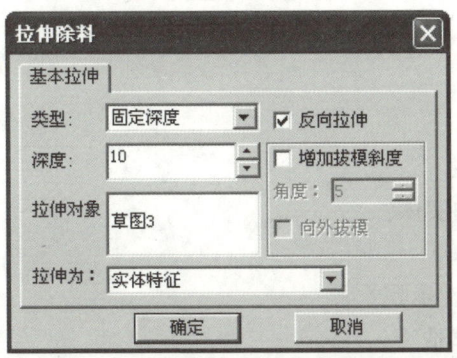

图 5-151

图 5-152

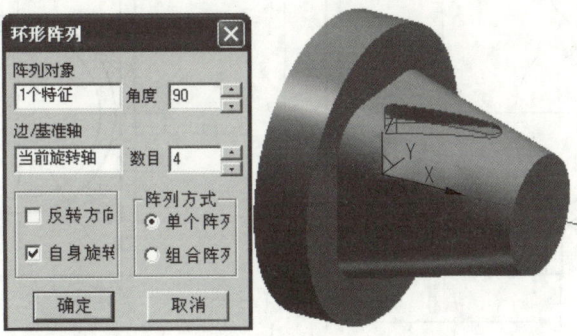

图 5-153

图 5-154

图 5-155

课后习题及上机操作训练

1. 根据实践学习,试写出实体造型的步骤。
2. 拉伸增料/除料造型功能适用于哪类形状的实体?
3. 基准平面有几个来源?有没有大小?
4. 使用特征造型中打孔功能,需要哪几个关键步骤?
5. 绘制图 5-156~图 5-162 所示图形的实体造型。

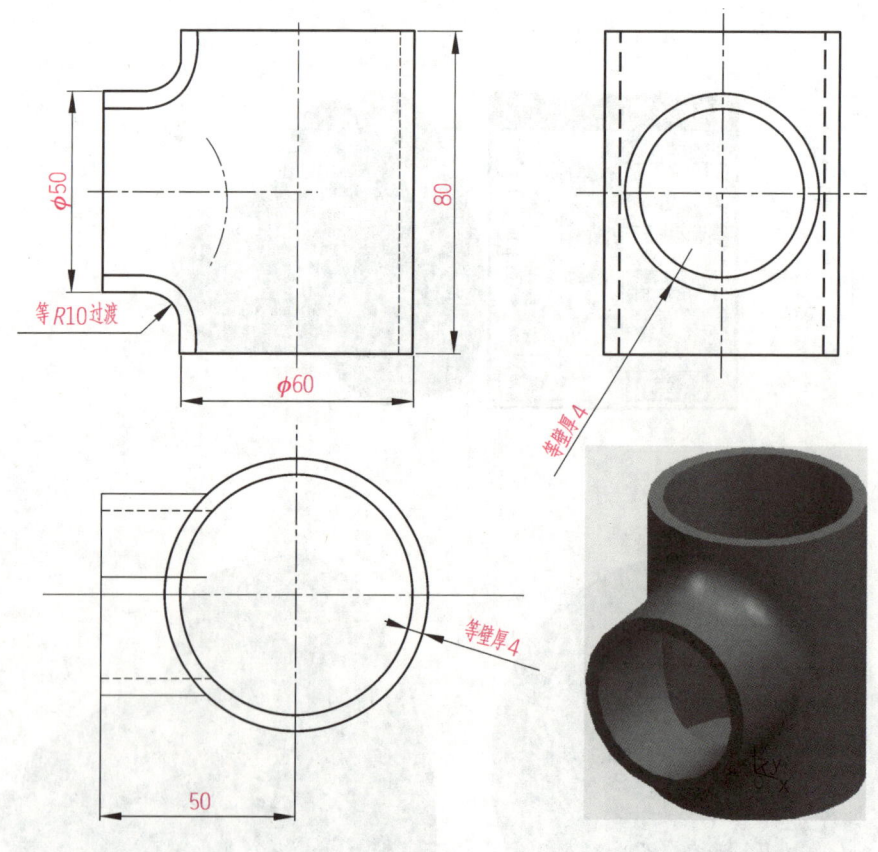

图 5-156

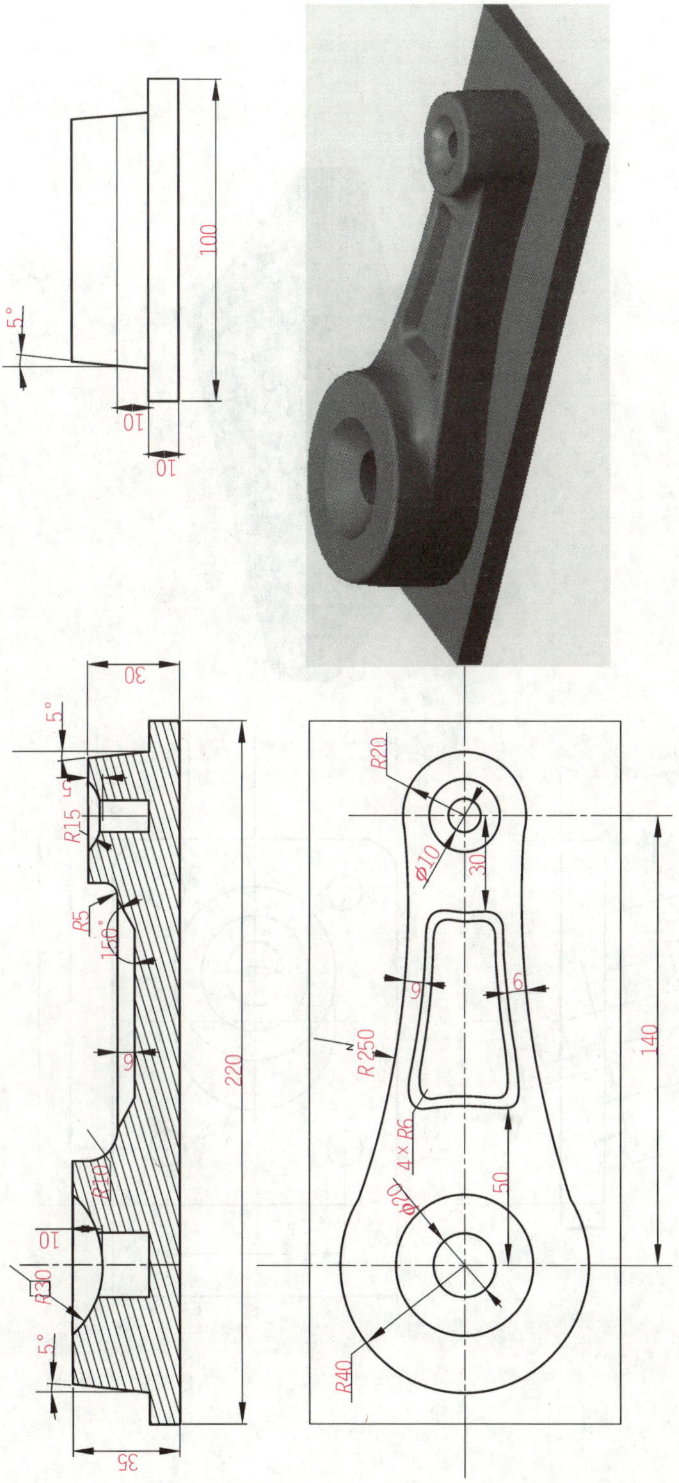

图 5-157

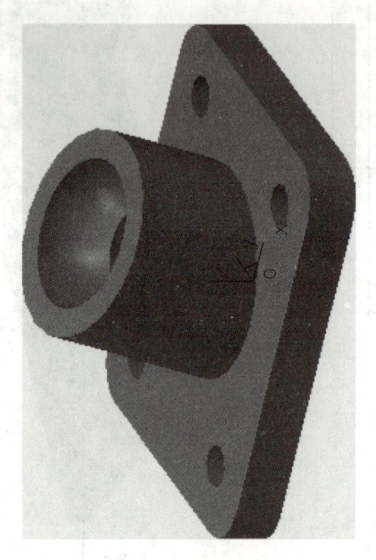
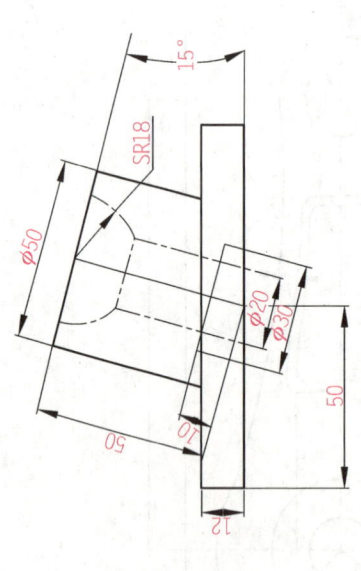
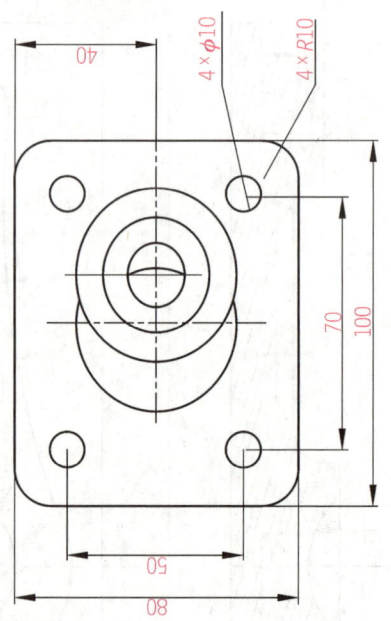

图 5-158

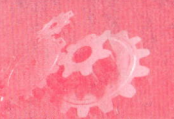

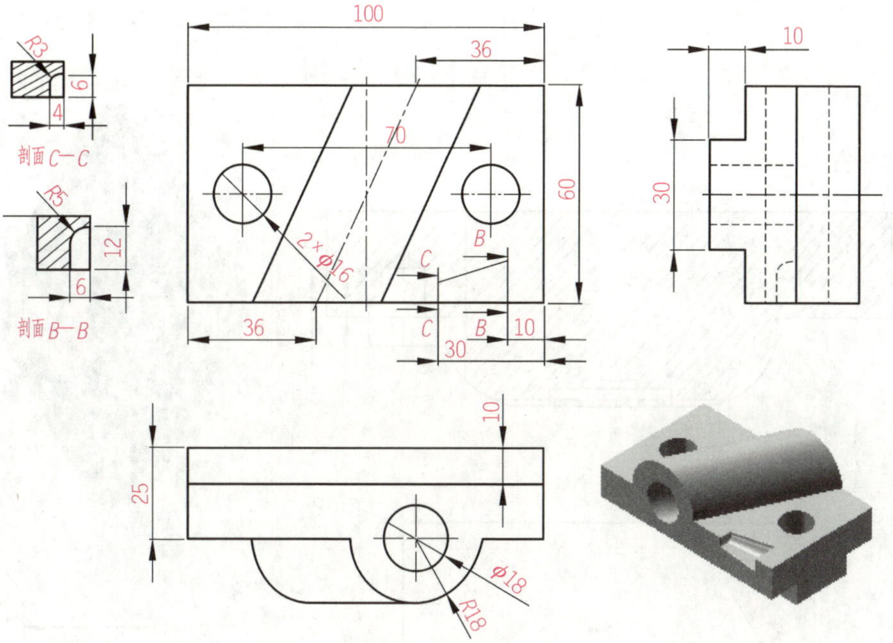
100
36
70
60
10
30
2×φ16
R3
6
4
剖面C—C
R5
12
6
剖面B—B
36
30
10
25
φ18
R18

图 5－159

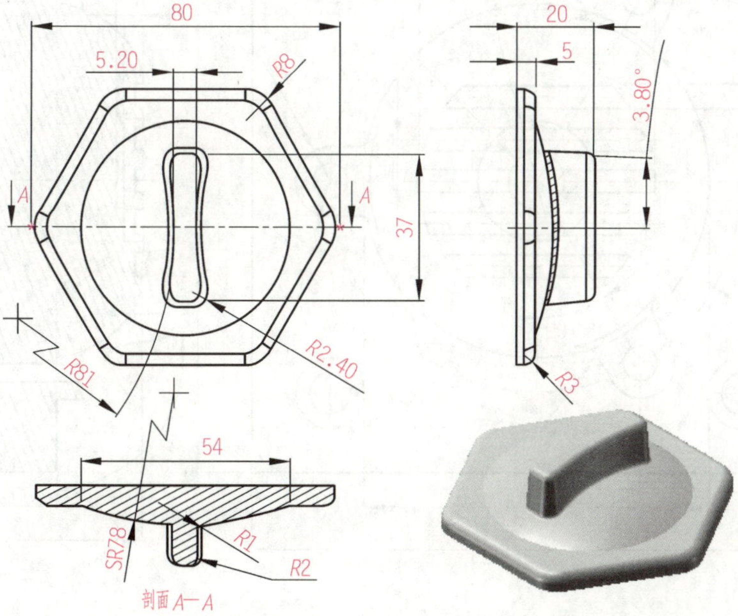
80
5.20
R8
20
5
3.80°
37
R2.40
R81
R3
54
SR78
R1
R2
剖面A—A

图 5－160

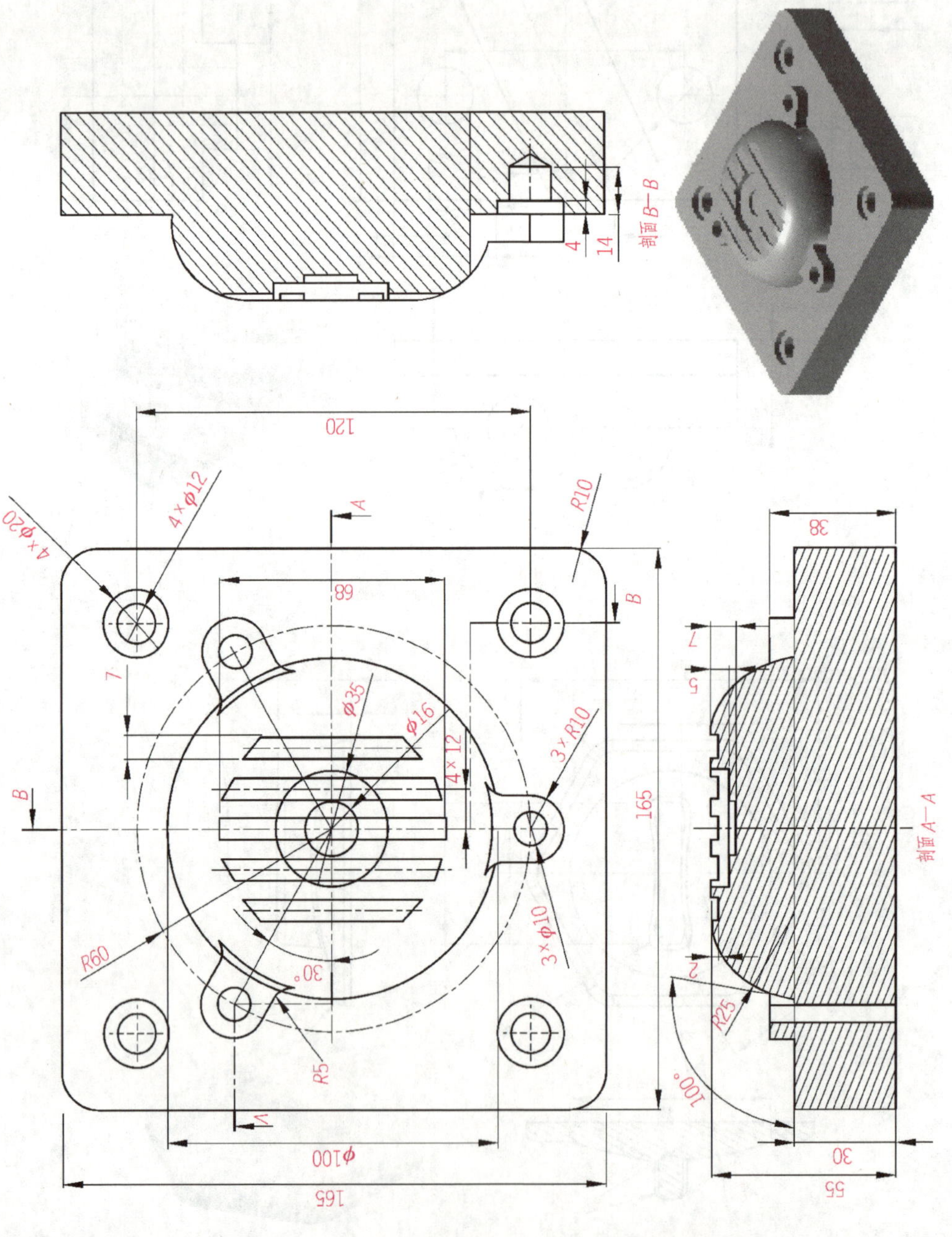

图 5-161

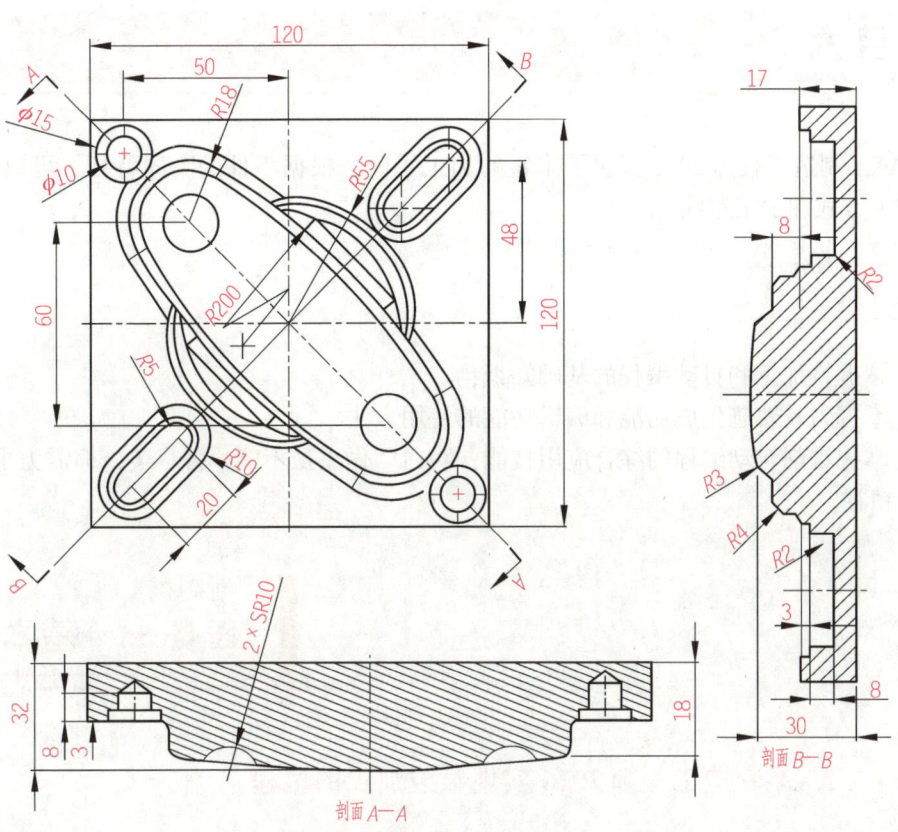

图 5-162

项目六 数控加工

CAXA 制造工程师 2016 提供了丰富的加工手段，根据零件的不同特征，可以选择不同的加工方式和加工路线。

学习目的

1. 掌握铣加工和自动编程的基础知识；
2. 掌握刀具轨迹生成功能和编辑功能的使用方法；
3. 掌握铣削自动编程的综合应用技能，明白"做事虽不能尽善尽美，但需力求精致"的工匠精神。

任务一 基本知识

一、CAXA 制造工程师 2016 实现数控加工的过程

CAXA 制造工程师 2016 实现数控加工的过程如图 6-1 所示。

二、铣加工

1. 两轴加工

两轴加工是指机床只能 X、Y 轴两轴联动，Z 轴固定，即机床在同一高度下对零件进行切削；适合平面加工。

2. 两轴半加工

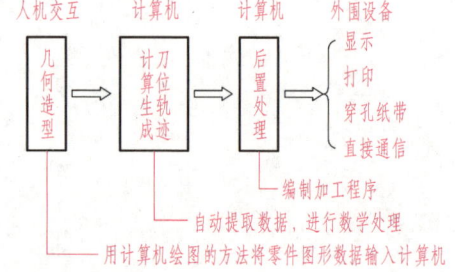

图 6-1

两轴半加工是指机床 X、Y 轴两轴联动时，Z 轴固定，当 Z 轴上下移动时，X、Y 轴固定不动；适合分层加工。

3. 三轴加工

三轴加工是指 X、Y、Z 三轴联动；适合各种非平面，即一般曲面的加工。

4. 多轴加工

多轴加工通常是指三轴以上的联动加工；适合复杂曲面的加工。

三、工件坐标系

工件坐标系是编程人员在手工（自动）编制数控加工程序（即 NC 代码）时，根据

零件的特点所确定的坐标系。为编程方便，选择工件坐标系的原点应遵循以下原则：在零件图的尺寸基准上；在对称零件的对称中心上；在不对称零件的某一角点上；在精度较高零件的表面上。

四、轮廓、区域和岛

1. 轮廓

轮廓是指一系列首尾相接曲线的集合，有开轮廓、闭轮廓和有自交点的轮廓三种形式，如图 6 – 2 所示。

2. 区域

区域是指由一个闭轮廓围成的内部空间（内部可以有多个岛）。

3. 岛

岛是指由闭轮廓围成的，且在区域中的内部空间，如图 6 – 3 所示。

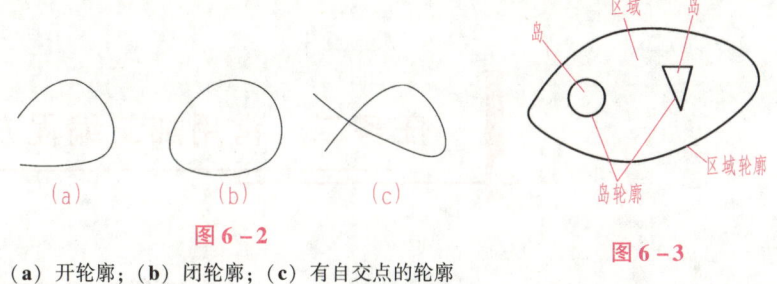

图 6 – 2
（a）开轮廓；（b）闭轮廓；（c）有自交点的轮廓

图 6 – 3

五、刀具

CAXA 制造工程师 2016 针对数控铣削加工主要提供了三种铣刀：立铣刀（$r=0$）、圆角铣刀（$r<R$）和球刀铣刀（$r=R$），其中 R 为刀具半径，r 为刀角半径。

六、编程初始设置

1. 定义毛坯

毛坯的类型主要有三种：矩形、柱面和三角片。

2. 定义起始点

起始点是用来定义整个加工开始时刀具的最初移动点和加工结束后刀具的回归点，可以通过输入坐标或拾取点来设定；起始点的高度应大于安全高度。

3. 定义安全高度

安全高度是指保证在此高度可以快速走刀而不会发生碰撞零件或者夹具的高度；安全高度应高于零件和夹具的最大高度。

4. 定义刀具库

刀具库是用来定义、确定刀具的有关数据，在编程之前可以把要用到的刀具的参数都建立在刀具库里,编程时直接选用。

七、刀具相对于加工边界的位置

加工边界是零件的区域轮廓、岛轮廓的总称;刀具相对于加工边界的位置有边界内侧、边界上和边界外侧三种,如图6-4所示。

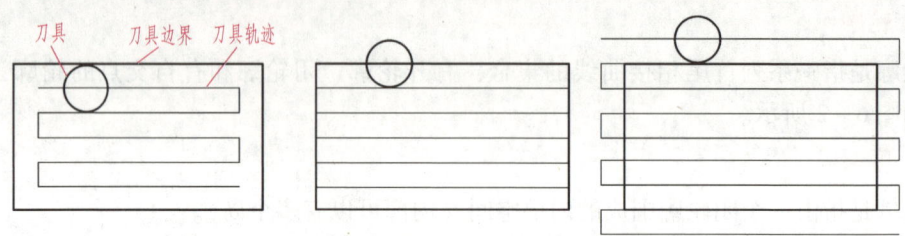

图6-4
(a)边界内侧;(b)边界上;(c)边界外侧

任务二 常用加工编程方式案例

一、完成100 mm×100 mm×50 mm长方体上表面的平面铣削程序编制(图6-5)

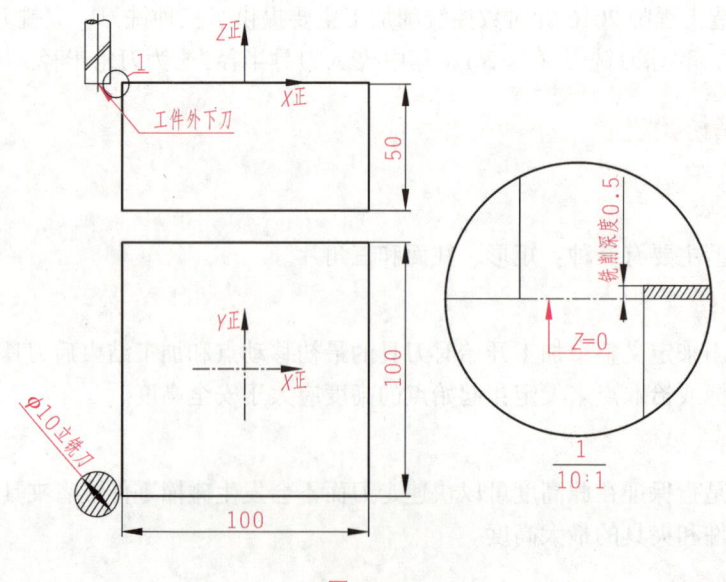

图6-5

生成刀具轨迹的操作步骤：

(1) 在"XOY 平面"绘制中心坐标为 (0, 0)、长 = 100 mm、宽 = 100 mm 的矩形。

(2) 双击轨迹树上的"毛坯"标识项→填写弹出的"毛坯定义"对话框，如图 6-6 所示。

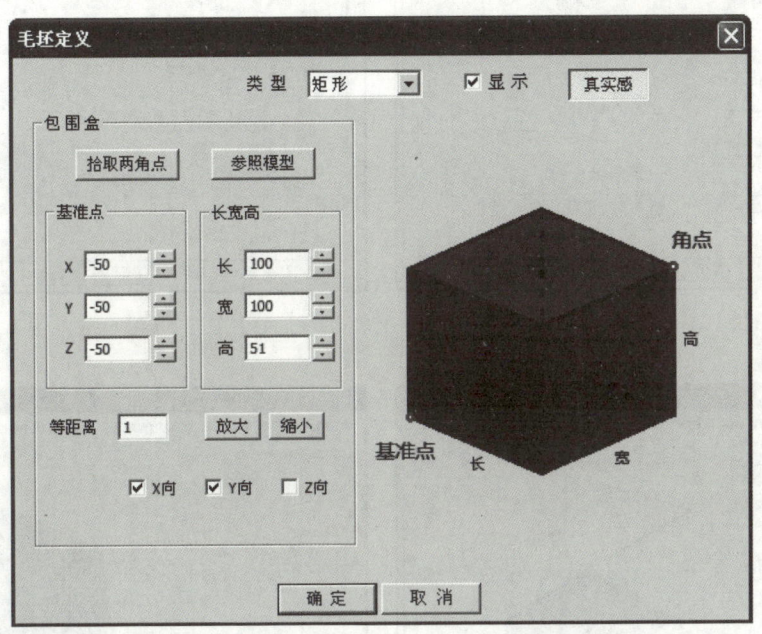

图 6-6

(3) 单击 [加工工具] 工具栏上的 图标，或者单击主菜单"加工"→"常用加工"→"平面区域粗加工"→按图 6-7~图 6-14 分别设置加工参数、清根参数、接近返回、下刀方式、切削用量、坐标系、刀具参数、几何中各参数。

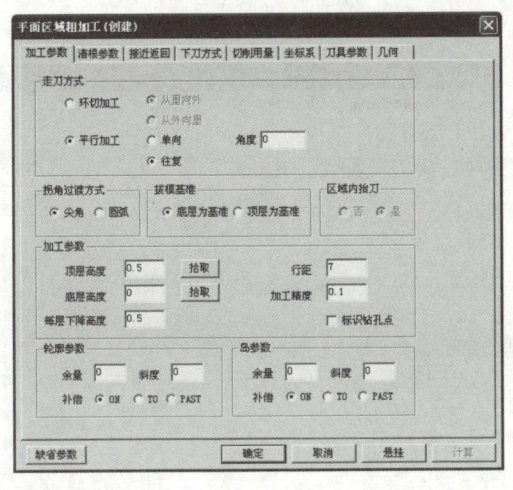

图 6-7

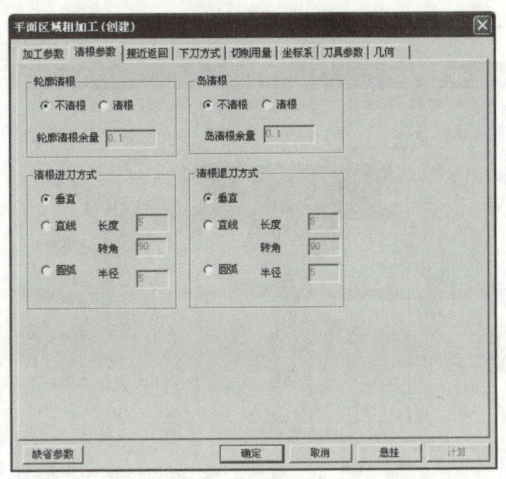

图 6-8

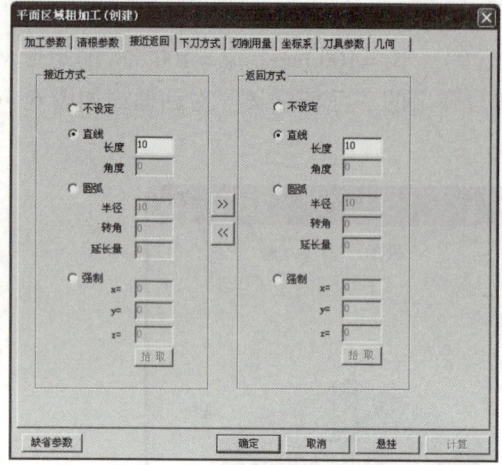

图 6-9

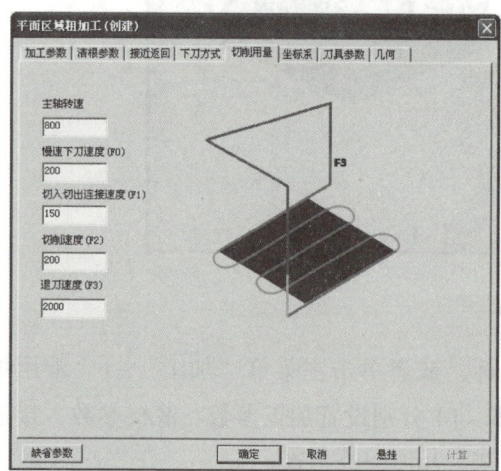

图 6-11

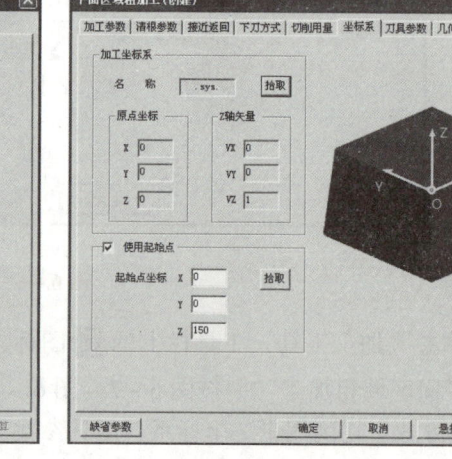

图 6-12

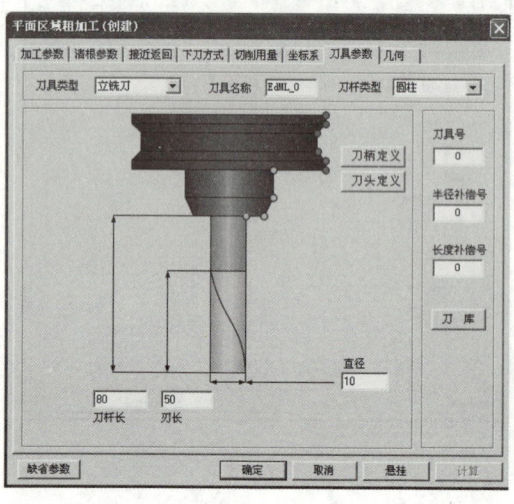

图 6-13

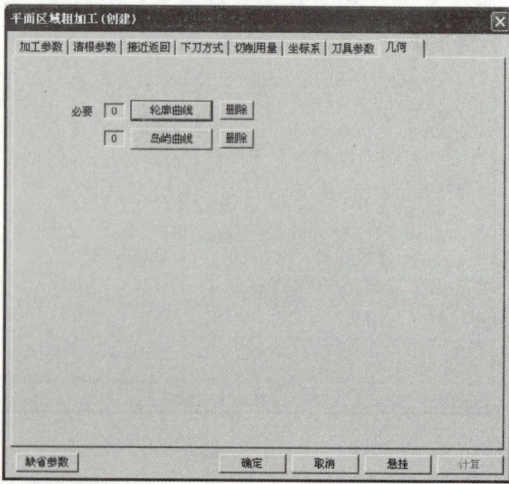

图 6-14

(4) 单击图 6-14 中"轮廓曲线"按钮→拾取轮廓曲线并选择链搜索方向为向右（图 6-15）→单击"确定"按钮（隐藏毛坯，如图 6-16 所示）。

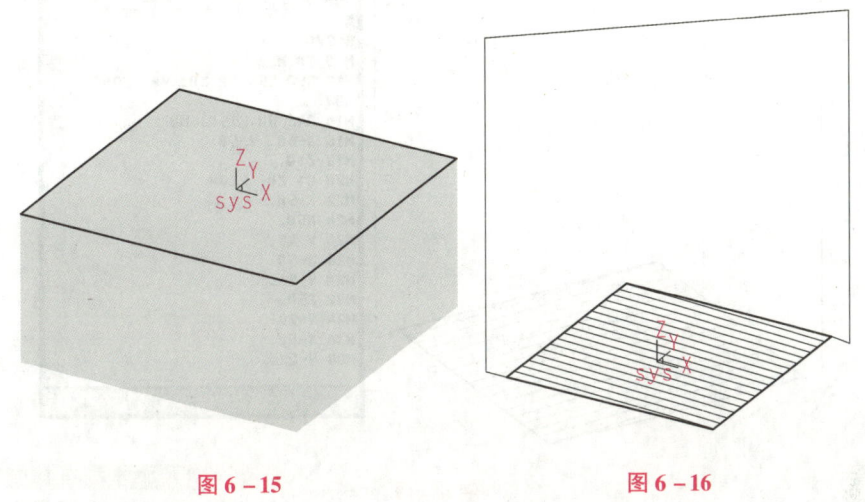

图 6-15　　　　　　　　　　图 6-16

(5) 单击轨迹树上生成的平面区域刀具轨迹→右击→选择"实体仿真"（图 6-17）→退出仿真。

(6) 单击轨迹树上生成的平面区域刀具轨迹→右击→选择"后置处理"→选择"生成 G 代码"→弹出"生成后置代码"对话框（图 6-18）→单击"确定"按钮→右击→生成程序文件，如图 6-19 所示。

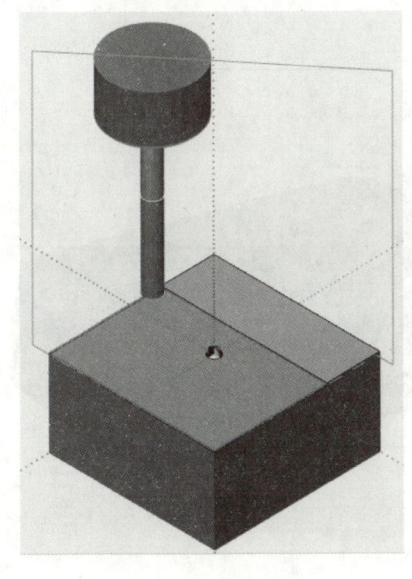

图 6-17

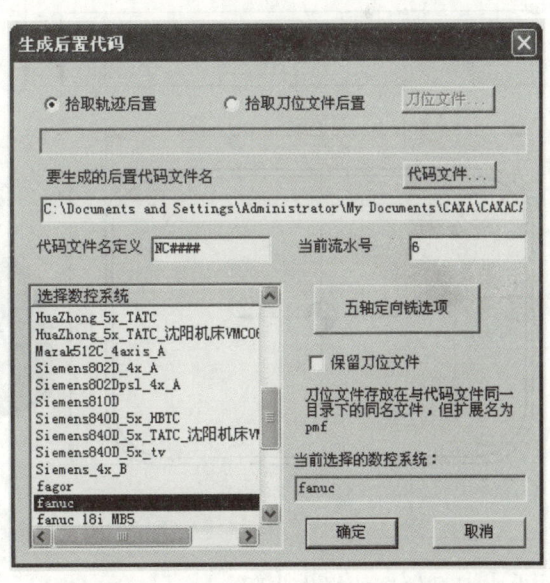

图 6-18

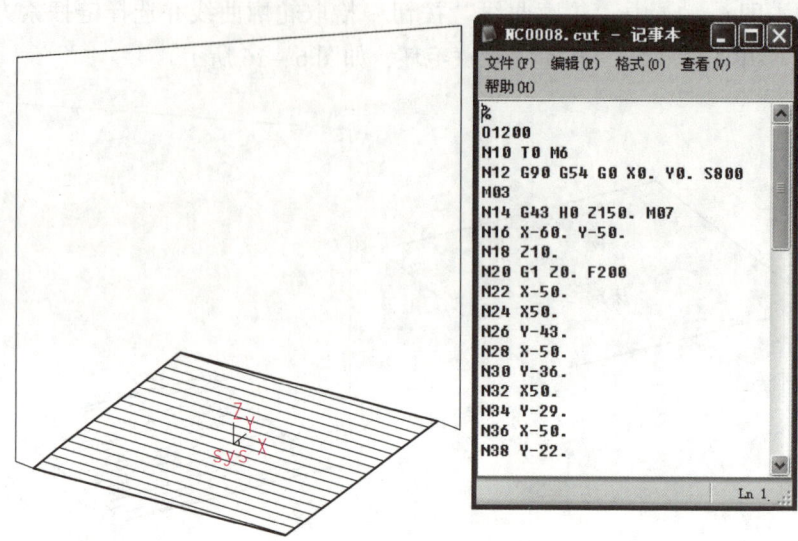

图 6-19

二、完成凸模零件部分铣削程序的编制（图 6-20）

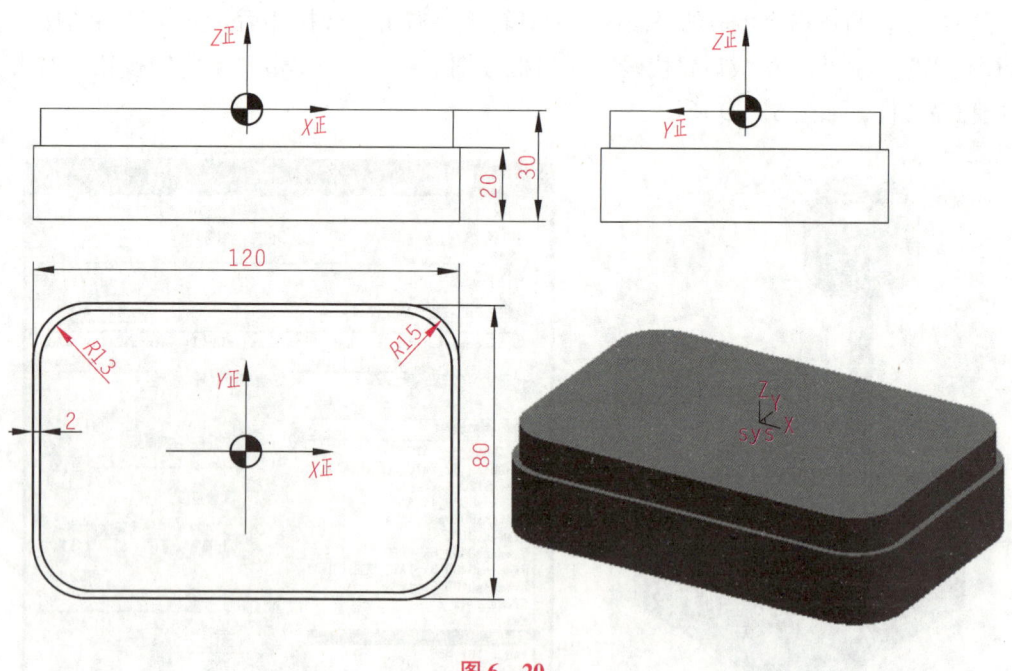

图 6-20

生成刀具轨迹的操作步骤：

（1）在"XOY 平面"绘制中心坐标为（0，0）、长 = 116 mm 和宽 = 76 mm 的矩形，并四角点 R13 mm 过渡。

（2）双击轨迹树上的"毛坯"标识项→填写弹出的"毛坯定义"对话框，如图 6-21 所示。

项目六 数控加工

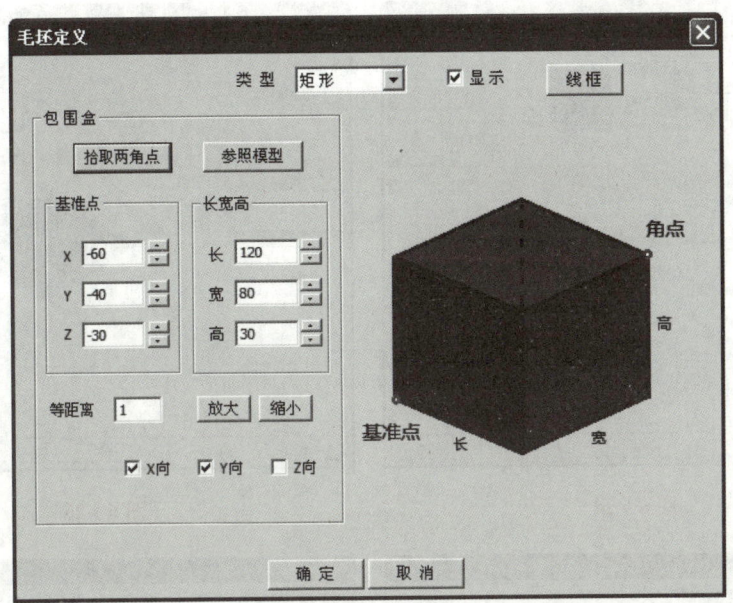

图 6-21

(3) 单击 [加工工具] 工具栏上的 图标,或者单击主菜单 "加工" → "常用加工" → "平面轮廓精加工" →按图 6-22～图 6-28 分别设置加工参数、接近返回、下刀方式、切削用量、坐标系、刀具参数、几何中各参数。

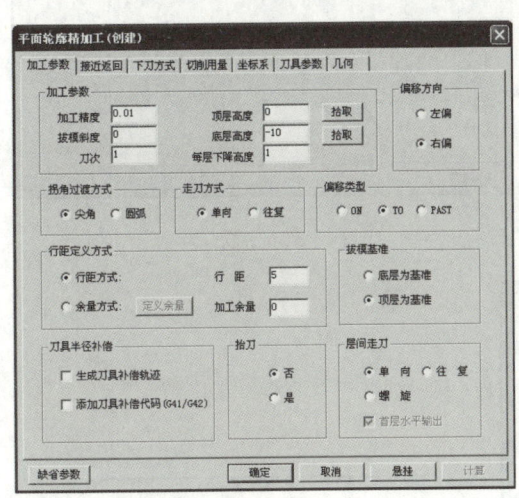

图 6-22

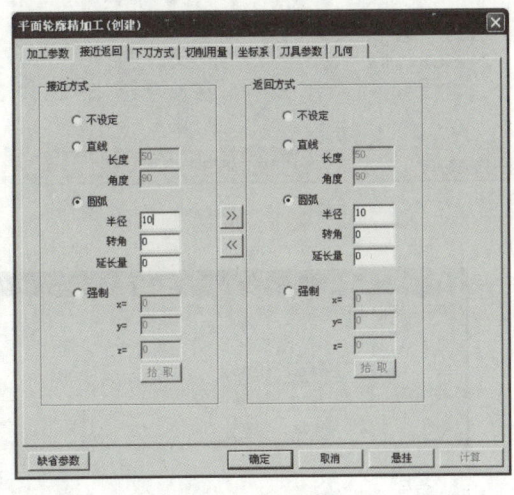

图 6-23

(4) 单击图 6-28 中的 "轮廓曲线" 按钮→拾取轮廓曲线并选择链搜索方向为向上 (图 6-29) →右击→单击图 6-28 中的 "进刀点" 按钮→输入坐标值 (78,-25) →按 Enter 键→右击→单击图 6-28 中的 "退刀点" 按钮→输入坐标值 (78,-25) →单击 "确定" 按钮 (隐藏毛坯,如图 6-30 所示)。

· 163 ·

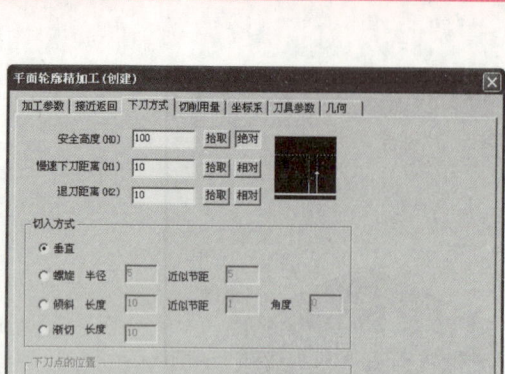

图 6-24

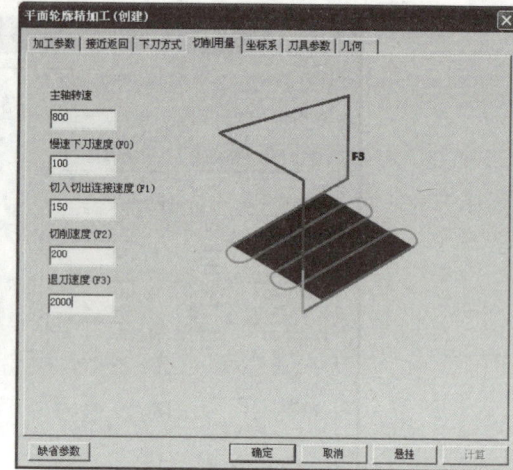

图 6-25

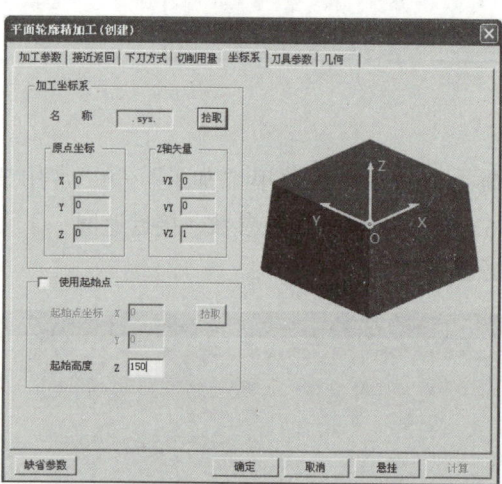

图 6-26

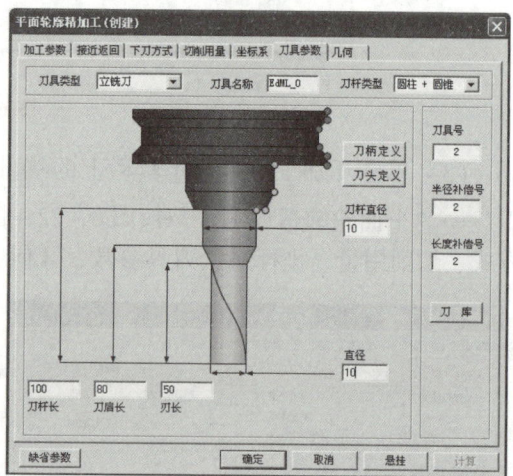

图 6-27

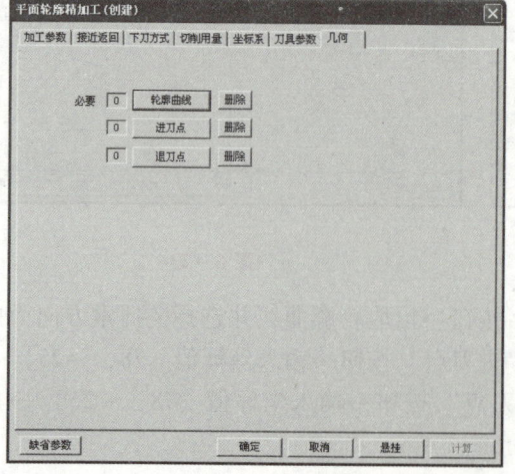

图 6-28

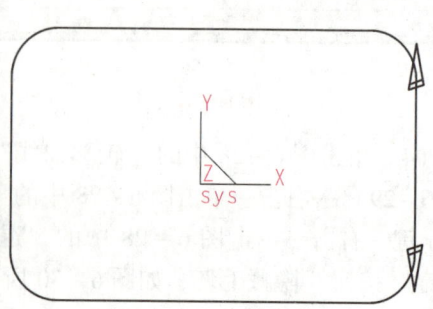

图 6-29

项目六　数控加工

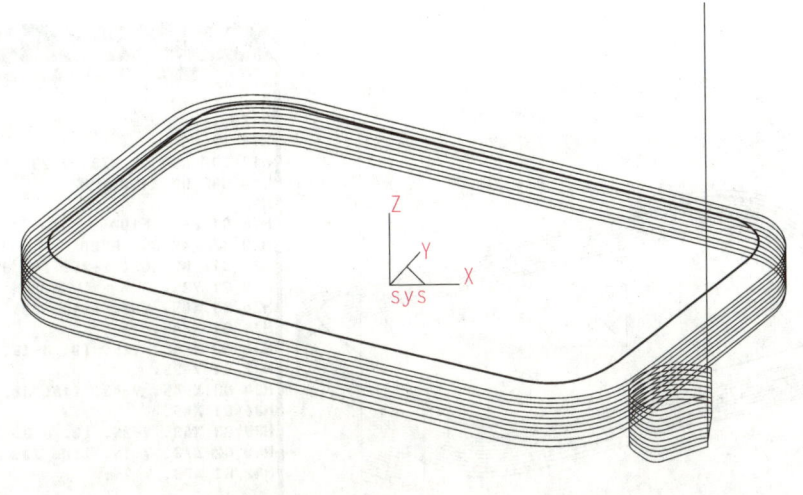

图 6 – 30

　　(5) 单击轨迹树上生成的平面轮廓精加工轨迹→右击→选择"实体仿真"（图 6 – 31）→退出仿真。

　　(6) 单击轨迹树上生成的平面轮廓精加工轨迹→右击→选择"后置处理"→选择"生成 G 代码"→弹出"生成后置代码"对话框（图 6 – 32）→单击"确定"按钮→右击→生成程序文件，如图 6 – 33 所示。

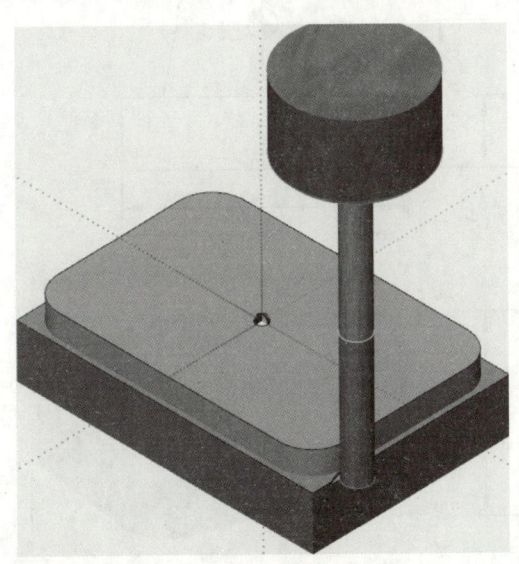

图 6 – 31

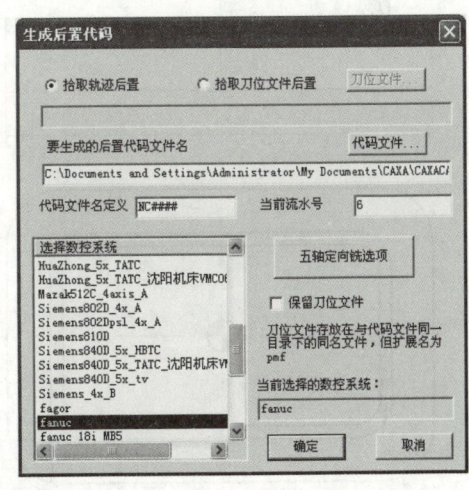

图 6 – 32

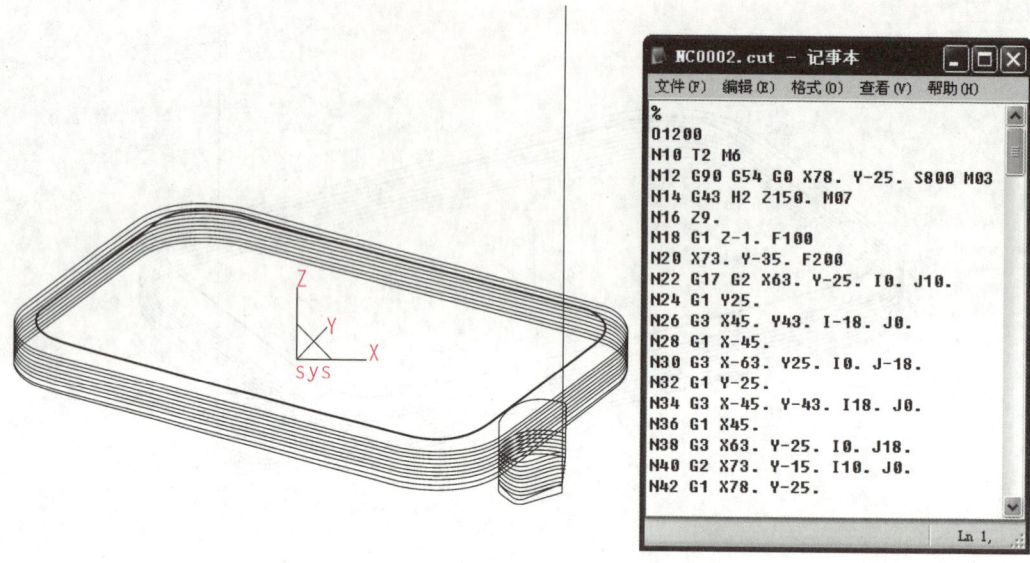

图 6-33

三、完成型芯零件部分铣削程序的编制（图 6-34）

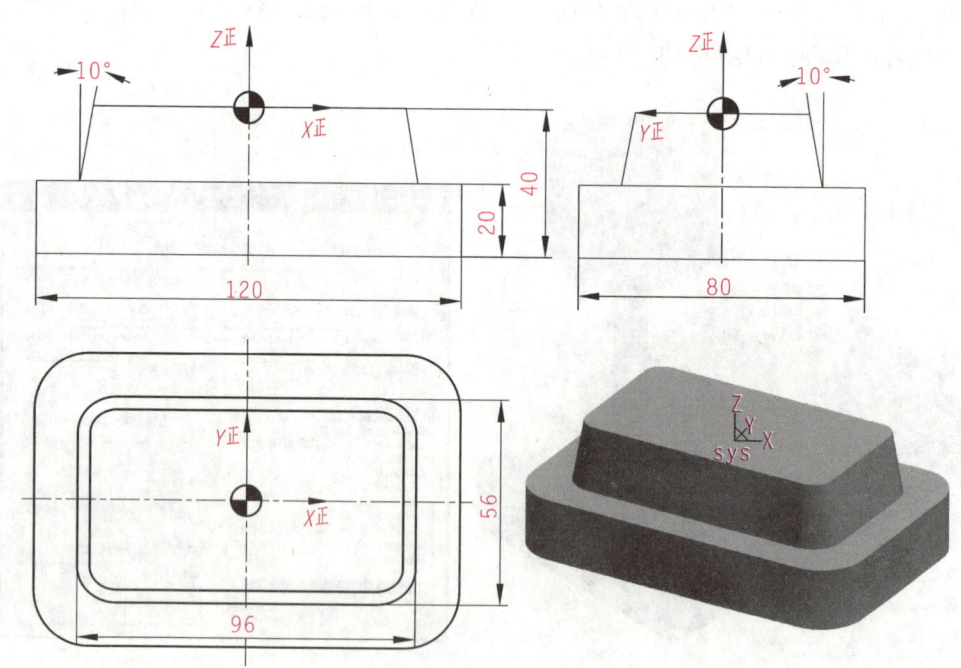

图 6-34

生成刀具轨迹的操作步骤：

（1）在"XOY 平面"绘制中心坐标为（0，0，-20）、长 = 96 mm 和宽 = 56 mm 的矩形，并四角点 R10 mm 过渡，并把矩形下底边在中点处打断，如图 6-35 所示。

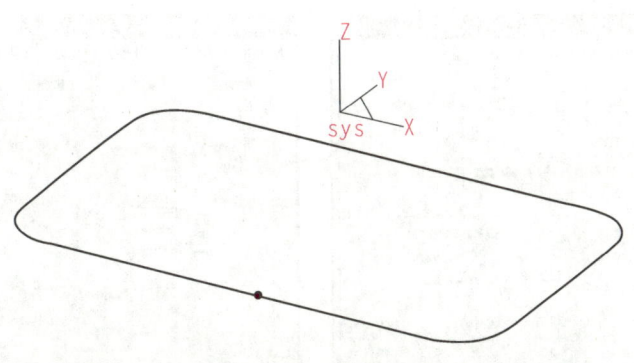

图 6-35

(2) 双击轨迹树上的"毛坯"标识项→填写弹出的"毛坯定义"对话框,如图 6-36 所示。

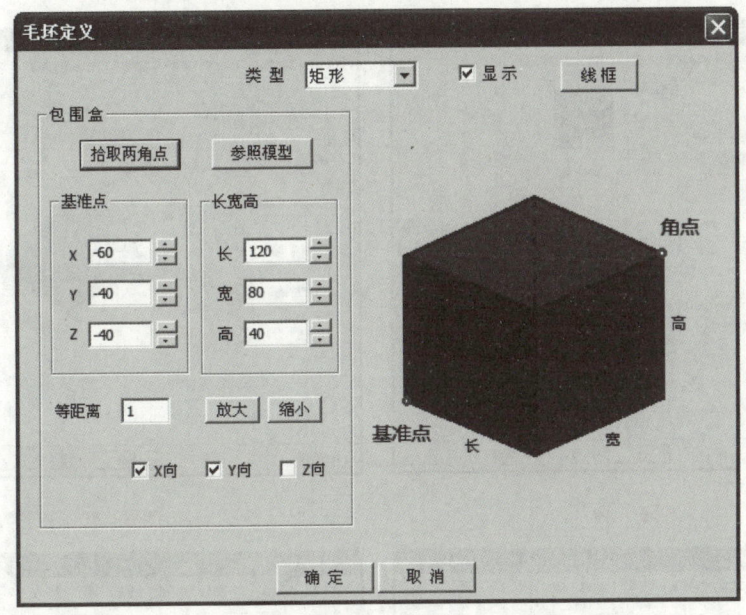

图 6-36

(3) 单击 [加工工具] 工具栏上的 图标,或者单击主菜单"加工"→"常用加工"→"平面轮廓精加工"→按图 6-37~图 6-43 分别设置加工参数、接近返回、下刀方式、切削用量、坐标系、刀具参数、几何中各参数。

(4) 单击图 6-43 中的"轮廓曲线"按钮→拾取轮廓曲线并选择链搜索方向为向右 (图 6-44) →右击→单击图 6-43 中的"进刀点"按钮→输入坐标值 (0,-50) →按 Enter 键→右击→单击图 6-43 中的"退刀点"按钮→输入坐标值 (0,-50) →单击 "确定"按钮(隐藏毛坯,如图 6-45 所示)。

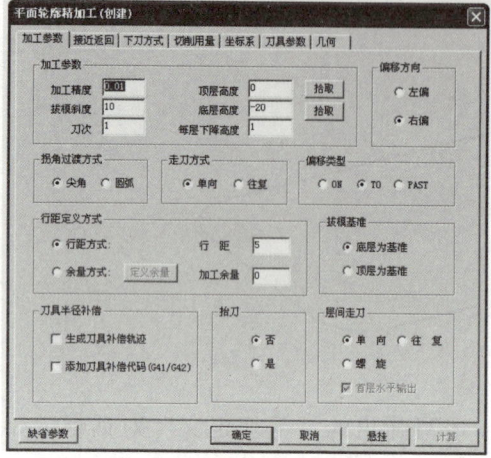

图 6-37

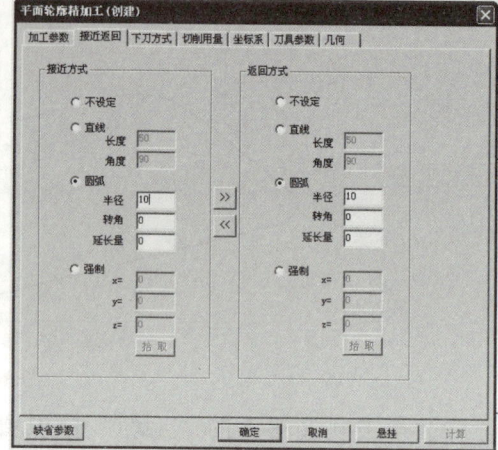

图 6-38

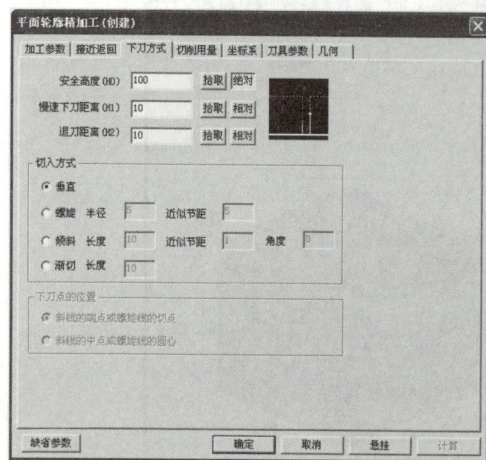

图 6-39

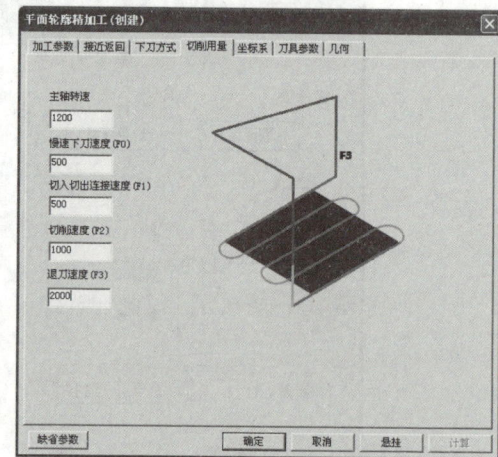

图 6-40

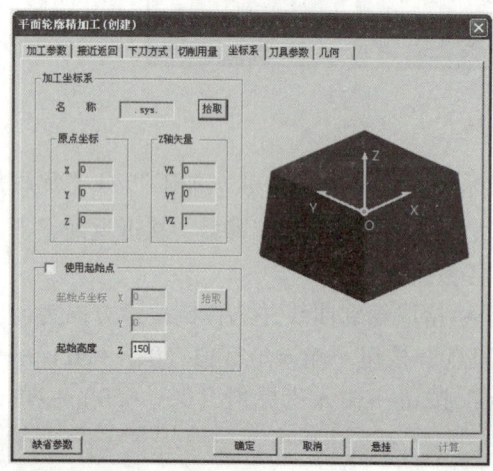

图 6-41

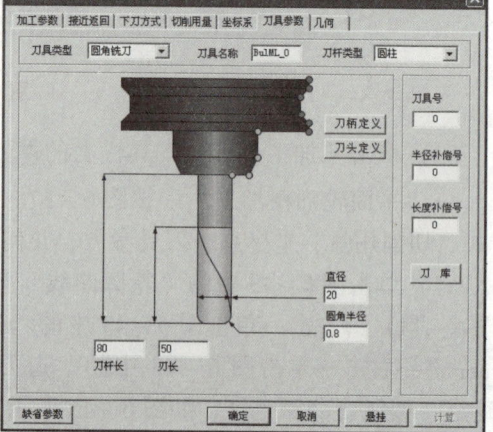

图 6-42

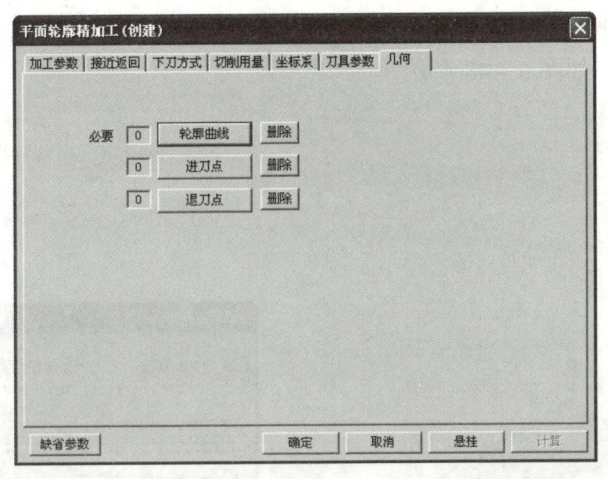

图 6-43

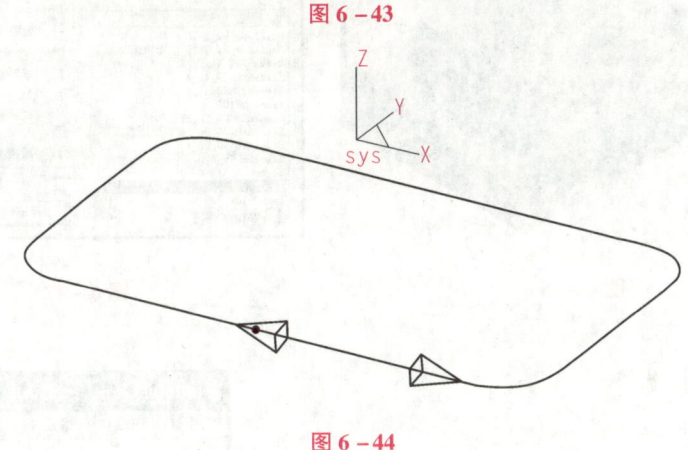

图 6-44

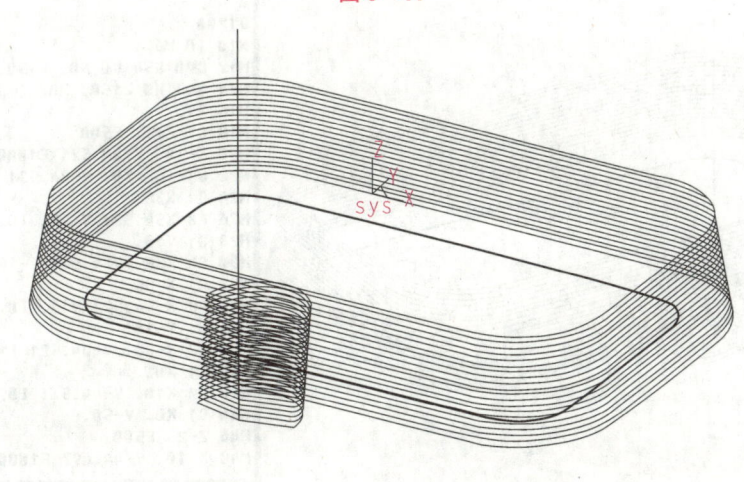

图 6-45

（5）单击轨迹树上生成的平面轮廓精加工轨迹→右击→选择"实体仿真"（图 6-46）→退出仿真。

（6）单击轨迹树上生成的平面轮廓精加工轨迹→右击→选择"后置处理"→选择

"生成 G 代码"→弹出"生成后置代码"对话框(图 6-47)→单击"确定"按钮→右击→生成程序文件,如图 6-48 所示。

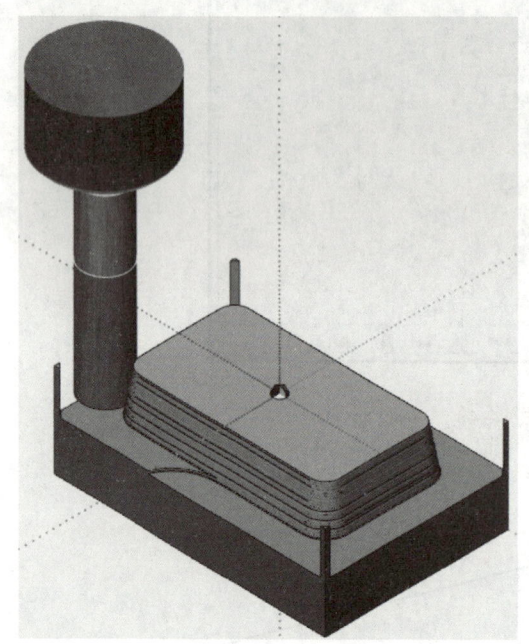

图 6-46

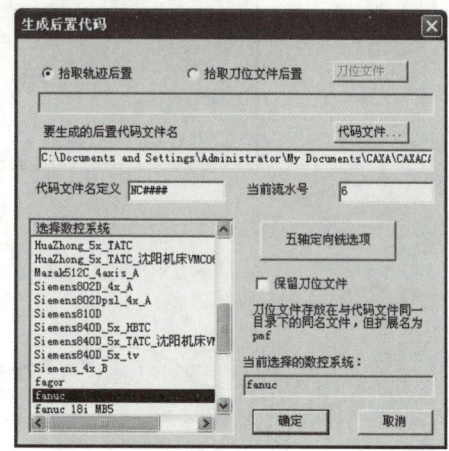

图 6-47

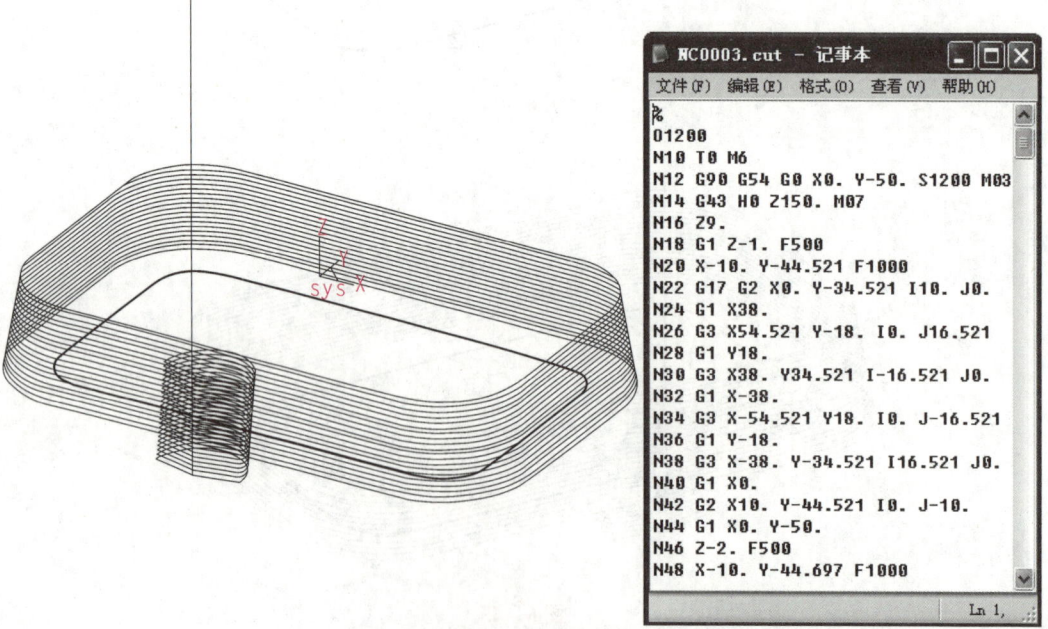

图 6-48

四、完成车轮零件部分铣削程序的编制（图6-49）

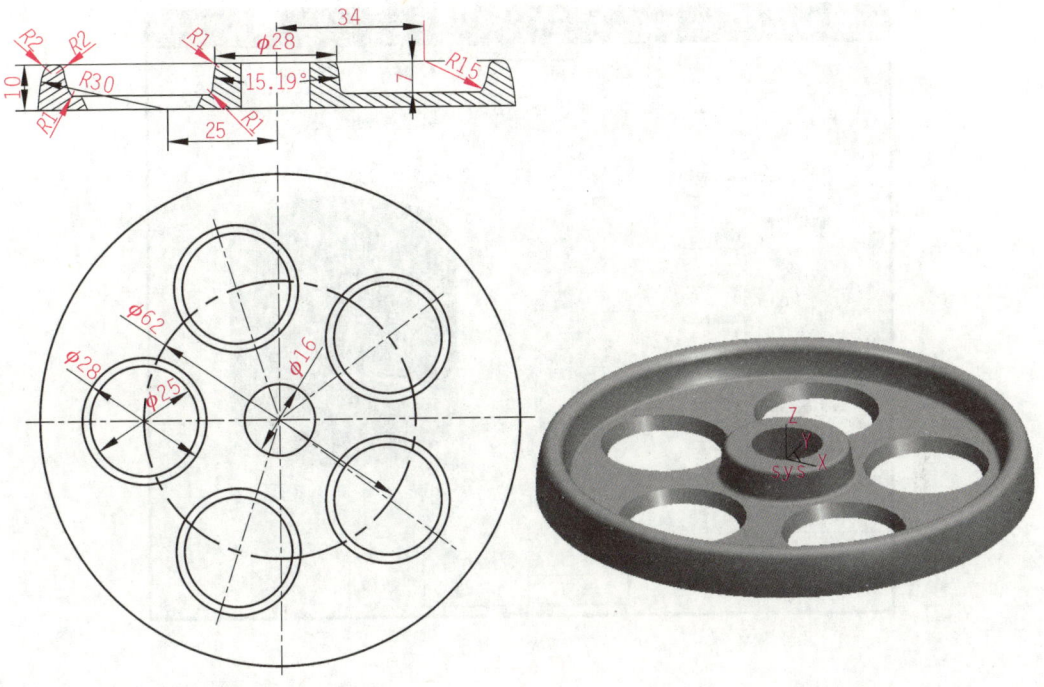

图6-49

生成刀具轨迹的操作步骤：

（1）打开"车轮"原始文件（略）。

（2）利用"相关线"→"实体边界"功能生成 φ25 mm 和 φ28 mm 两圆→利用"非正交直线"功能→按空格键→选择"K 型值点"，绘制两点线，如图 6-50 所示。

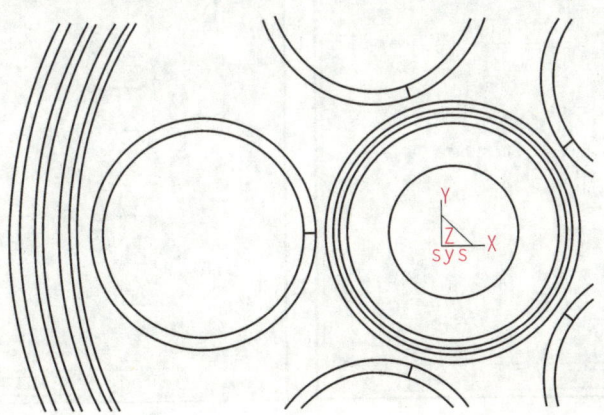

图6-50

（3）利用"查询线面属性"功能查询绘制直线与 Z 轴夹角为 26.5651°。

（4）利用"相关线"→"实体边界"功能生成 φ110 mm 圆。

(5) 双击轨迹树上的"毛坯"标识项→填写弹出的"毛坯定义"对话框,如图 6-51 所示。

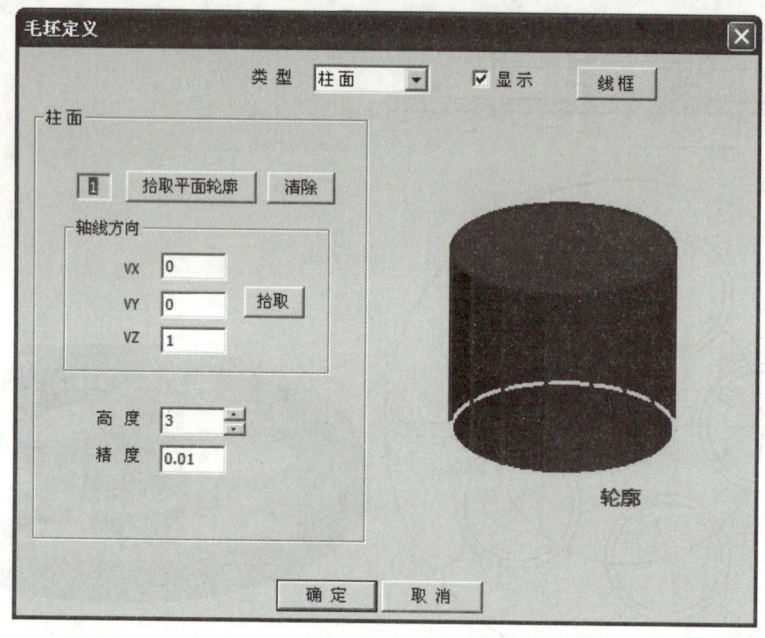

图 6-51

(6) 单击 [加工工具] 工具栏上的 图标,或者单击主菜单"加工"→"常用加工"→"平面轮廓精加工"→按图 6-52~图 6-58 分别设置加工参数、接近返回、下刀方式、切削用量、坐标系、刀具参数、几何中各参数。

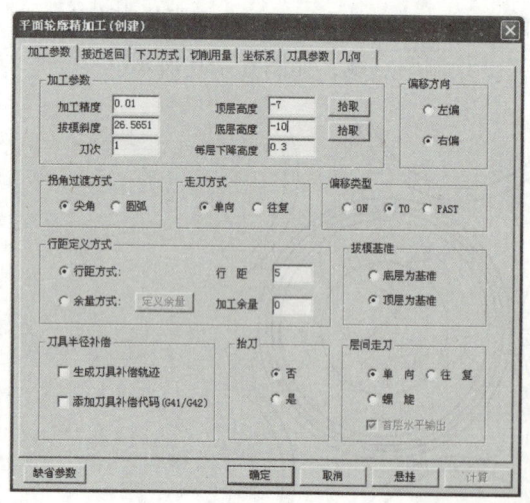

图 6-52

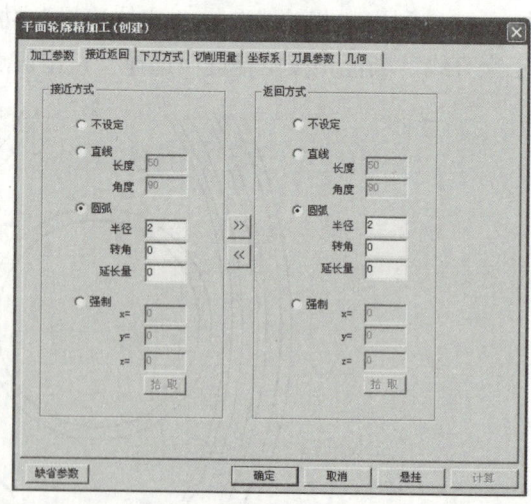

图 6-53

· 172 ·

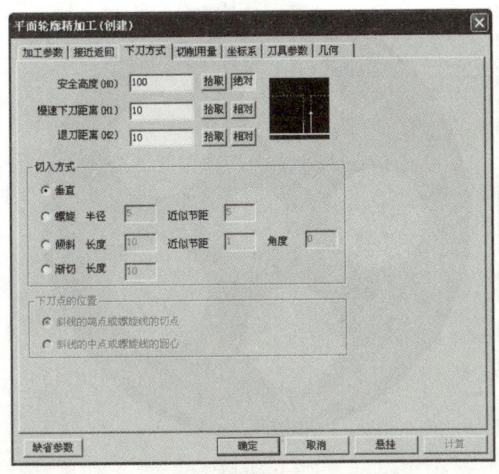
图 6-54

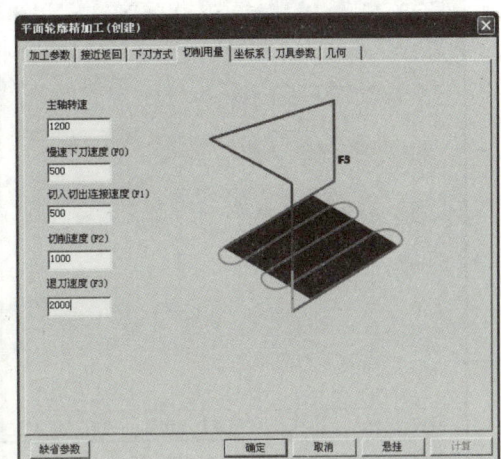
图 6-55

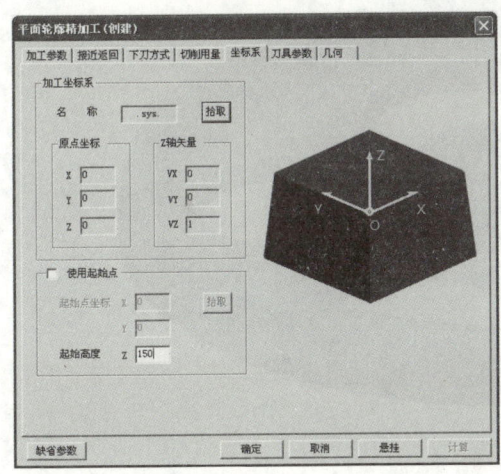
图 6-56

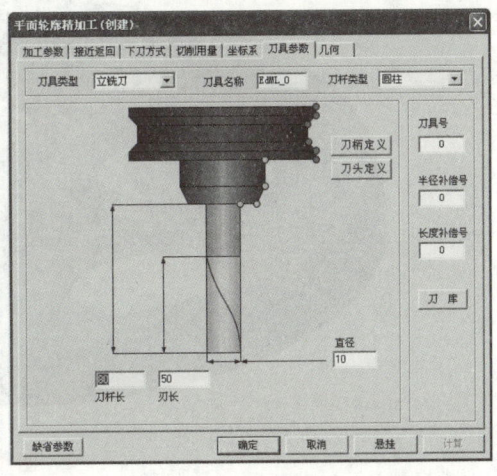
图 6-57

(7) 单击图 6-58 中的 "轮廓曲线" 按钮→拾取 $\phi 28\,mm$ 圆为轮廓曲线并选择链搜索方向为向下 (图 6-59) →右击→单击图 6-58 中的 "进刀点" 按钮→输入坐标值 (-31, 0) →按 "Enter" 键→右击→单击图 6-58 中的 "退刀点" 按钮→输入坐标值 (-31, 0) →单击 "确定" 按钮 (隐藏毛坯, 如图 6-60 所示)。

(8) 利用 "环形阵列" 功能均布轨迹, 如图 6-61 所示。

(9) 单击轨迹树上的 "刀具轨迹", 选中全部轨迹→右击→选择 "实体仿真" (图 6-62) →退出仿真。

(10) 单击轨迹树上的 "刀具轨迹", 选中全部轨迹→右击→选择 "后置处理" →选择 "生成 G 代码" →弹出 "生成后置代码" 对话框 (图 6-63) →单击 "确定" 按钮→右击→生成程序文件, 如图 6-64 所示。

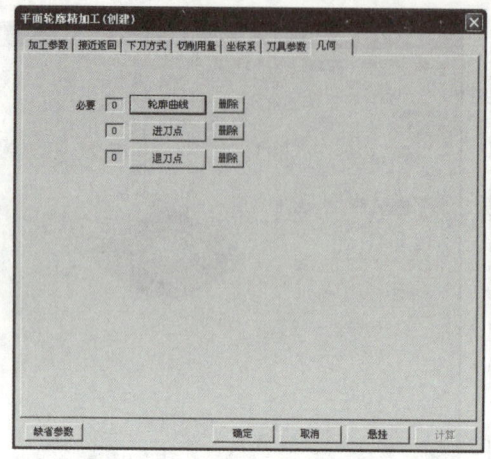

图 6-58

图 6-59

图 6-60

图 6-61

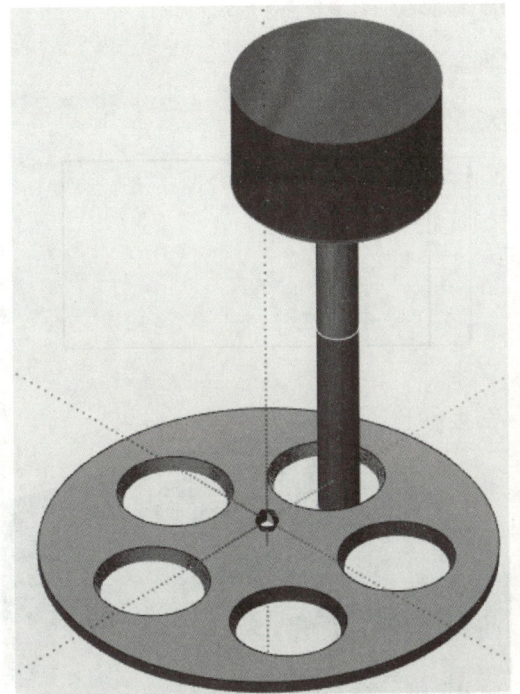

图 6-62

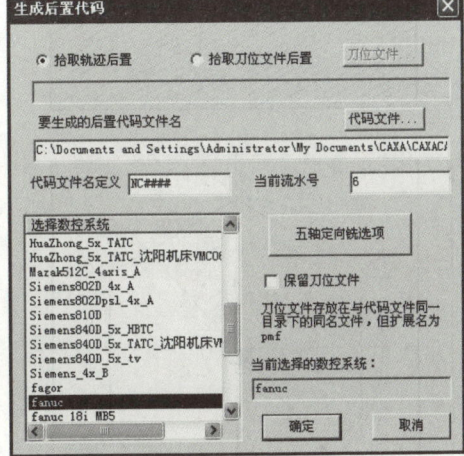

图 6-63

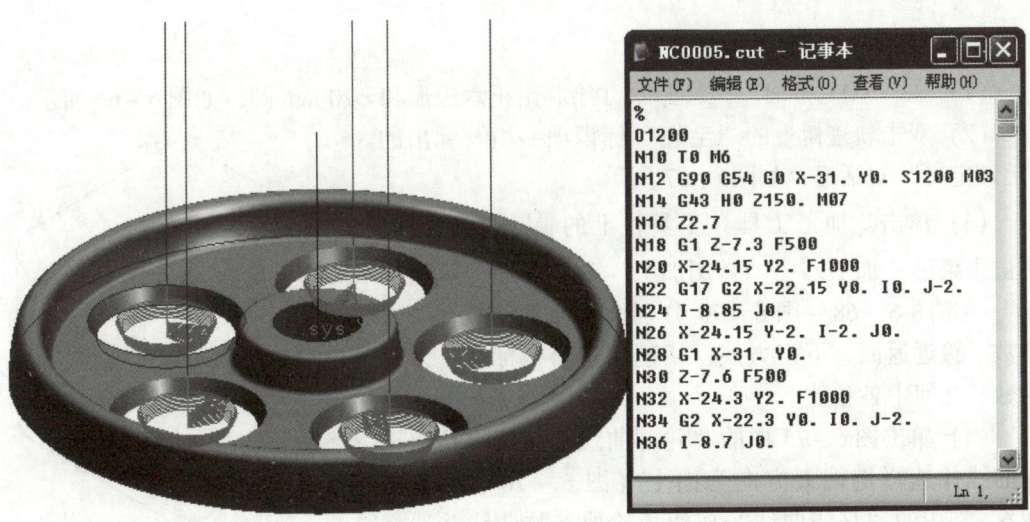

图 6-64

五、完成槽类零件的部分铣削程序的编制（图6-65）

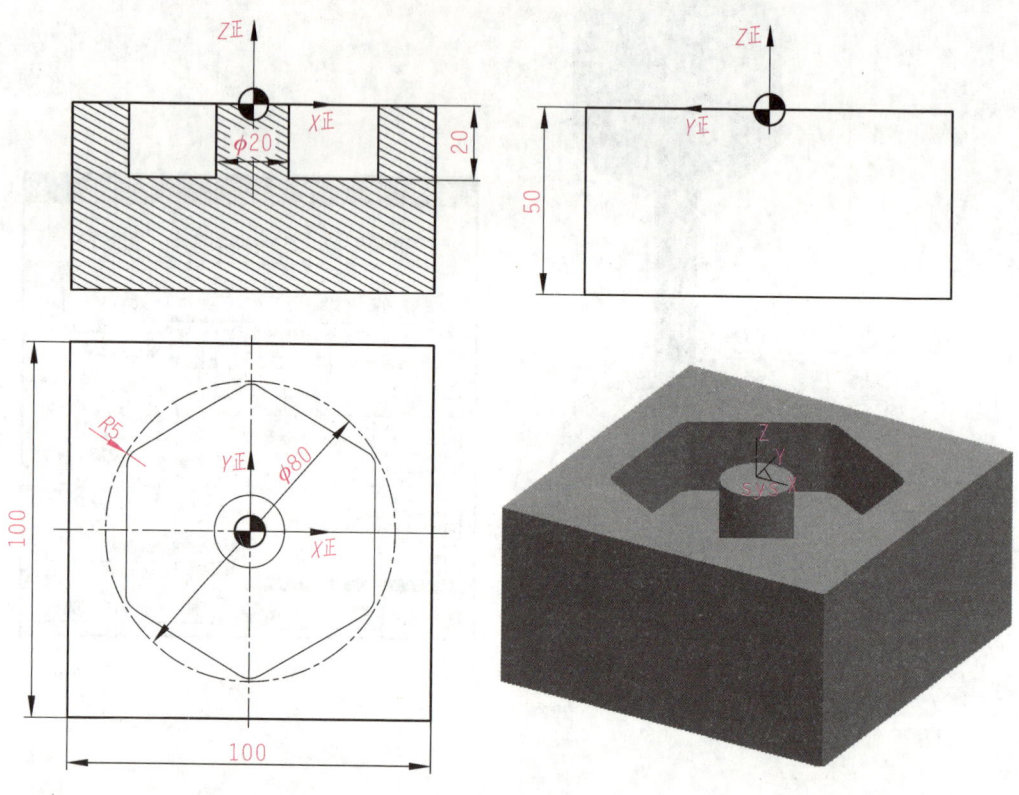

图6-65

生成刀具轨迹的操作步骤：

（1）在"XOY平面"按图形尺寸绘制出正六边形和 φ20 mm 圆，如图6-66所示。

（2）双击轨迹树上的"毛坯"标识项→填写弹出的"毛坯定义"对话框，如图6-67所示。

（3）单击［加工工具］工具栏上的 回 图标，或者单击主菜单"加工"→"常用加工"→"平面区域粗加工"→按图6-68～图6-75分别设置加工参数、清根参数、接近返回、下刀方式、切削用量、坐标系、刀具参数、几何中各参数。

（4）单击图6-75中的"轮廓曲线"按钮→拾取轮廓曲线并选择链搜索方向为向上（图6-76）→单击图6-75中的"岛屿曲线"按钮→拾取岛屿曲线并选择链搜索方向为向上（图6-77）→单击"确定"按钮（隐藏毛坯，如图6-78所示）。

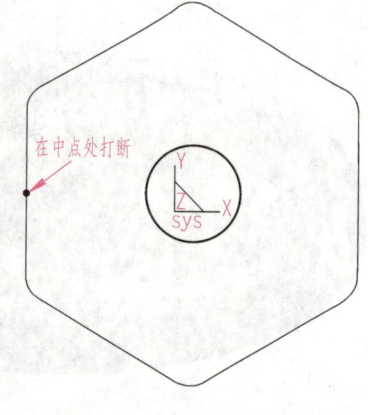

图6-66

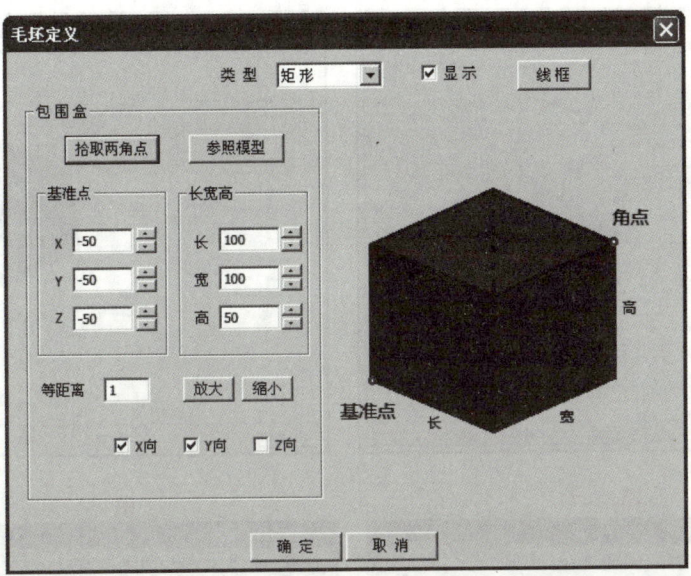

图 6-67

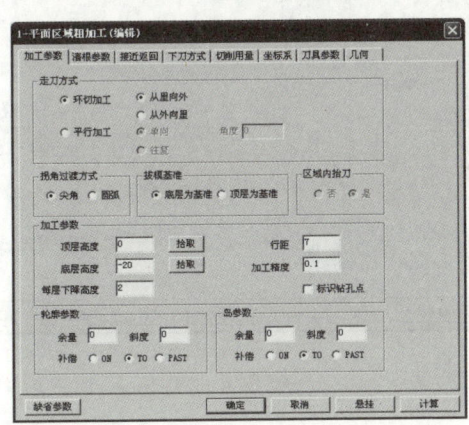

图 6-68

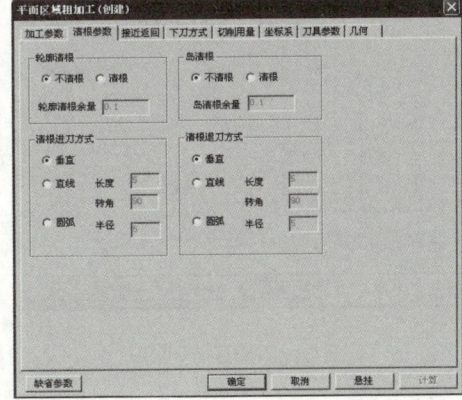

图 6-69

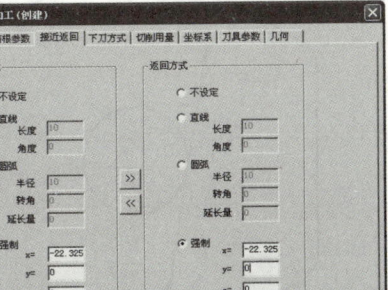

图 6-70

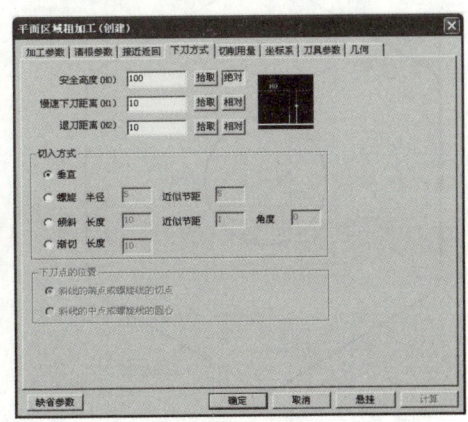

图 6-71

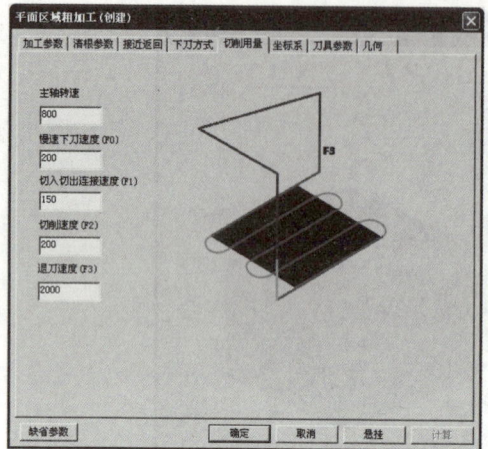

图 6-72

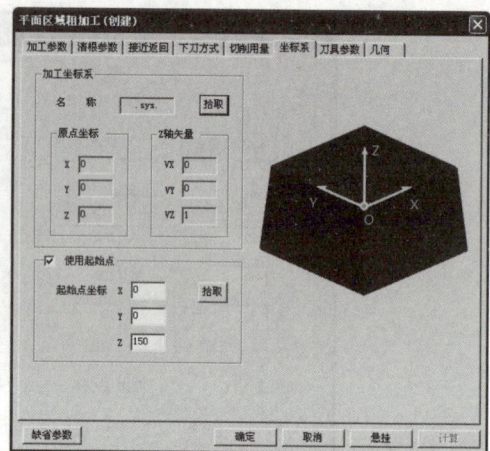

图 6-73

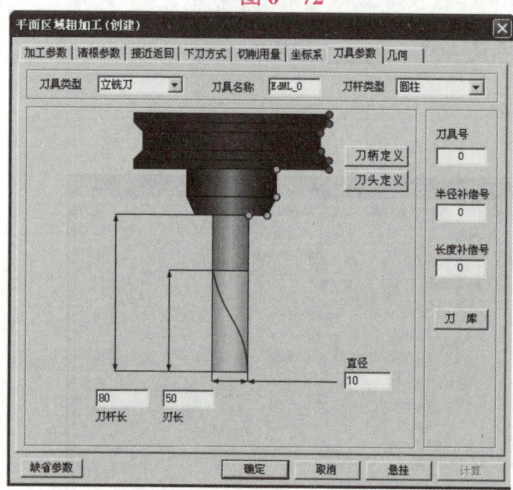

图 6-74

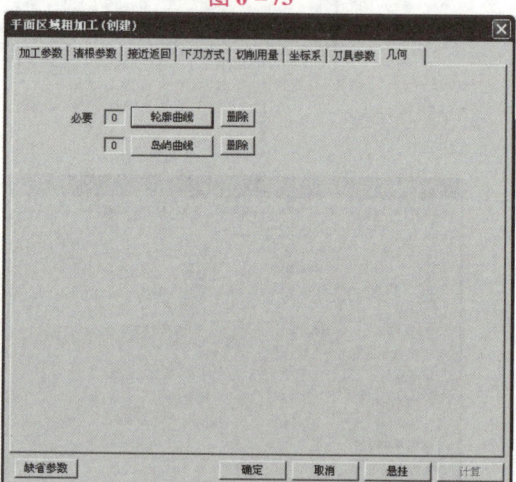

图 6-75

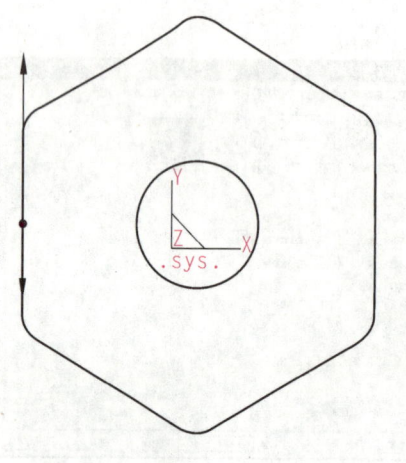

图 6-76

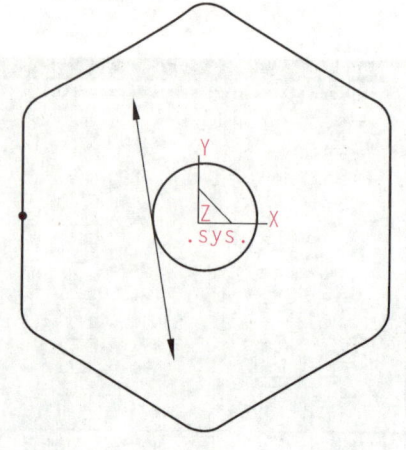

图 6-77

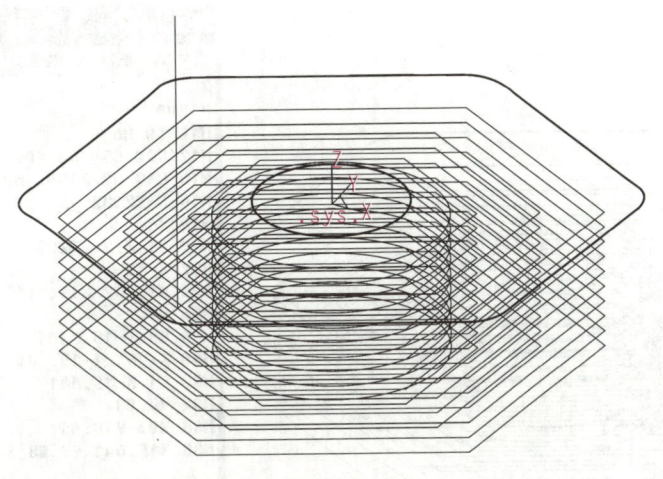

图 6-78

(5) 单击轨迹树上生成的平面区域刀具轨迹→右击→选择"实体仿真"（图 6-79）→退出仿真。

(6) 单击轨迹树上生成的平面区域刀具轨迹→右击→选择"后置处理"→选择"生成 G 代码"→弹出"生成后置代码"对话框（图 6-80）→单击"确定"按钮→右击→生成程序文件，如图 6-81 所示。

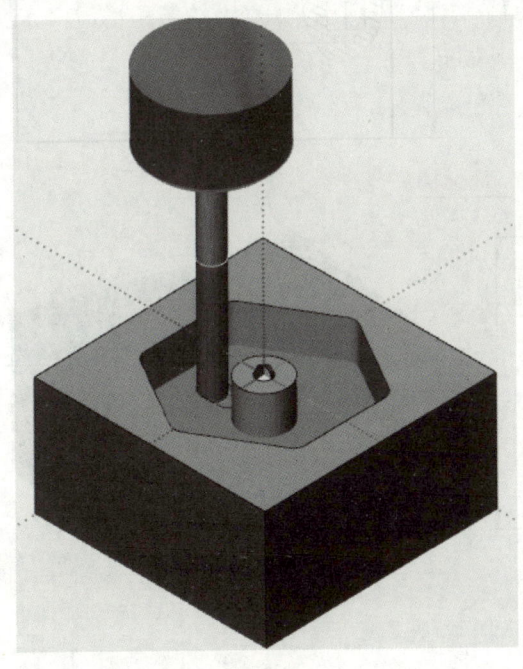

图 6-79

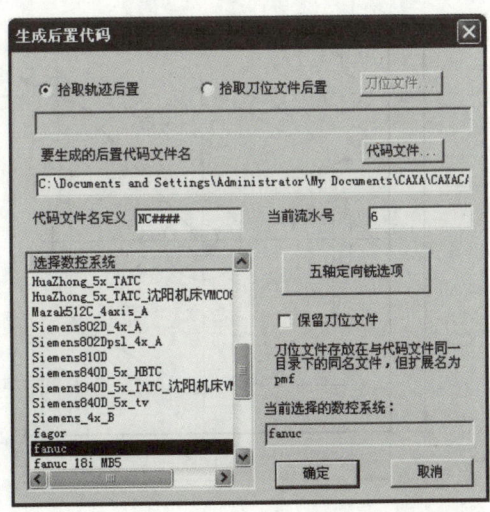

图 6-80

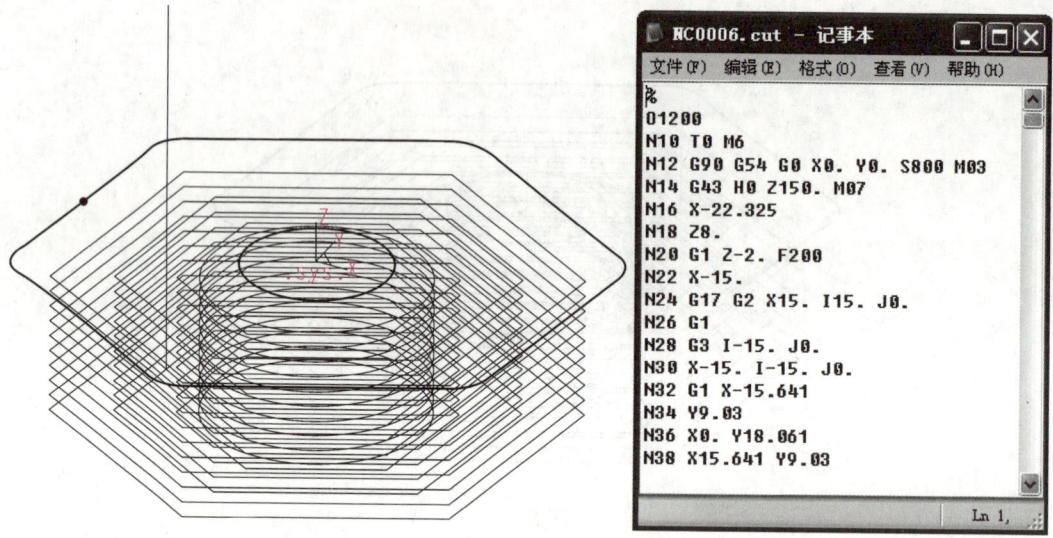

图 6-81

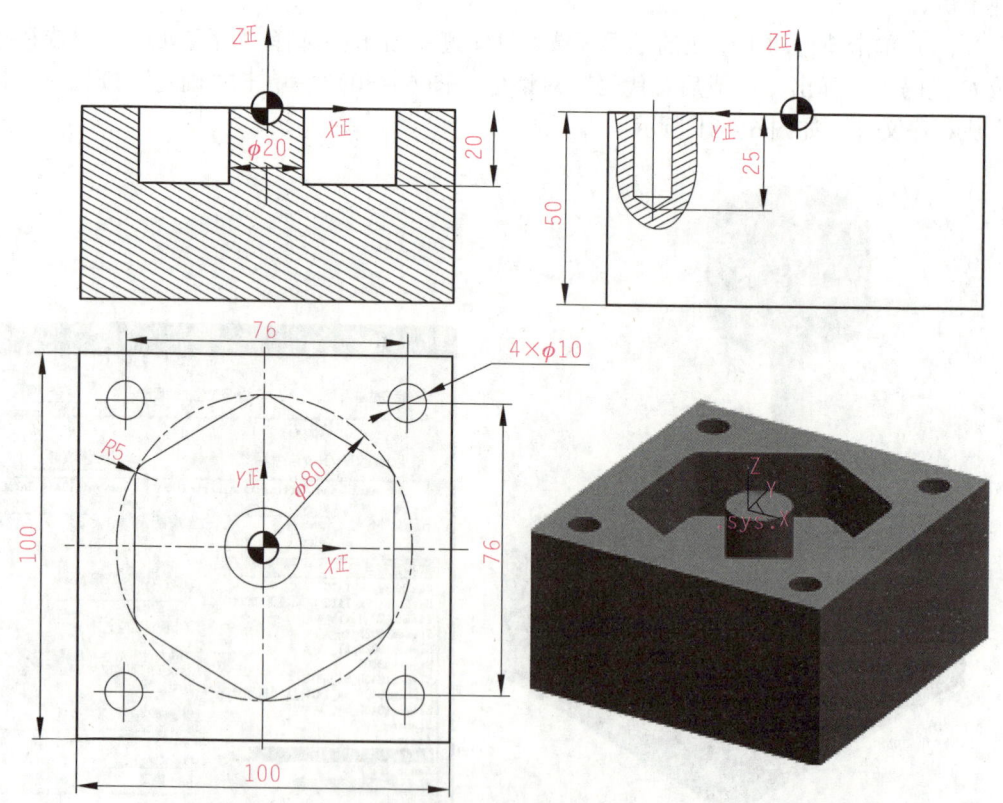

图 6-82

六、完成槽类零件钻孔程序的编制（图6-82）

生成刀具轨迹的操作步骤：

（1）在"XOY平面"按图形尺寸绘制出均布的四个 φ10 mm 圆，如图6-83所示。

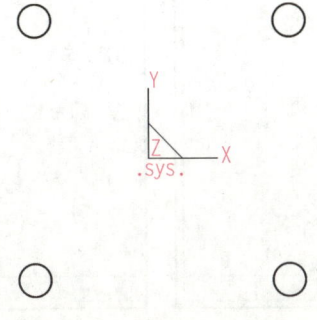

图6-83

（2）双击轨迹树上的"毛坯"标识项→填写弹出的"毛坯定义"对话框，如图6-84所示。

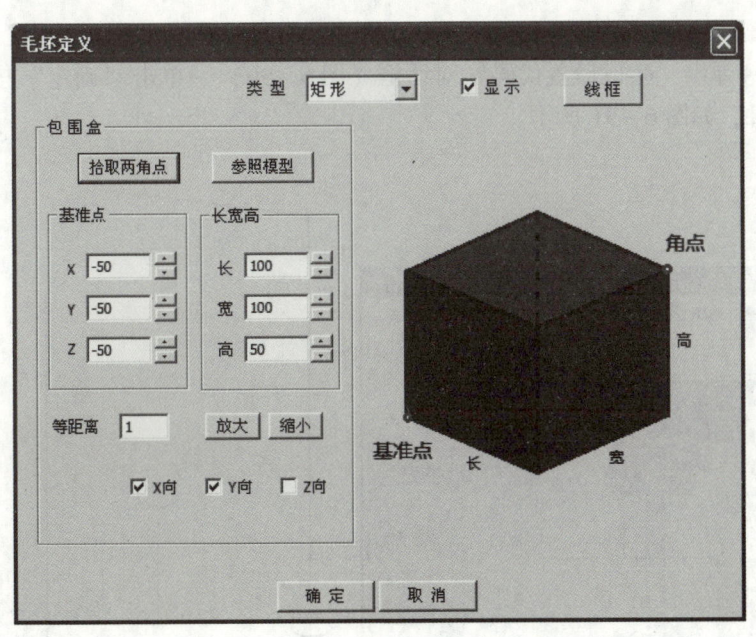

图6-84

（3）单击［加工工具］工具栏上的  图标，或者单击主菜单"加工"→"其他加工"→"孔加工"→按图6-85～图6-87分别设置加工参数、坐标系和刀具参数中各参数。

（4）单击图6-85中的"拾取圆弧"按钮→拾取均布的4个 φ10 mm 圆→单击"确定"按钮（隐藏毛坯，如图6-88所示）。

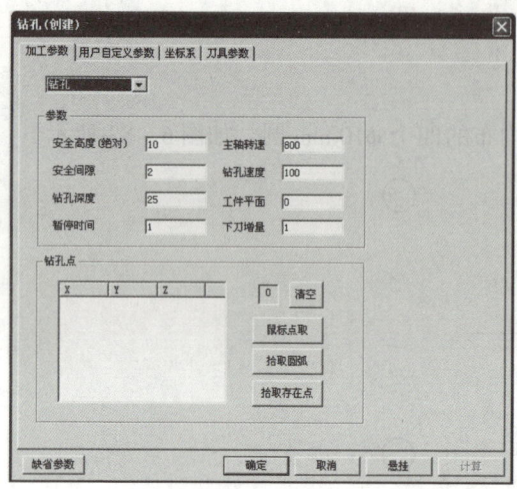
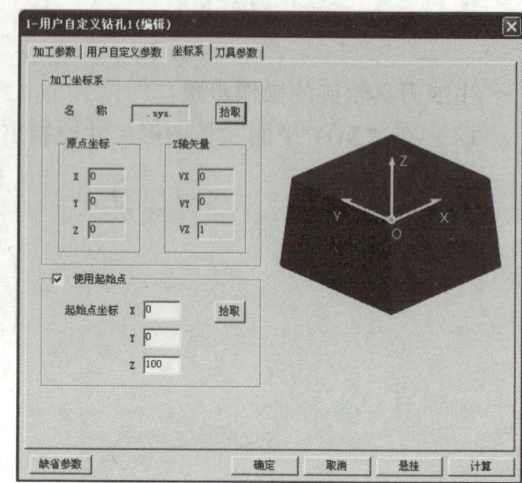

图 6-85　　　　　　　　　　　　　　图 6-86

(5) 单击轨迹树上的"刀具轨迹"→右击→选择"实体仿真"（图 6-89）→退出仿真。

(6) 单击轨迹树上生成的平面区域刀具轨迹→右击→选择"后置处理"→选择"生成 G 代码"→弹出"生成后置代码"对话框（图 6-90）→单击"确定"按钮→右击→生成程序文件，如图 6-91 所示。

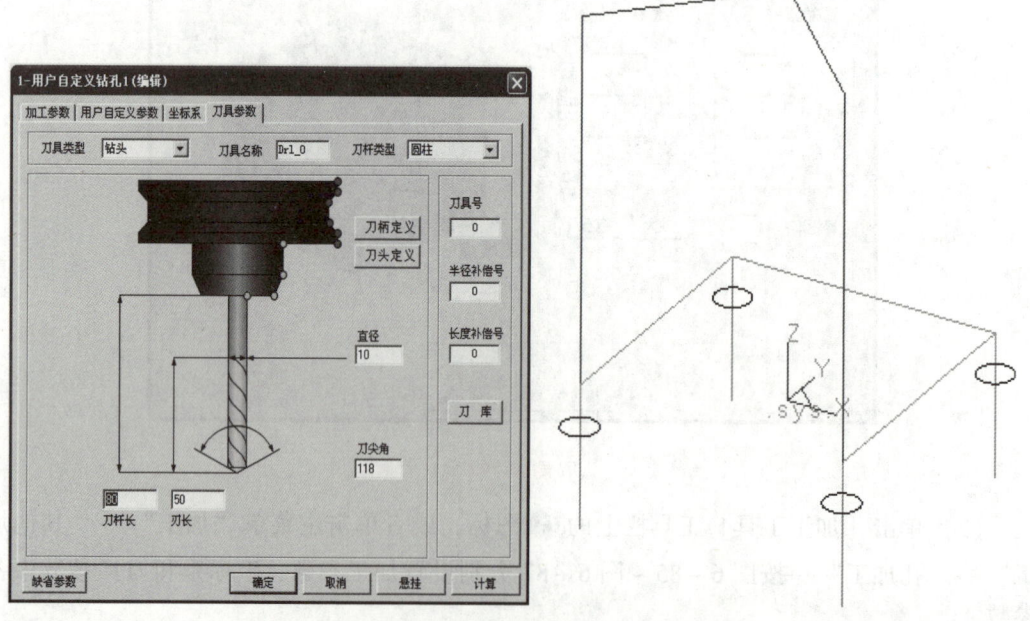

图 6-87　　　　　　　　　　　　　　图 6-88

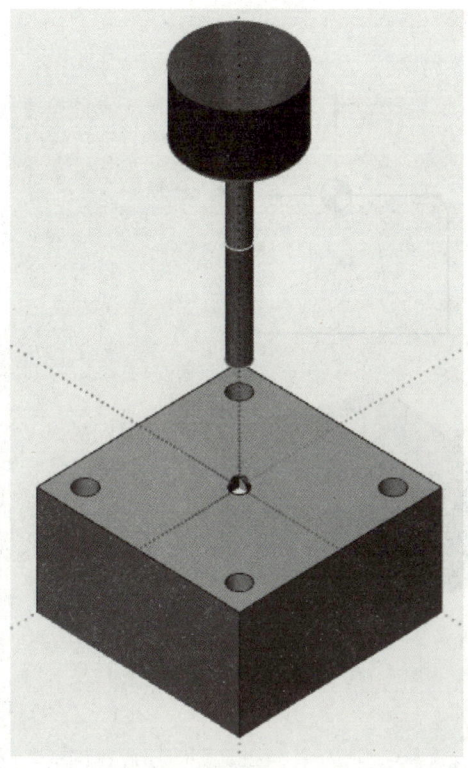

图 6-89

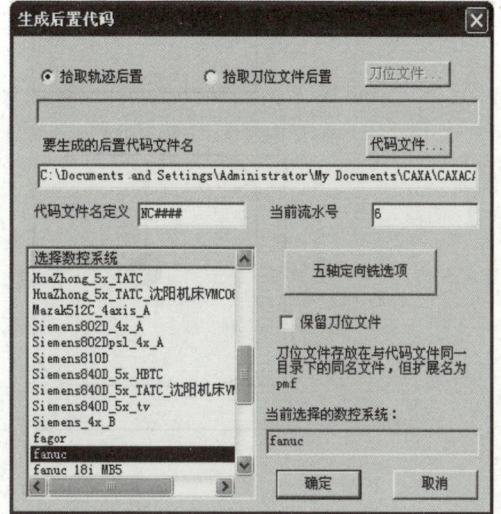

图 6-90

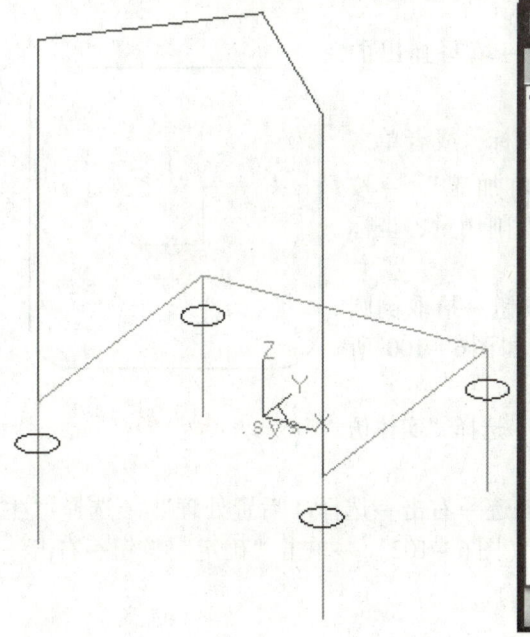

图 6-91

七、完成零件倒圆角的加工（图6-92）

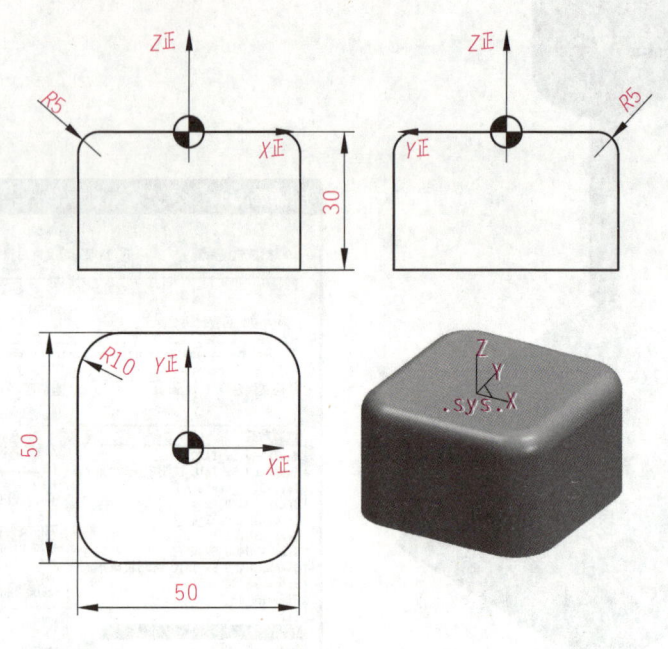

图6-92

生成刀具轨迹的操作步骤：

（1）在"XOY"平面绘制中心坐标为（0,0）、边长为50 mm的正方形，并四角倒$R10$ mm圆角，如图6-93所示。

（2）双击轨迹树上的"毛坯"标识项→填写弹出的"毛坯定义"对话框，如图6-94所示。

（3）单击[加工工具]工具栏上的 图标，或者单击主菜单"加工"→"宏加工"→"倒圆角加工"→按图6-95~图6-99分别设置倒圆角参数、切削用量、坐标系、刀具参数和几何中各参数。

（4）单击图6-99中的"轮廓曲线"按钮→拾取倒圆角矩形→单击"确定"按钮（隐藏毛坯，如图6-100所示）。

（5）单击轨迹树上的"刀具轨迹"→右击→选择"实体仿真"（图6-101）→退出仿真。

（6）单击轨迹树上生成的平面区域刀具轨迹→右击→选择"后置处理"→选择"生成G代码"→弹出"生成后置代码"对话框（图6-102）→单击"确定"按钮→右击→生成程序文件，如图6-103所示。

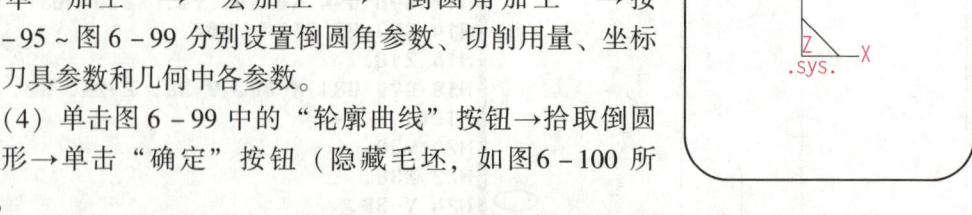

图6-93

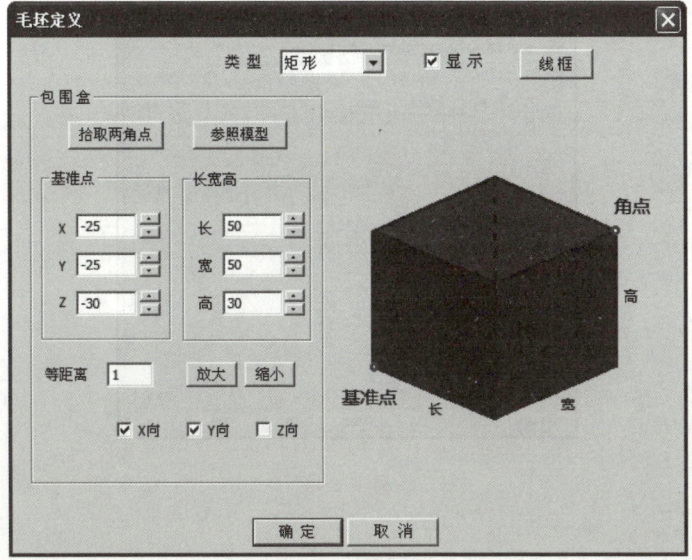

图 6-94

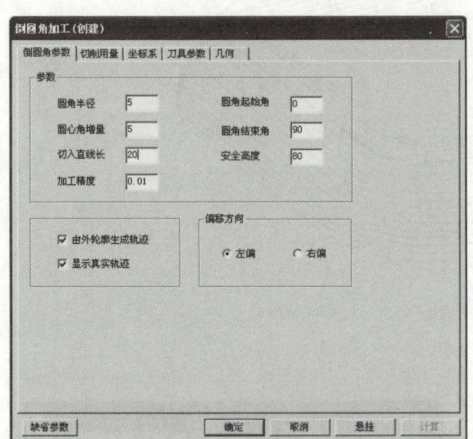

图 6-95

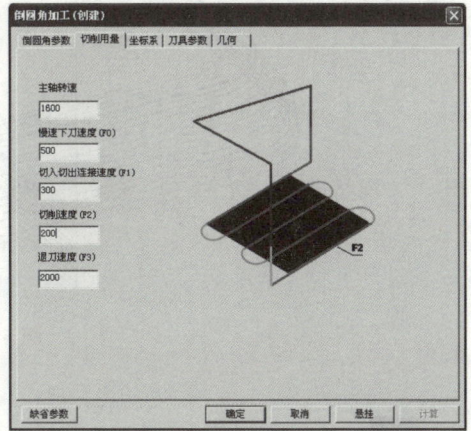

图 6-96

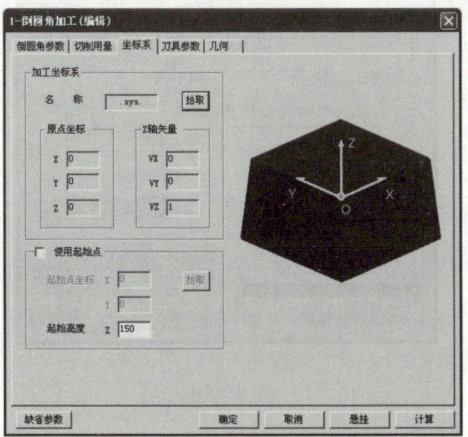

图 6-97

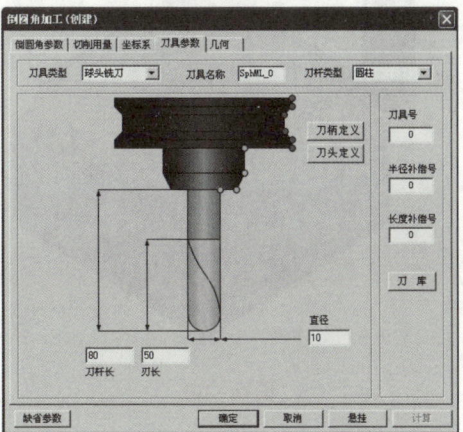

图 6-98

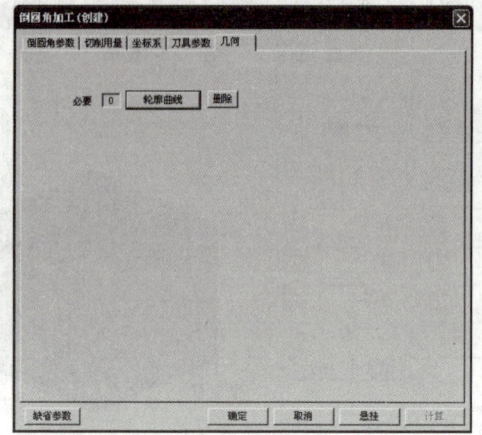

图 6－99

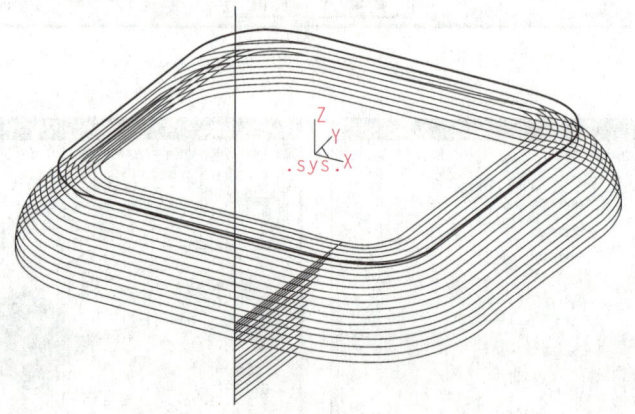

图 6－100

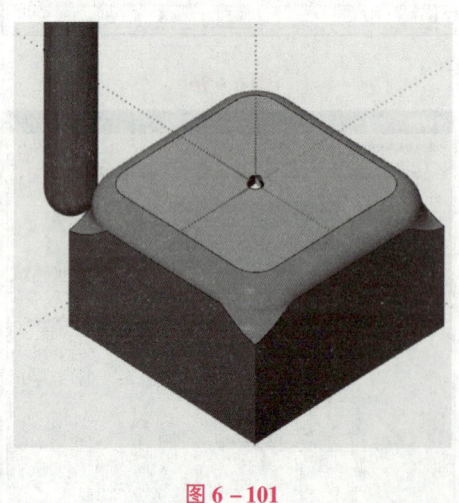

图 6－101

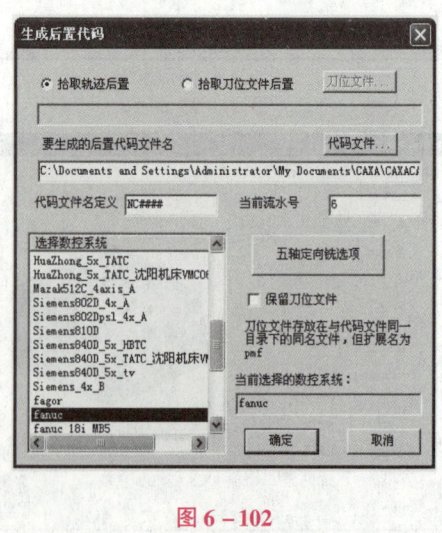

图 6－102

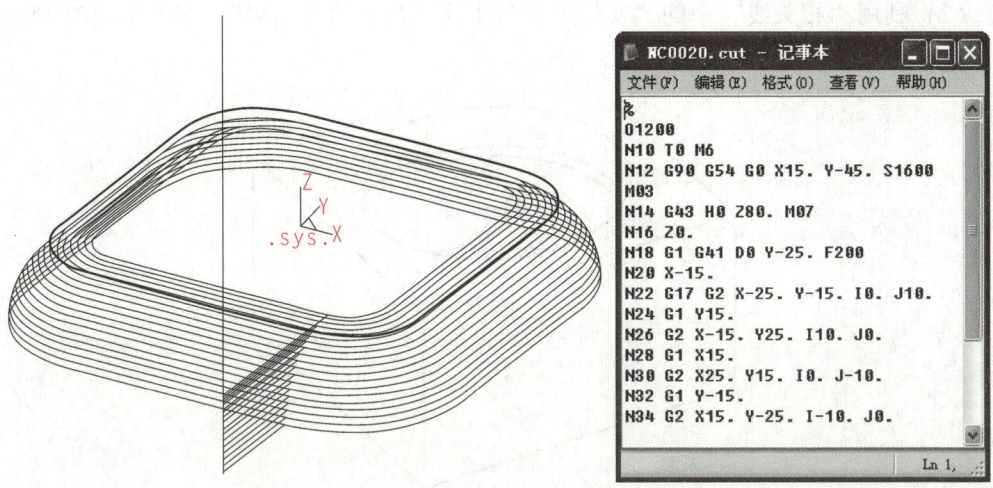

图 6-103

八、完成灯罩凹模型腔的粗加工（图 6-104）

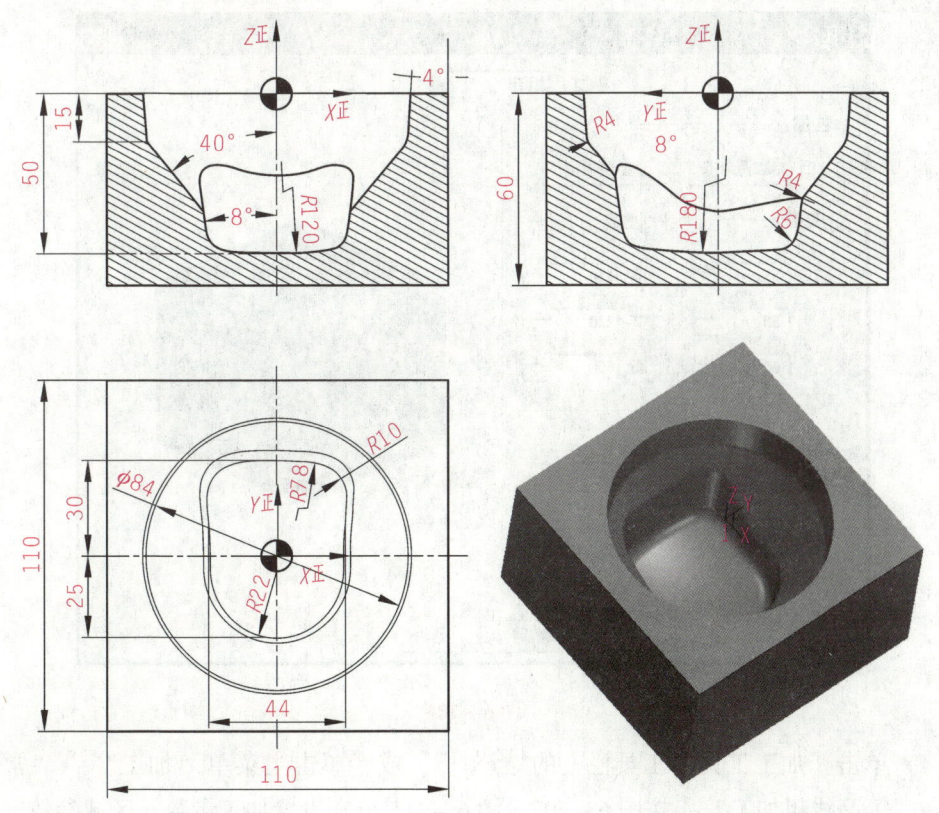

图 6-104

生成刀具轨迹的操作步骤：
（1）按照图形尺寸绘制灯罩凹模实体模型（略）。

(2) 利用"相关线"中的"实体边界"生成"加工边界轮廓",如图 6-105 所示。

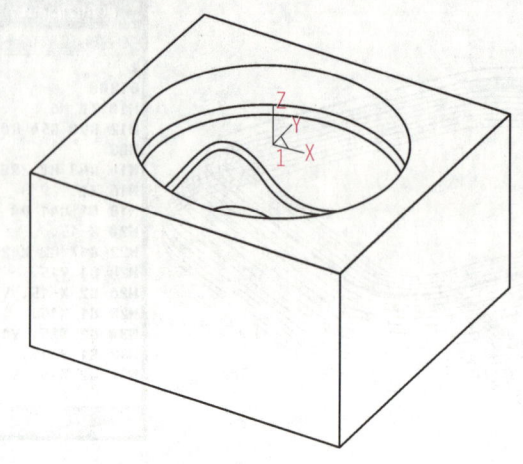

图 6-105

(3) 双击轨迹树上的"毛坯"标识项→填写弹出的"毛坯定义"对话框,如图 6-106 所示。

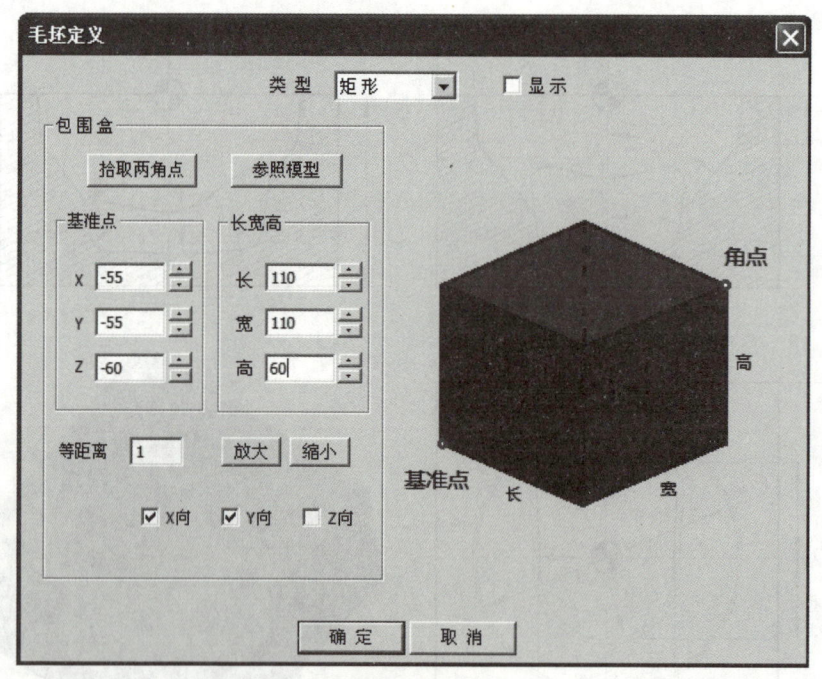

图 6-106

(4) 单击 [加工工具] 工具栏上的 图标,或者单击主菜单"加工"→"常用加工"→"等高线粗加工"→按图 6-107~图 6-115 分别设置加工参数、区域参数、连接参数、坐标系、干涉检查、计算毛坯、切削用量、刀具参数和几何中各参数。

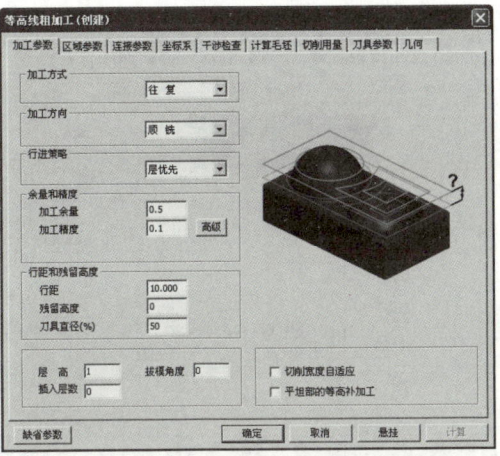

图 6-107

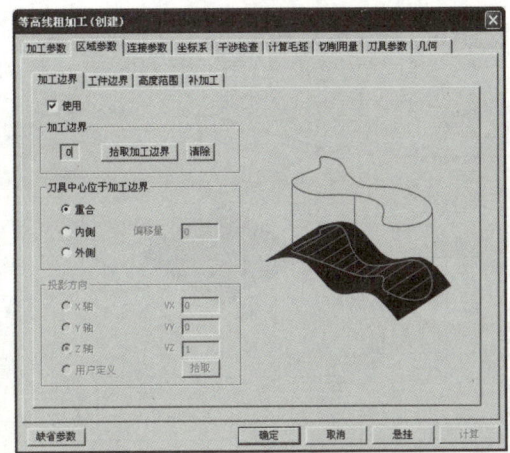

图 6-108

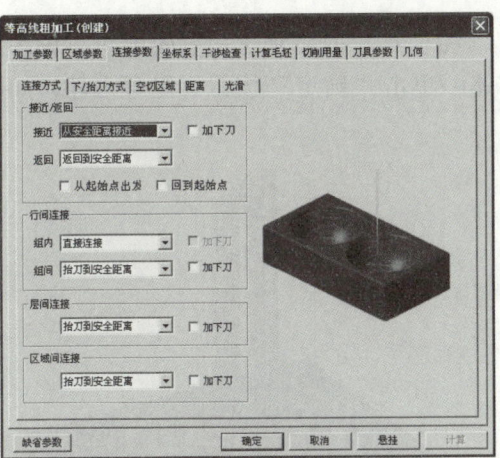

图 6-109

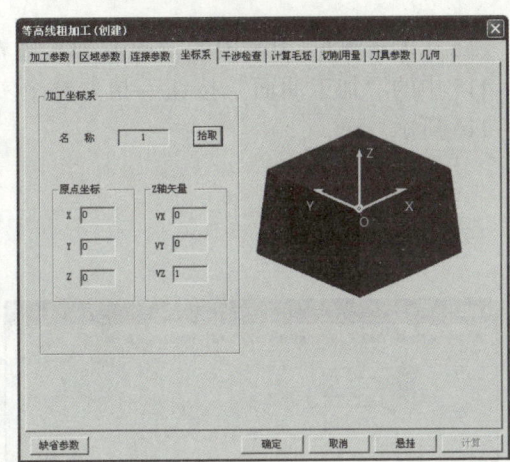

图 6-110

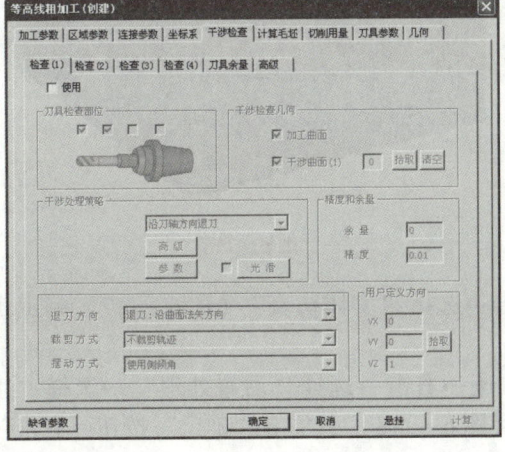

图 6-111

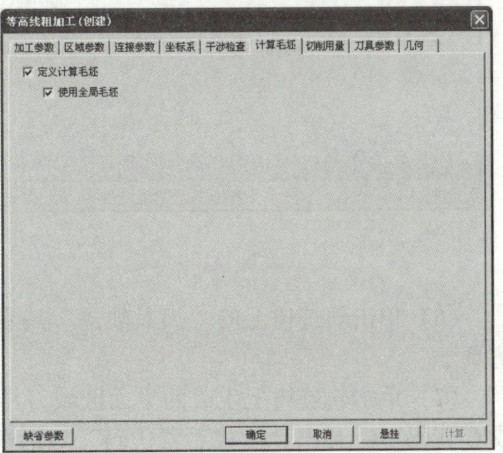

图 6-112

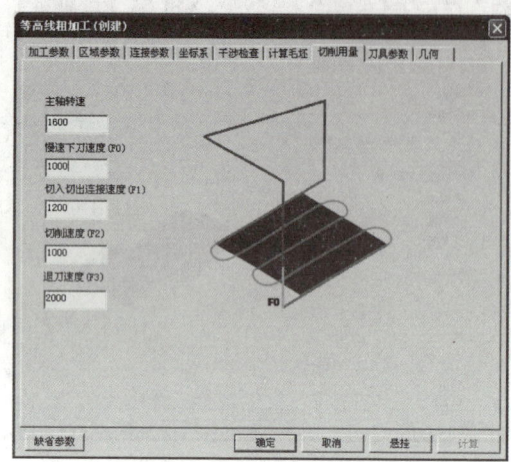

图 6-113

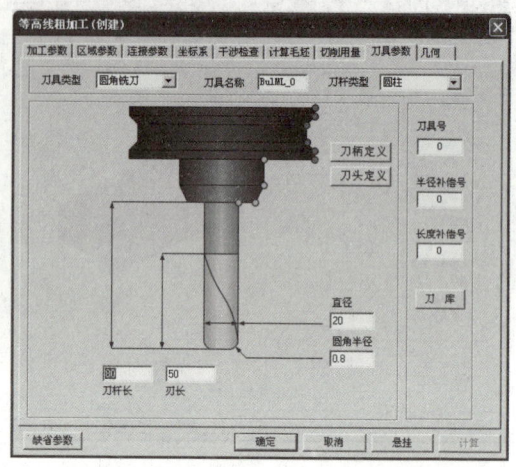

图 6-114

（5）单击图 6-108 中的"拾取加工边界"按钮→拾取"加工边界轮廓"→单击图 6-115 中的"加工曲面"按钮→拾取整个实体→单击"确定"按钮（隐藏毛坯，如图 6-116 所示）。

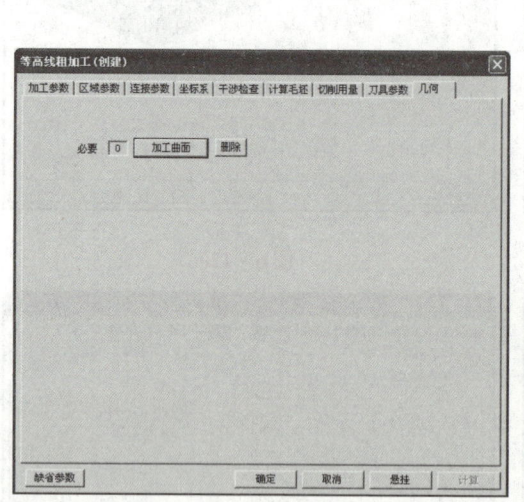

图 6-115

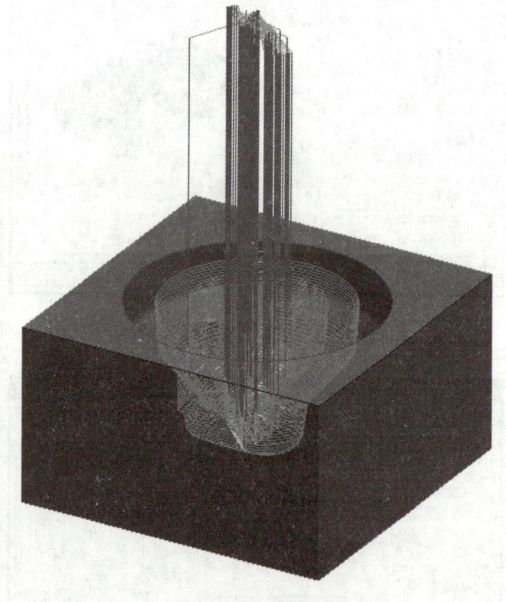

图 6-116

（6）单击轨迹树上的"刀具轨迹"→右击→选择"实体仿真"（图 6-117）→退出仿真。

（7）单击轨迹树上生成的平面区域刀具轨迹→右击→选择"后置处理"→选择"生成 G 代码"→弹出"生成后置代码"对话框（图 6-118）→单击"确定"按钮→右击→生成程序文件，如图 6-119 所示。

项目六 数控加工

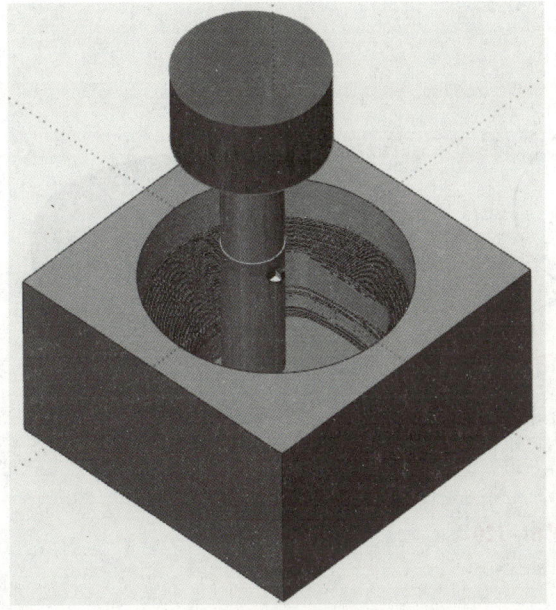

图 6-117

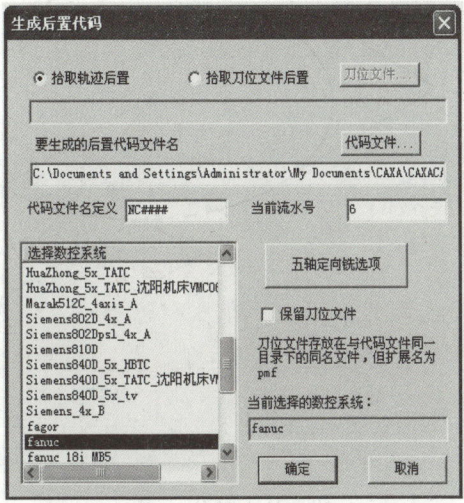

图 6-118

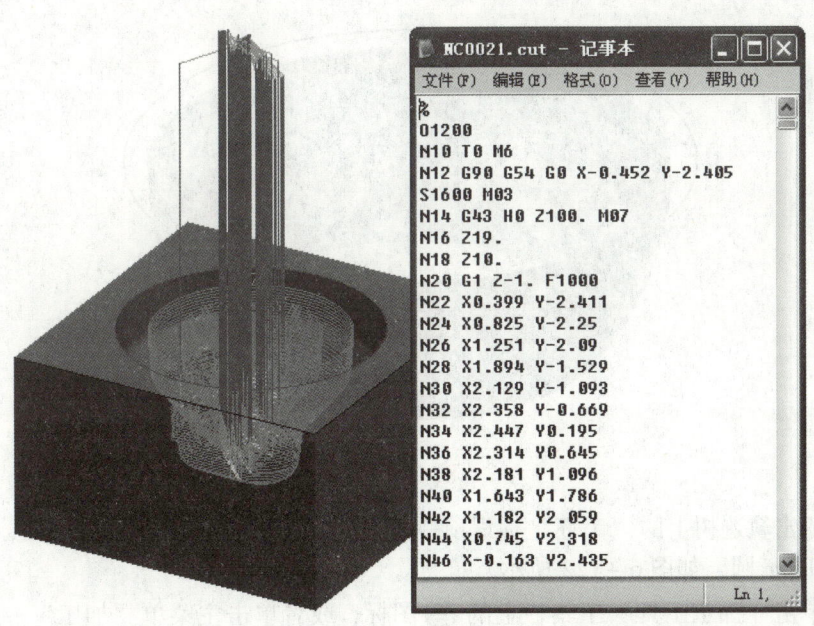

图 6-119

九、用等高精加工完成旋转曲面内部的精铣（图6-120）

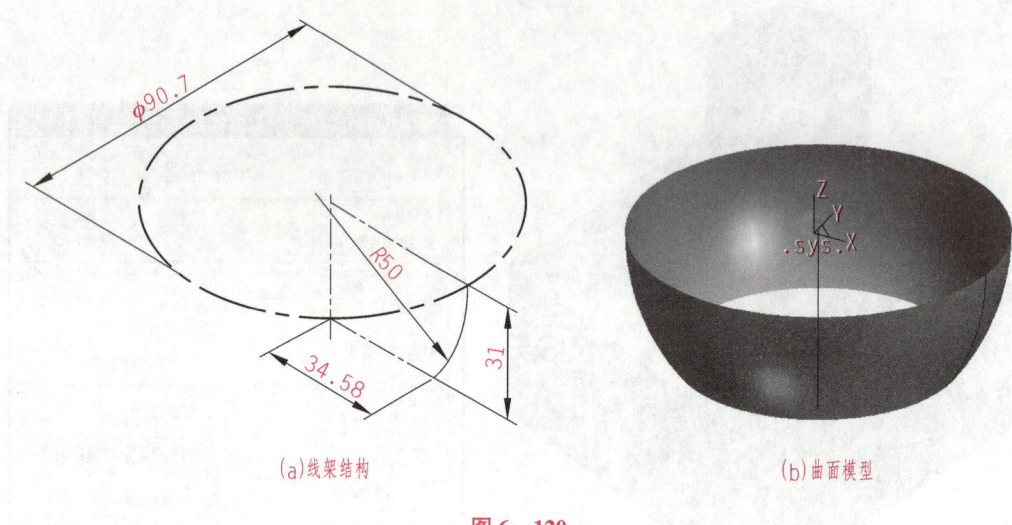

(a) 线架结构　　　　　　　　(b) 曲面模型

图6-120

生成刀具轨迹的操作步骤：

（1）打开项目四中已绘制的"旋转面"（略）。

（2）在"XOY"平面绘制中心坐标为（0，0）、$R50$ mm的圆，如图6-121所示。

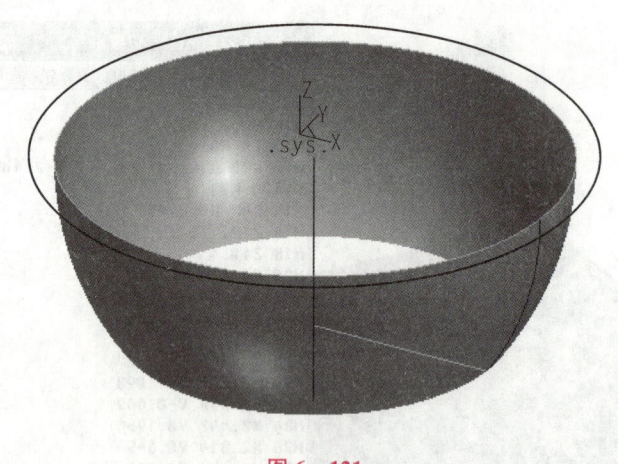

图6-121

（3）双击轨迹树上的"毛坯"标识项→填写弹出的"毛坯定义"对话框，并拾取平面轮廓 $R50$ mm 圆，如图6-122所示。

（4）单击［加工工具］工具栏上的 图标，或者单击主菜单"加工"→"常用加工"→"等高线精加工"→按图6-123～图6-130分别设置加工参数、区域参数、连接参数、坐标系、干涉检查、切削用量、刀具参数和几何中各参数。

· 192 ·

项目六 数控加工

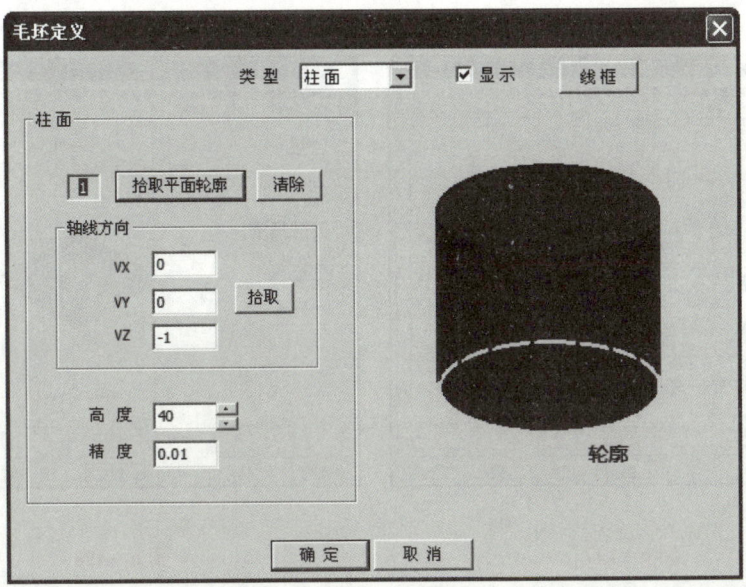

图 6-122

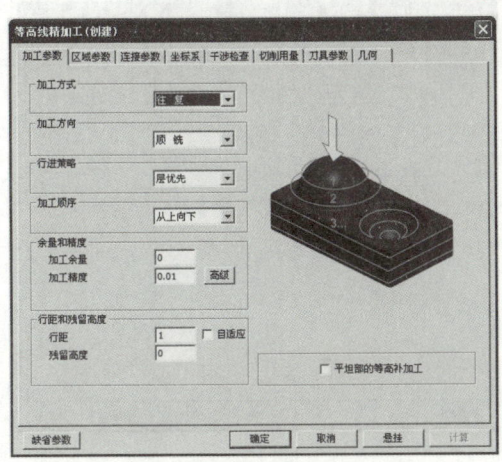

图 6-123

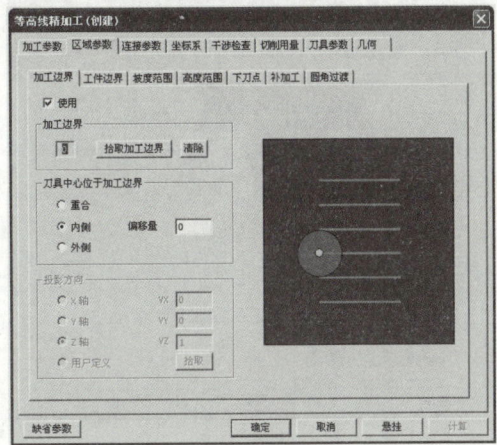

图 6-124

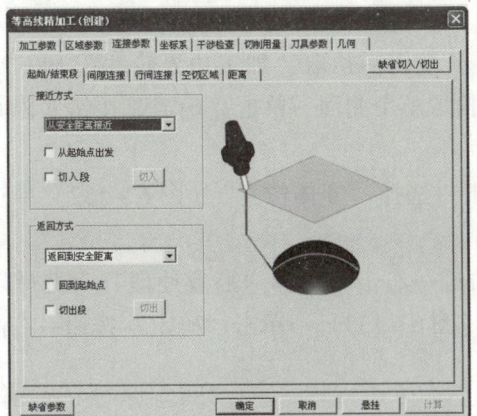

图 6-125

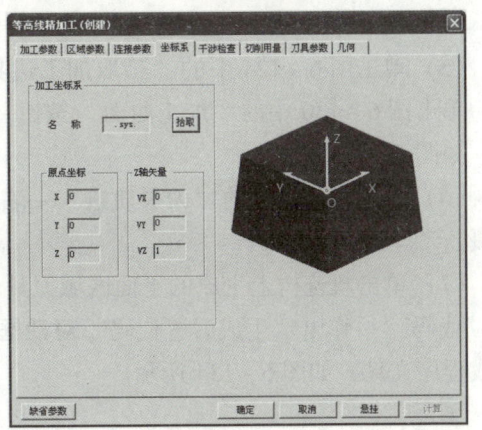

图 6-126

· 193 ·

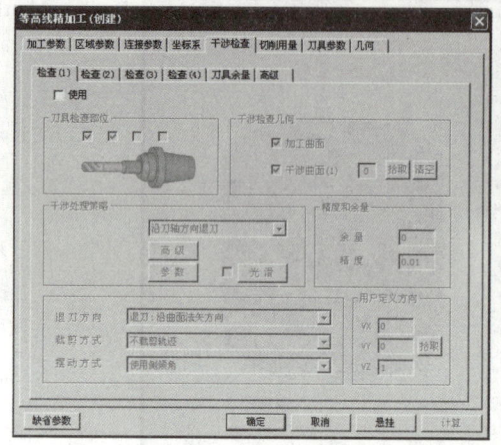

图 6-127

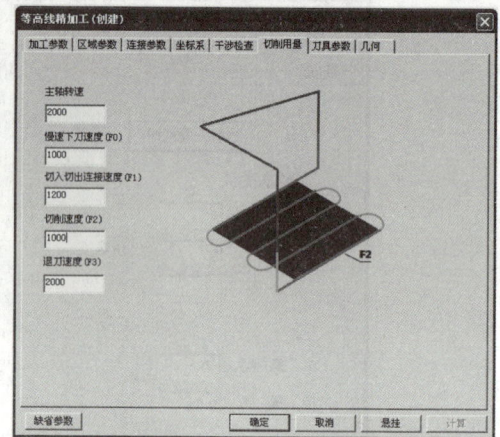

图 6-128

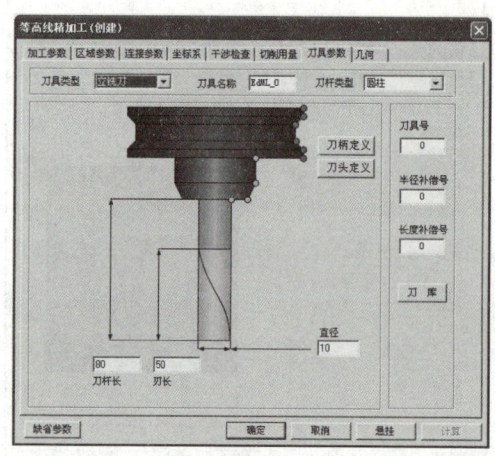

图 6-129

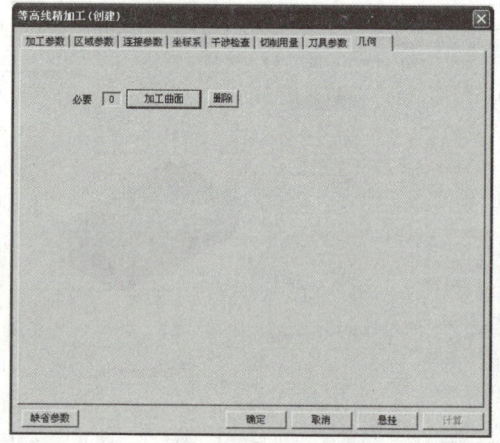

图 6-130

(5) 单击图 6-124 中的"拾取加工边界"按钮→拾取"加工边界轮廓"ϕ90.7 mm 圆→单击图 6-130 中的"加工曲面"按钮→拾取整个曲面→单击"确定"按钮（隐藏毛坯，如图 6-131 所示）。

(6) 单击轨迹树上的"刀具轨迹"→右击→选择"实体仿真"（图 6-132）→退出仿真。

(7) 单击轨迹树上生成的平面区域刀具轨迹→右击→选择"后置处理"→选择"生成 G 代码"→弹出"生成后置代码"对话框（图 6-133）→单击"确定"按钮→右击→生成程序文件，如图 6-134 所示。

项目六 数控加工

图 6-131

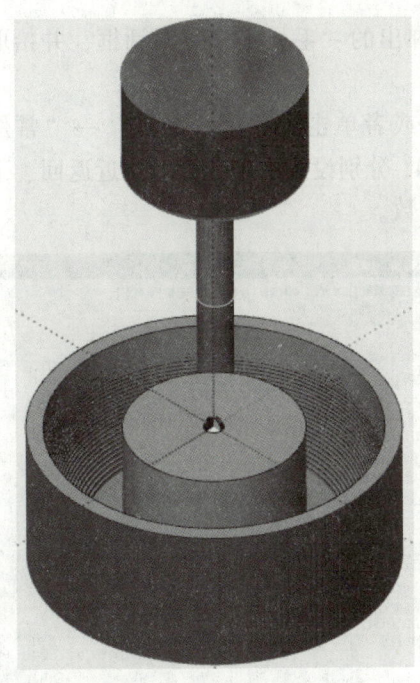

图 6-132

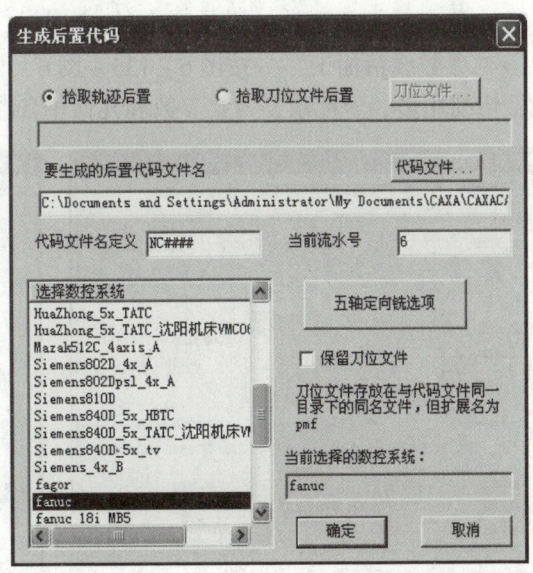

图 6-133

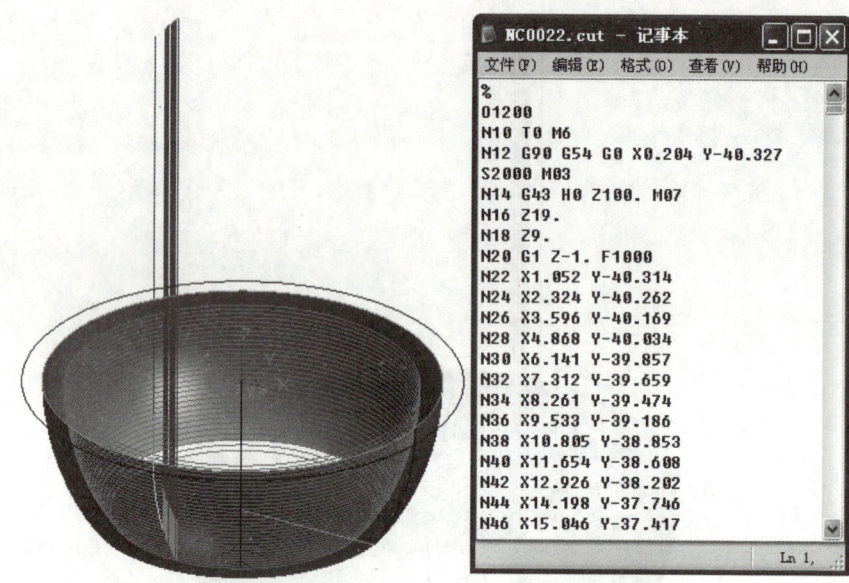

图 6–134

十、用参数线精加工完成图 6–120 的旋转曲面内部的精铣

生成刀具轨迹的操作步骤：

（1）打开项目四中已绘制的"旋转面"（略）。

（2）双击轨迹树上的"毛坯"标识项→填写弹出的"毛坯定义"对话框，并拾取平面轮廓 $R50\ mm$ 圆，如图 6–122 所示。

（3）单击 ［加工工具］ 工具栏上的 图标，或者单击主菜单"加工"→"常用加工"→"参数线精加工"→按图 6–135 ~ 图 6–141 分别设置加工参数、接近返回、下刀方式、切削用量、坐标系、刀具参数和几何中各参数。

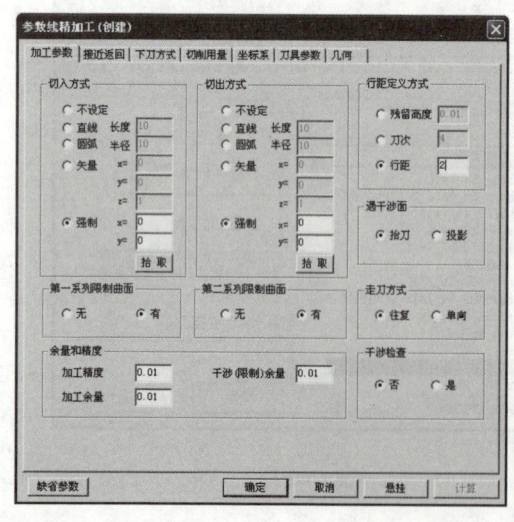

图 6–135

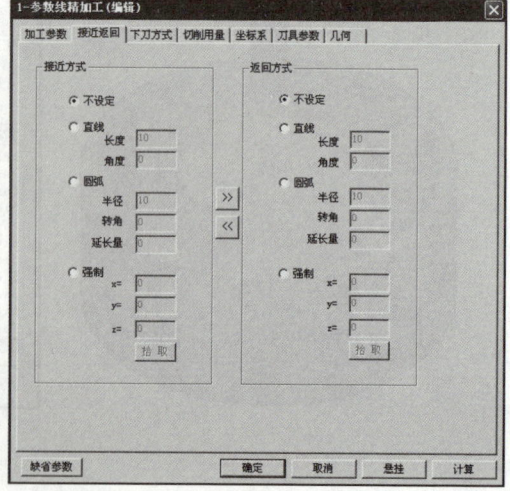

图 6–136

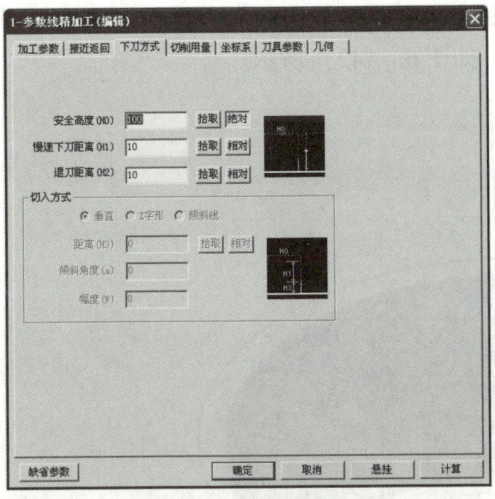

图 6-137

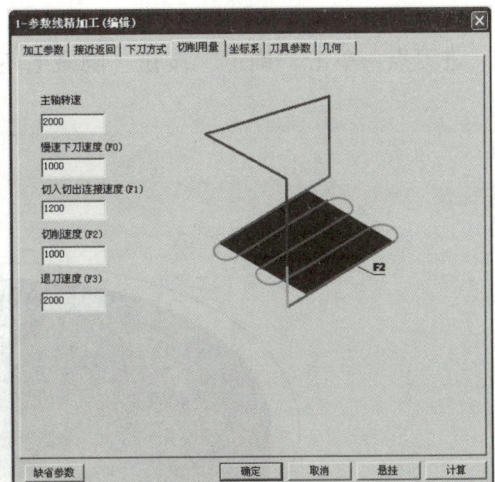

图 6-138

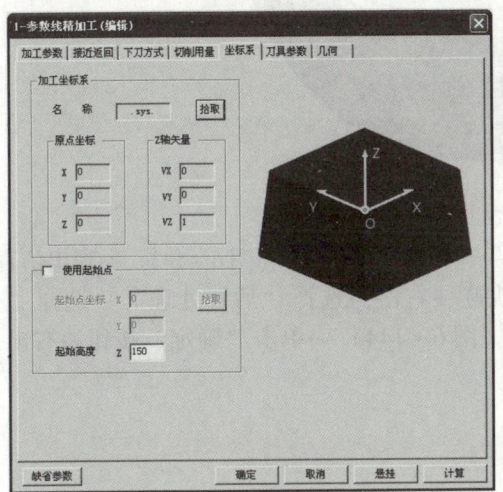

图 6-139

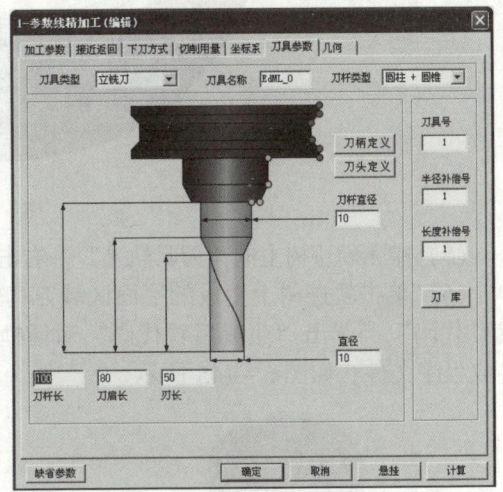

图 6-140

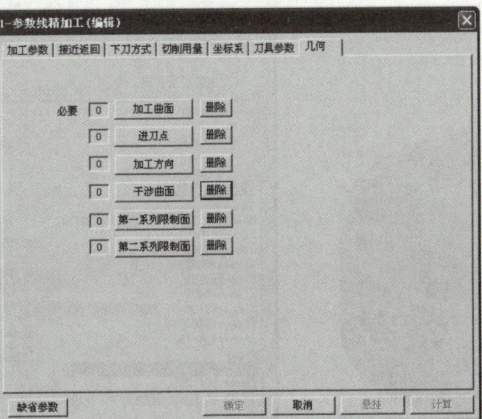

图 6-141

(4) 单击图 6-141 中的"加工曲面"按钮→拾取整个实曲面→选择正确的加工方向、进刀点→单击"确定"按钮(隐藏毛坯,如图 6-142)所示。

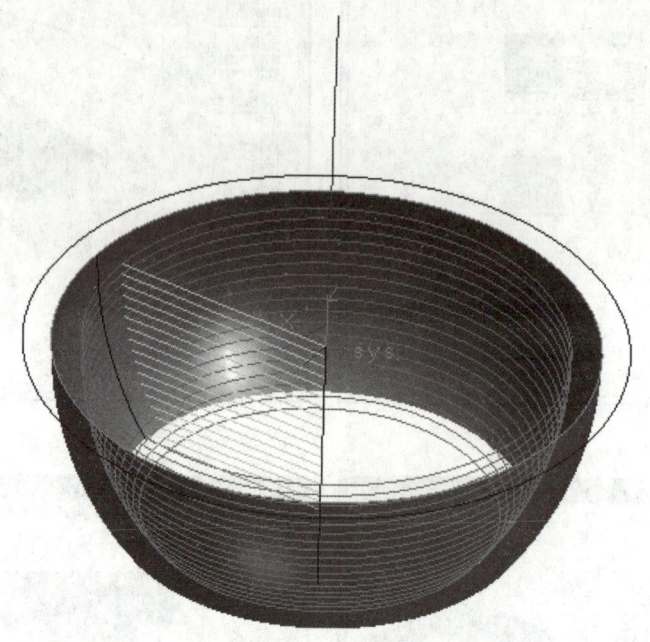

图 6-142

(5) 单击轨迹树上的"刀具轨迹"→右击→选择"实体仿真"(图 6-143)→退出仿真。

(6) 单击轨迹树上生成的平面区域刀具轨迹→右击→选择"后置处理"→选择"生成 G 代码"→弹出"生成后置代码"对话框(图 6-144)→单击"确定"按钮→右击→生成程序文件,如图 6-145 所示。

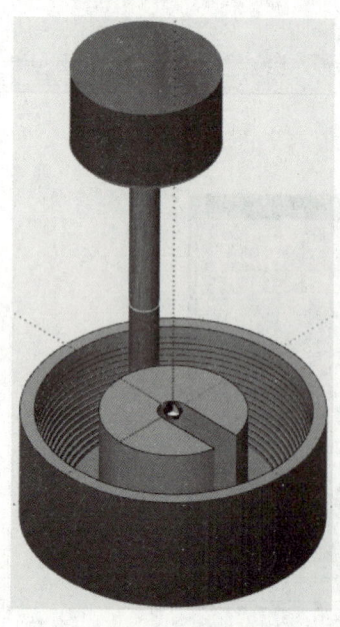

图 6-143

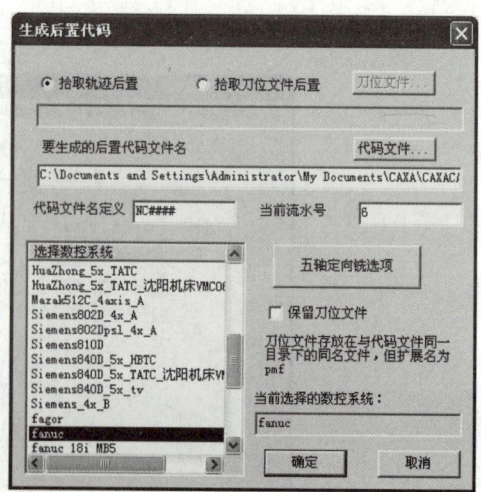

图 6-144

图 6-145

十一、用四轴平切面加工编写 φ30 mm 圆柱面加工程序（图 6-146）

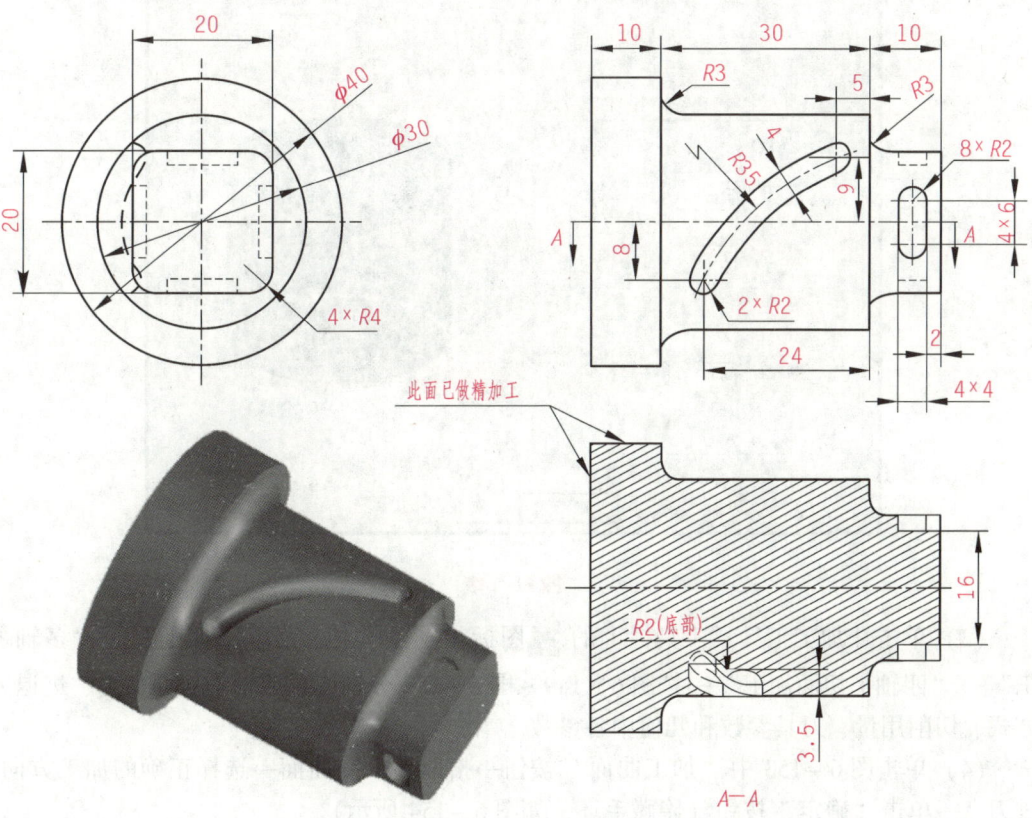

图 6-146

生成刀具轨迹的操作步骤：

(1) 绘制 φ30 mm 圆柱面和 φ35 mm 的圆，图 6-147 所示。

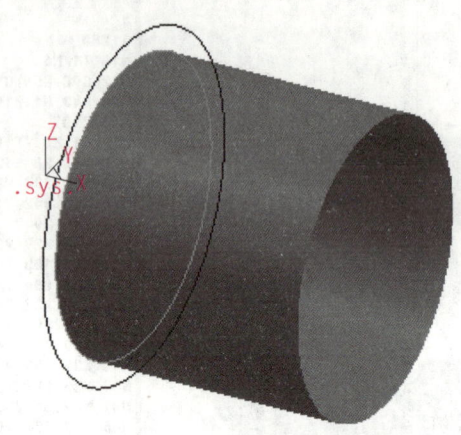

图 6-147

(2) 双击轨迹树上的"毛坯"标识项→填写弹出的"毛坯定义"对话框，并拾取平面轮廓 φ35 mm 的圆，如图 6-148 所示。

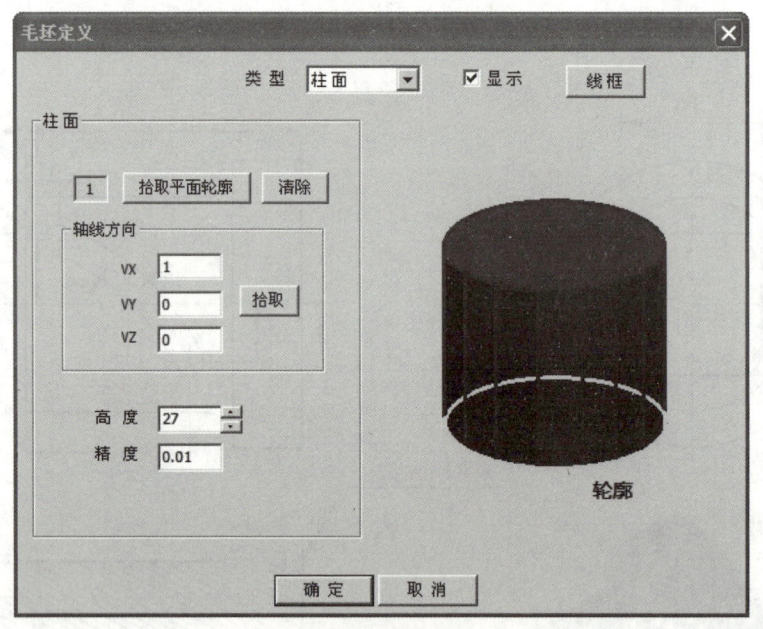

图 6-148

(3) 单击［加工工具］工具栏上的 图标，或者单击主菜单"加工"→"多轴加工"→"四轴平切面加工"→按图 6-149~图 6-153 分别设置四轴平切面加工、进退刀方式、切削用量、刀具参数和几何中各参数。

(4) 单击图 6-153 中"加工曲面"按钮→拾取整个实曲面→选择正确的加工方向、进刀点→单击"确定"按钮（隐藏毛坯，如图 6-154 所示）。

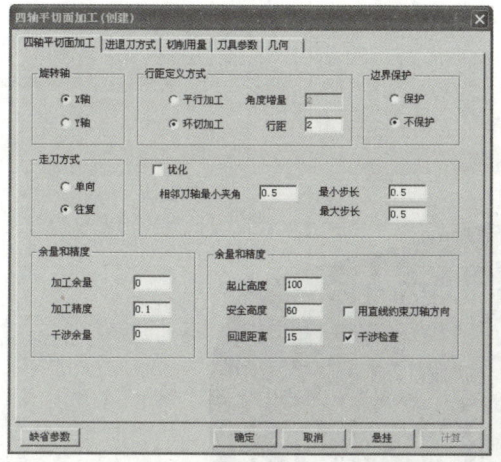

图 6–149

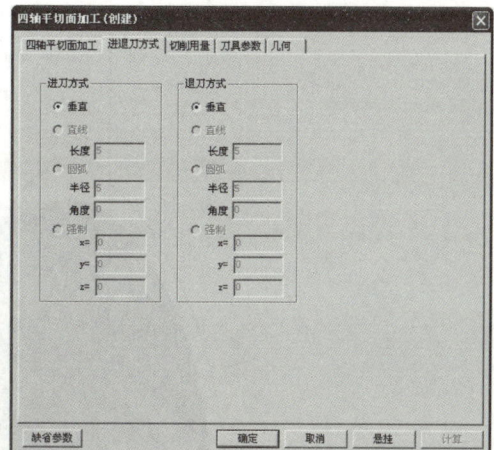

图 6–150

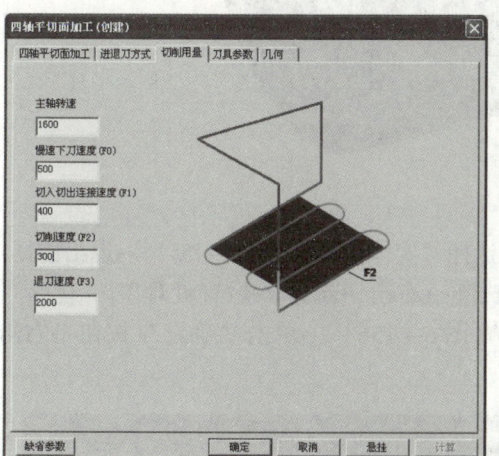

图 6–151

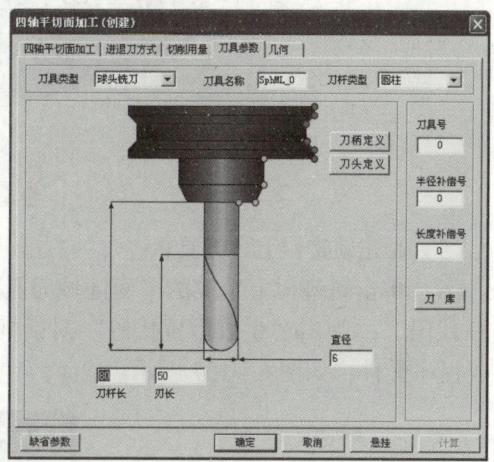

图 6–152

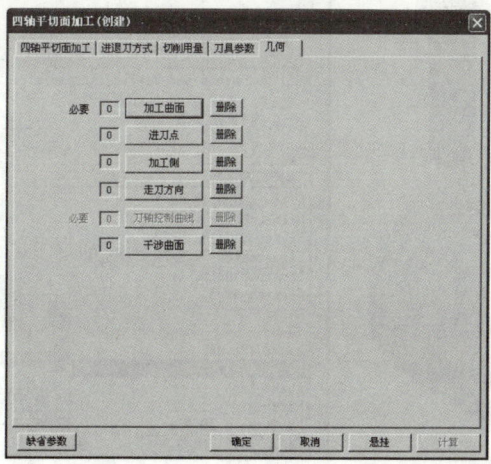

图 6–153

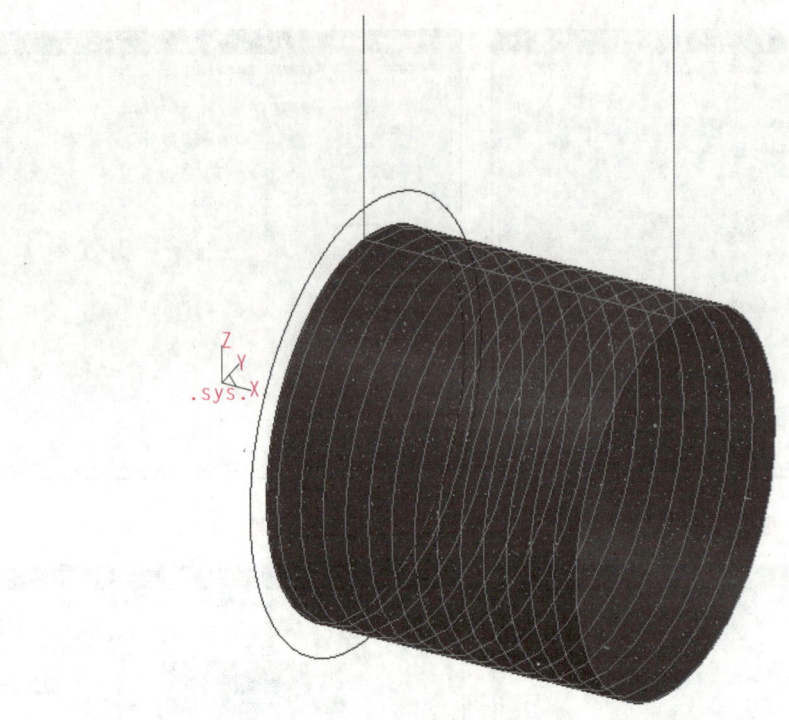

图 6-154

(5) 单击轨迹树上"刀具轨迹"→右击→选择"实体仿真"(图 6-155)→退出仿真。

(6) 单击轨迹树上生成的平面区域刀具轨迹→右击→选择"后置处理"→选择"生成 G 代码"→弹出"生成后置代码"对话框(图 6-156)→单击"确定"按钮→右击→生成程序文件,如图 6-157 所示。

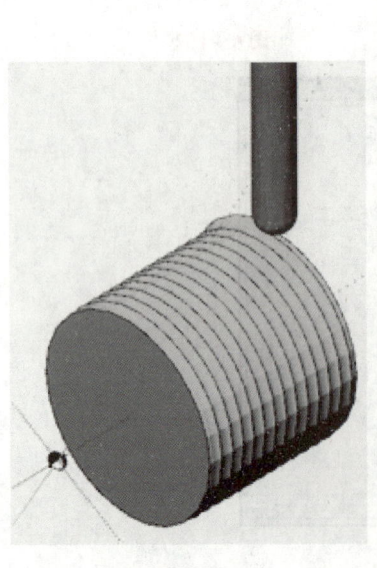

图 6-155

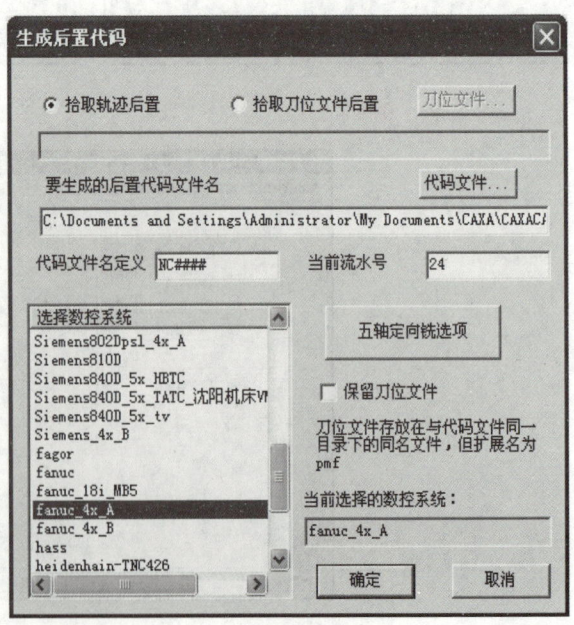

图 6-156

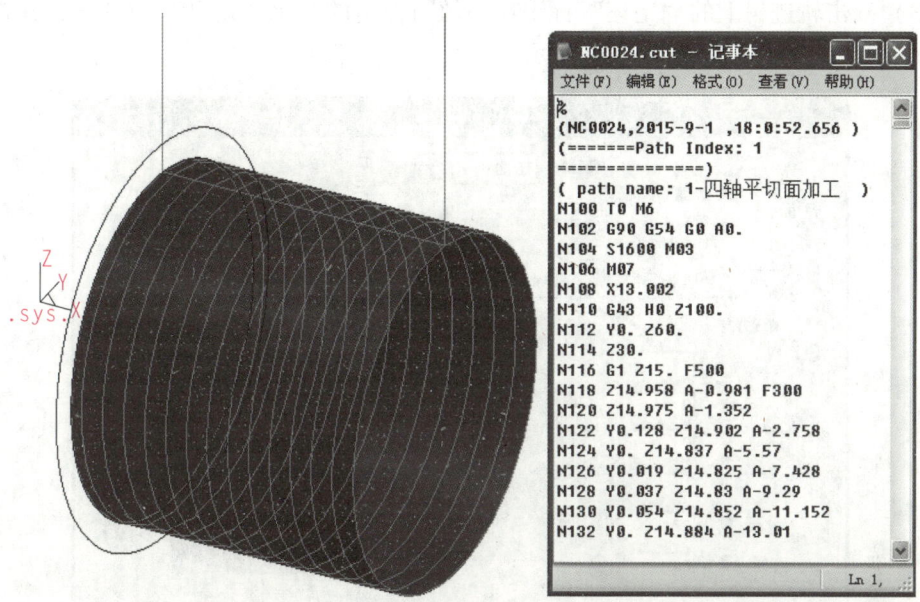

图 6-157

十二、用四轴柱面曲线加工完成图 6-146 弧形腰槽的编程

生成刀具轨迹的操作步骤:

(1) 绘制 φ30 mm 圆柱面和 φ35 mm 的圆,如图 6-147 所示。

(2) 绘制 R35 mm 弧形腰槽在 φ30 mm 圆柱面上的投影线,如图 6-158 所示。

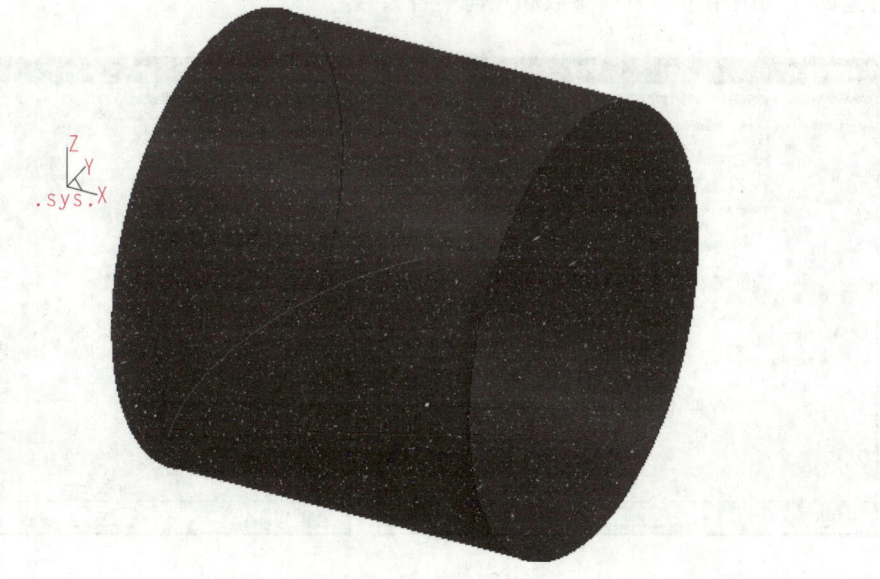

图 6-158

(3) 双击轨迹树上的"毛坯"标识项→填写弹出的"毛坯定义"对话框,并拾取平面轮廓 ϕ30 mm 的圆,如图 6-159 所示。

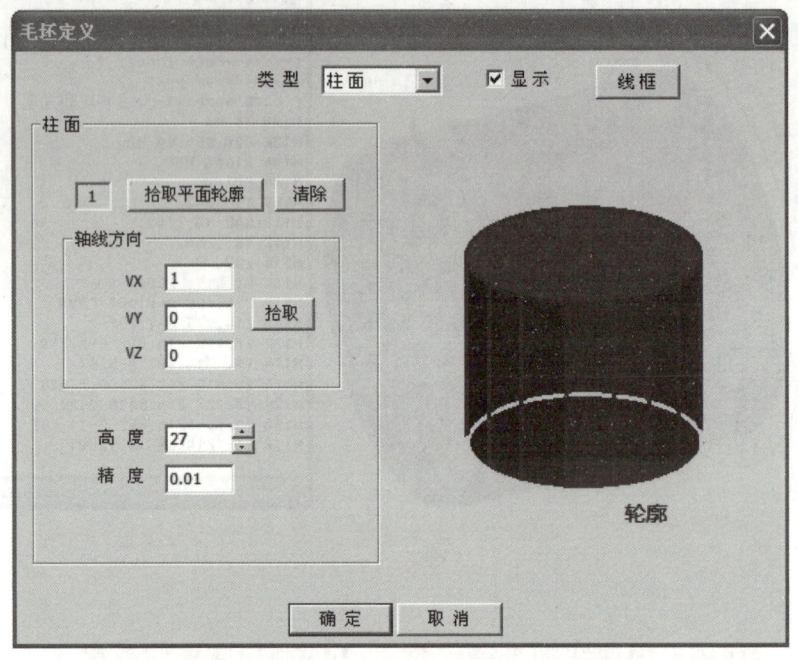

图 6-159

(4) 单击 [加工工具] 工具栏上的 图标,或者单击主菜单"加工"→"多轴加工"→"四轴柱面曲线加工"→按图 6-160~图 6-164 分别设置四轴柱面曲线加工、接近返回、切削用量、刀具参数和几何中各参数。

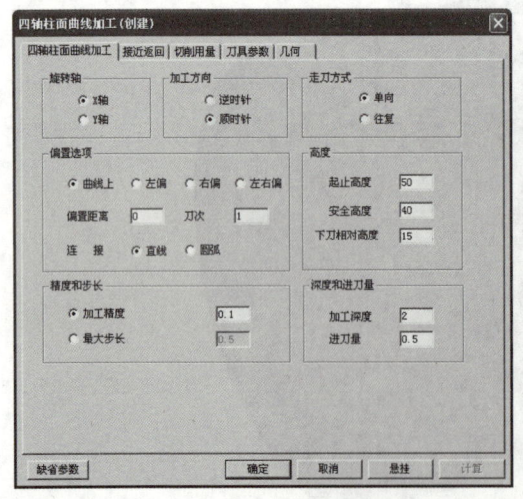

图 6-160

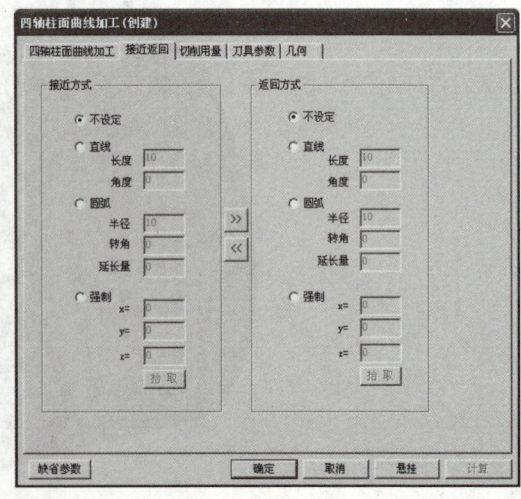

图 6-161

项目六 数控加工

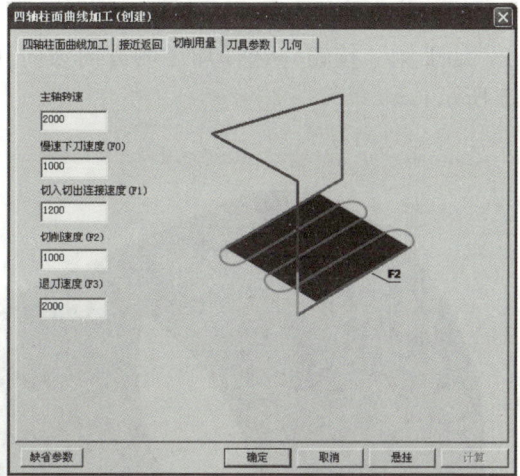

图 6-162

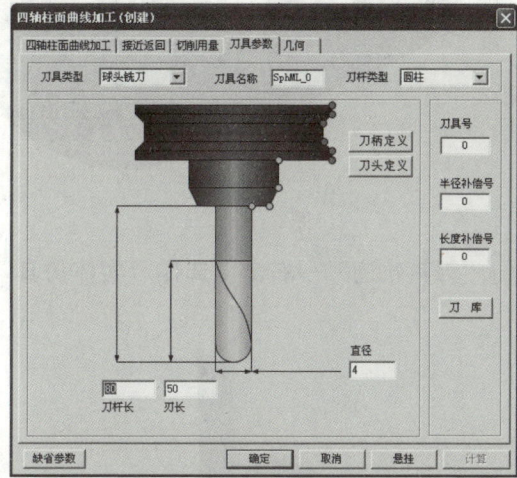

图 6-163

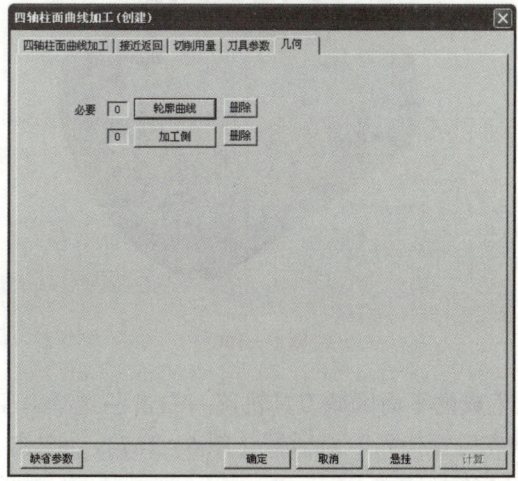

图 6-164

(5) 单击图 6-164 中的"轮廓曲线"按钮→拾取已绘制投影线→选择正确的加工方向→单击图 6-164 中的"加工侧"按钮→选择加工侧方向为向外→单击"确定"按钮(隐藏毛坯,如图 6-165 所示)。

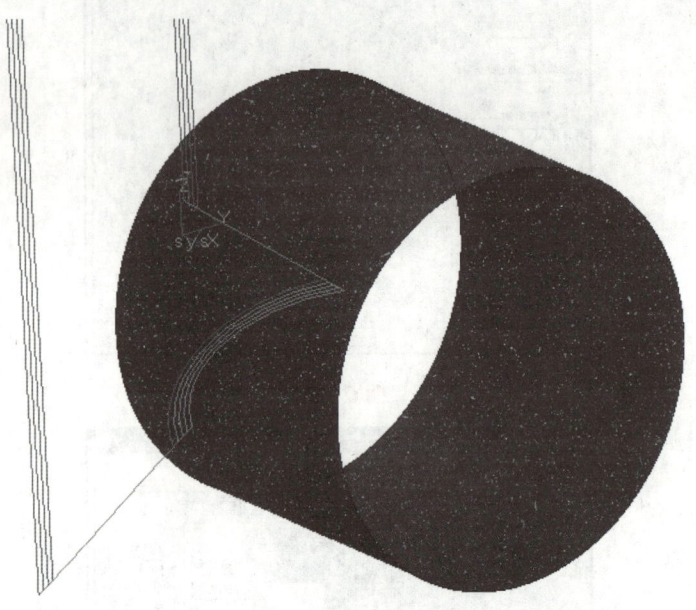

图 6-165

(6) 单击轨迹树上的"刀具轨迹"→右击→选择"实体仿真"(图 6-166)→退出仿真。

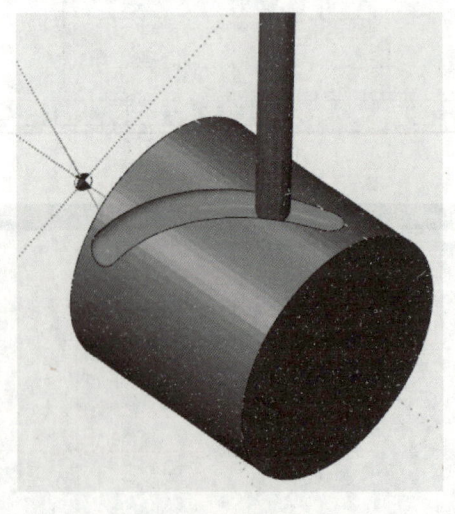

图 6-166

(7) 单击轨迹树上生成的平面区域刀具轨迹→右击→选择"后置处理"→选择"生成 G 代码"→弹出"生成后置代码"对话框(图 6-167)→单击"确定"按钮→右击→生成程序文件,如图 6-168 所示。

项目六 数控加工

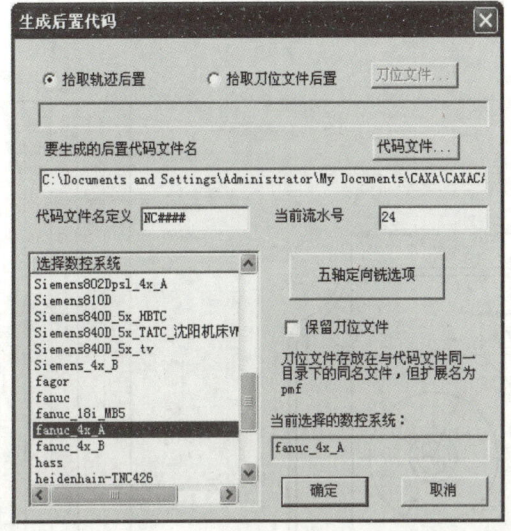

图 6-167

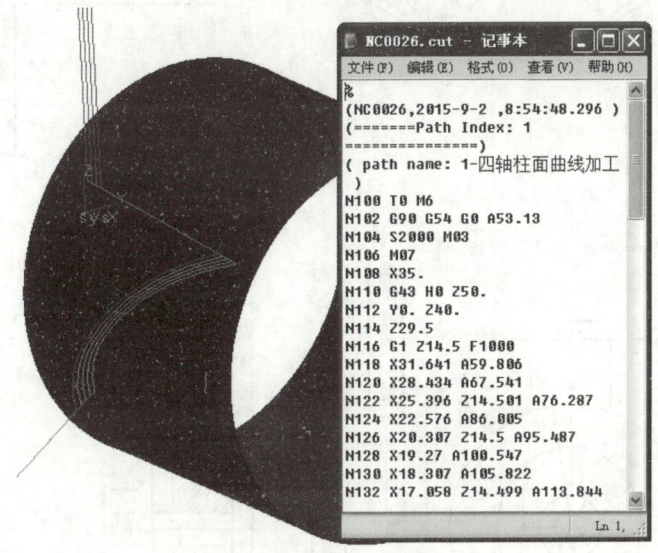

图 6-168

任务三 数控编程综合案例

一、零件图纸（图 6-169）

二、零件分析

（1）该零件材料选用毛坯为 100 mm×80 mm×30 mm 的 45 号钢，尺寸较小，四个侧面较光整，故可选通用台虎钳，用台虎钳钳口从侧面夹紧，两次装夹，如图 6-170 所示。

· 207 ·

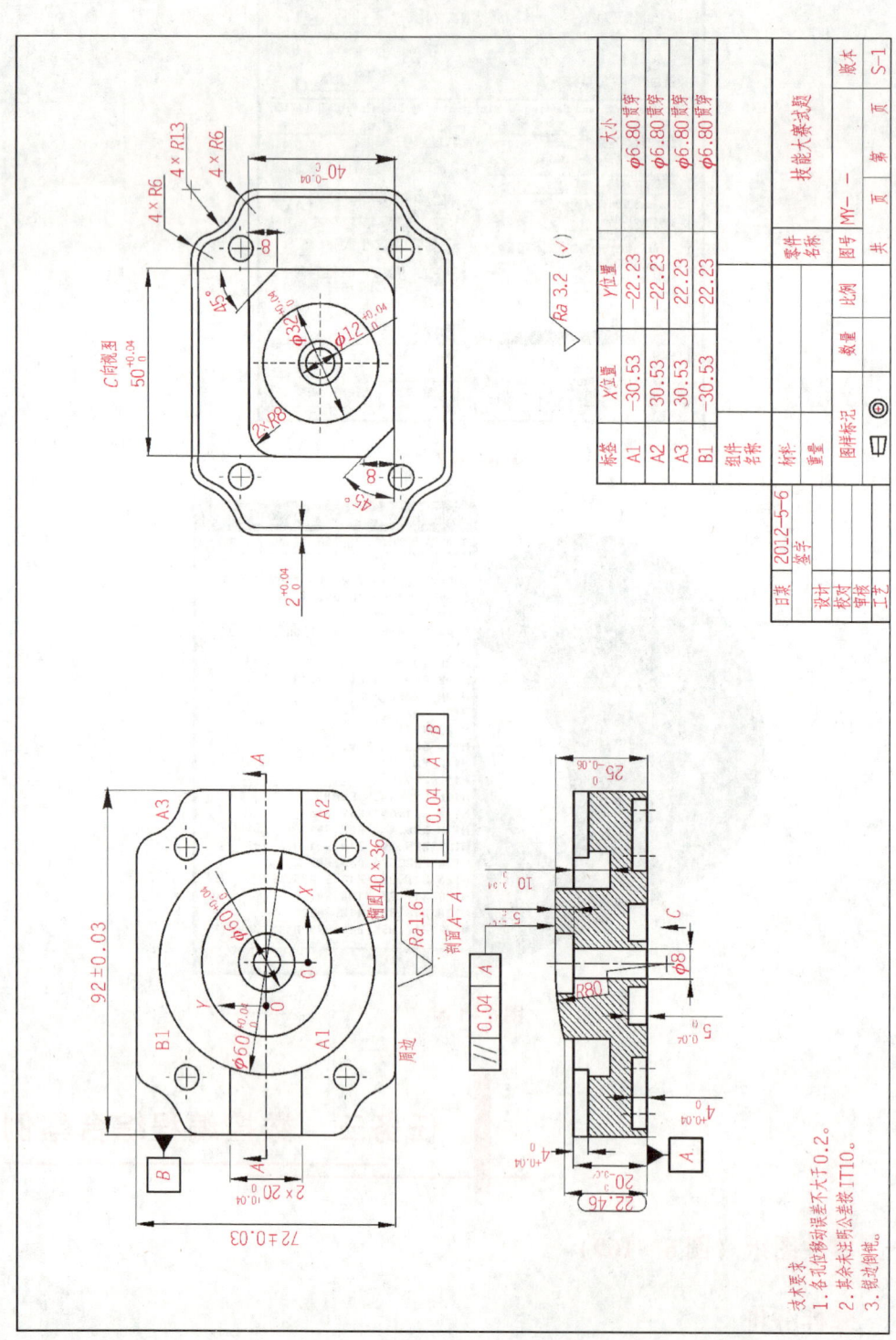

图 6-169

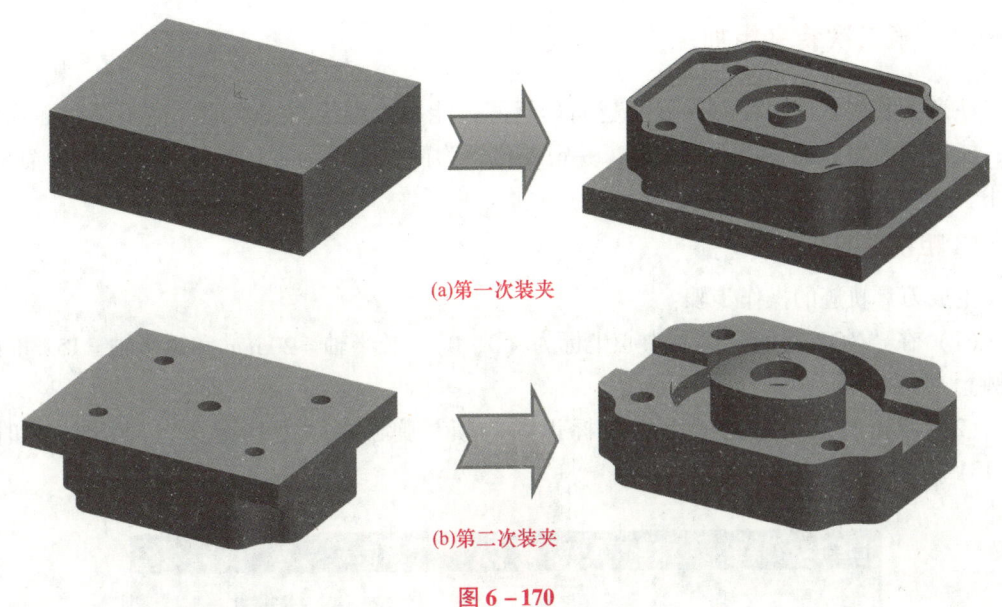

(a)第一次装夹

(b)第二次装夹

图 6–170

三、制定第二次装夹的加工工艺卡片（表6–1）

表 6–1　第二次装夹的加工工艺卡片

刀具		量具		工具	
φ63 mm R0.8 mm 面铣刀	1 支	游标卡尺	1 把	等高垫块	可调节高度
φ21 mm R0.8 mm 圆鼻铣刀	1 支				
φ8 mm 硬质合金立铣刀	2 支				

序号	工艺内容	切削用量			刀具
		S/(r/min)	F/(mm/min)	δ(mm)	
1	粗铣椭圆凸台（余量0.6 mm）	800	600	0.5	φ63 mm 面铣刀
2	铣平面保证总高25 mm	800	600	0.5	φ63 mm 面铣刀
3	粗铣"槽A"（余量0.6 mm）	1600	800	0.5	φ8 mm 硬质合金立铣刀
4	粗铣"槽B"（余量0.6 mm）	1600	800	0.5	φ8 mm 硬质合金立铣刀
5	粗铣 φ16 mm 沉孔（余量0.6 mm）	1600	800	0.5	φ8 mm 硬质合金立铣刀
6	去除粗铣"槽A"留下残料	1600	800	0.5	φ8 mm 硬质合金立铣刀
7	粗精铣 R80 mm 曲面	1200	1000	0.2	φ21 mm R0.8 mm 圆鼻铣刀
8	精铣"20 mm 宽槽"至要求	2000	1000	1	φ8 mm 硬质合金立铣刀
9	精铣"φ60 mm"尺寸至要求	2000	1000	1	φ8 mm 硬质合金立铣刀
10	精铣"φ16 mm"沉孔尺寸至要求	2000	1000	1	φ8 mm 硬质合金立铣刀
11	精铣"椭圆"尺寸至要求	2000	1000	1	φ8 mm 硬质合金立铣刀

四、第二次装夹粗加工程序编制

注意:利用软件编程时,程序越简单越好;能用二维绘图完成的,绝不用曲面或实体;能用曲面完成的,绝不用实体;一定要化繁为简,化整为零,最终将复杂变为简单、通用。

1. 粗铣椭圆凸台

生成刀具轨迹的操作步骤:

(1) 在"XOY 平面"绘制中心坐标为 (0,0)、长半轴=20 mm 和短半轴=15 mm 的椭圆。

(2) 双击轨迹树上的"毛坯"标识项→填写弹出的"毛坯定义"对话框,如图 6-171 所示。

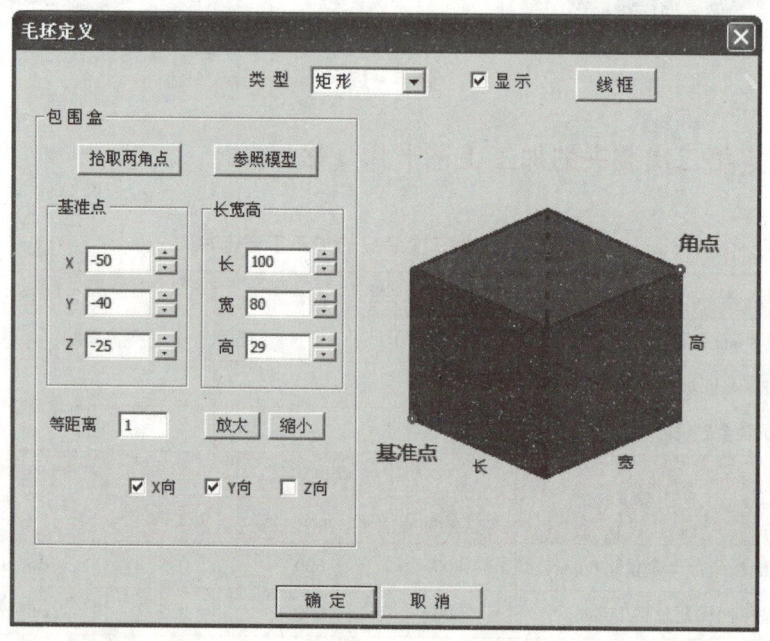

图 6-171

(3) 单击 [加工工具] 工具栏上的 图标,或者单击主菜单"加工"→"常用加工"→"平面轮廓精加工"→按图 6-172~图 6-178 分别设置加工参数、接近返回、下刀方式、切削用量、坐标系、刀具参数、几何中各参数。

(4) 单击图 6-178 中的"轮廓曲线"按钮→拾取轮廓曲线并选择链搜索方向为向上→右击→单击图 6-178 中的"进刀点"按钮→输入坐标值 (85,0)→按"Enter"键→右击→单击图 6-178 中的"退刀点"按钮→输入坐标值 (85,0)→单击"确定"按钮(隐藏毛坯,如图 6-179 所示)。

项目六 数控加工

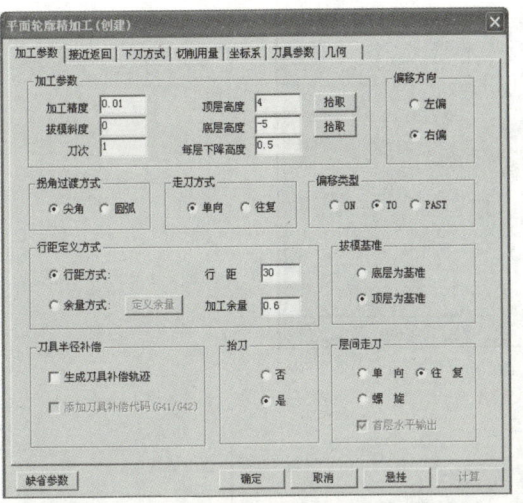

图 6-172

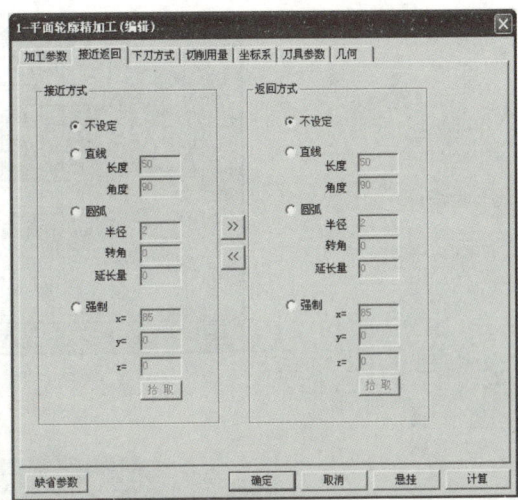

图 6-173

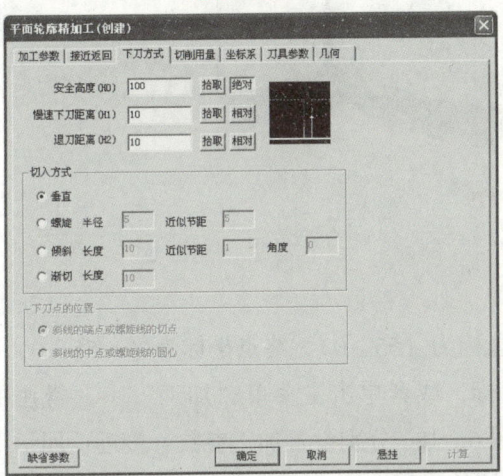

图 6-174

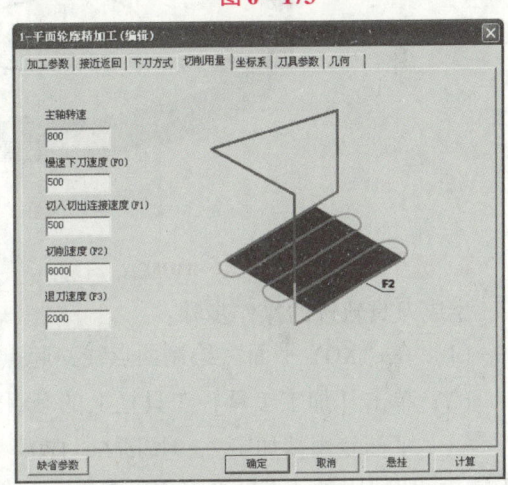

图 6-175

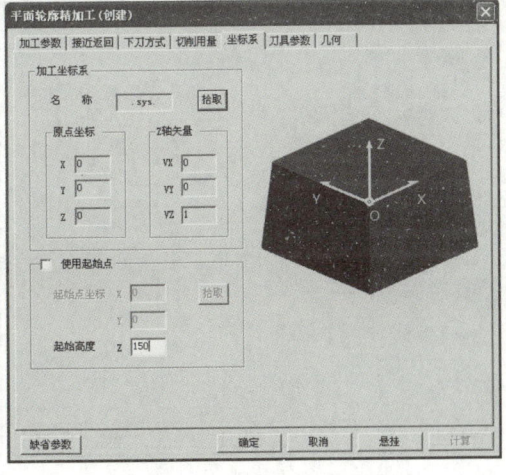

图 6-176

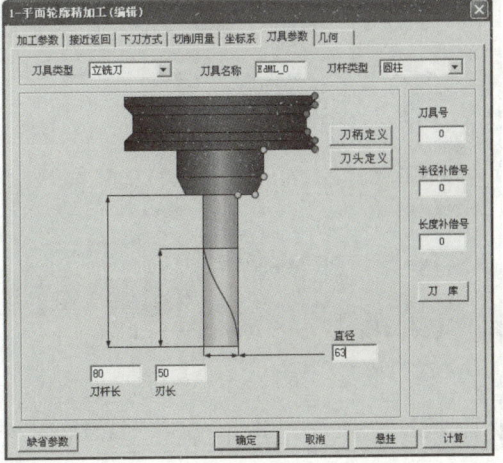

图 6-177

· 211 ·

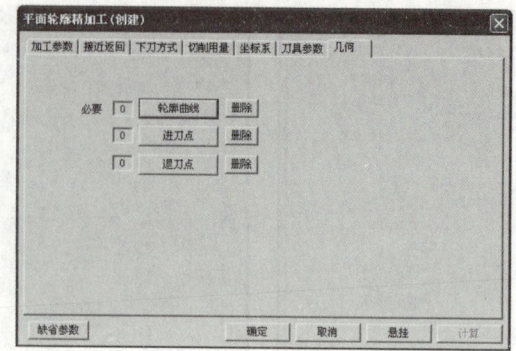

图 6-178

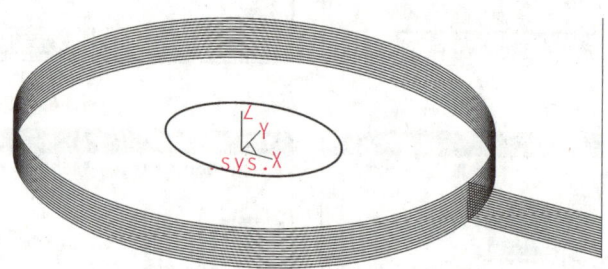

图 6-179

2. 铣平面保证总高 25 mm

生成刀具轨迹的操作步骤:

(1) 在"XOY 平面"绘制两点线,起点坐标为 (55, 0),终点坐标为 (-55, 0)。

(2) 单击 [加工工具] 工具栏上的 图标,或者单击主菜单"加工"→"常用加工"→"平面轮廓精加工"→按图 6-180~图 6-186 分别设置加工参数、接近返回、下刀方式、切削用量、坐标系、刀具参数、几何中各参数。

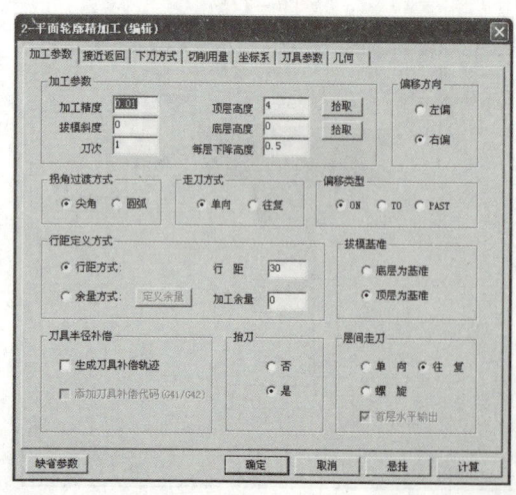

图 6-180

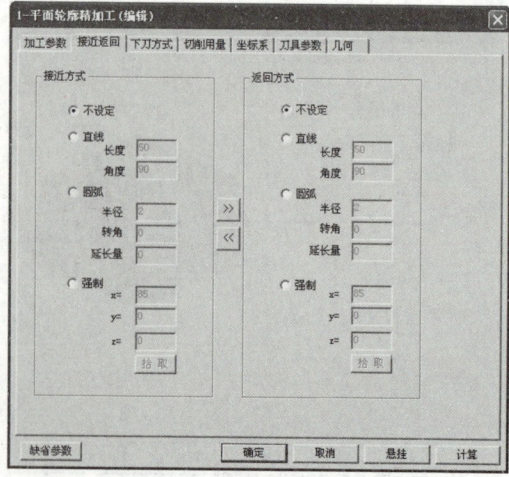

图 6-181

212

项目六 数控加工

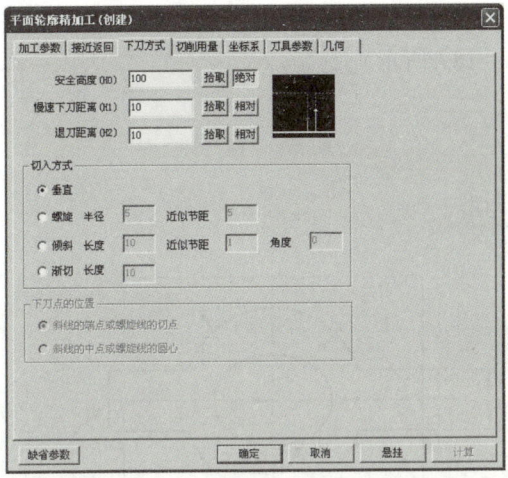

图6-182

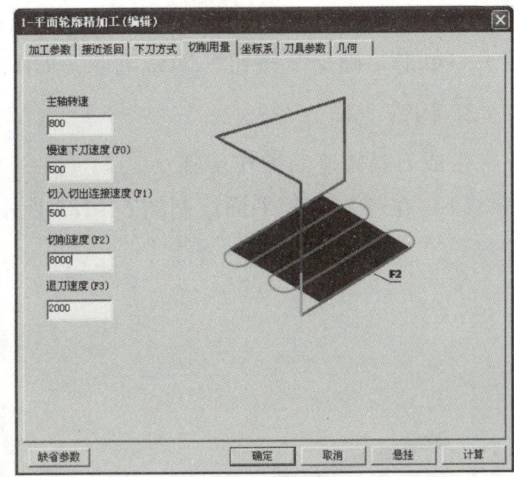

图6-183

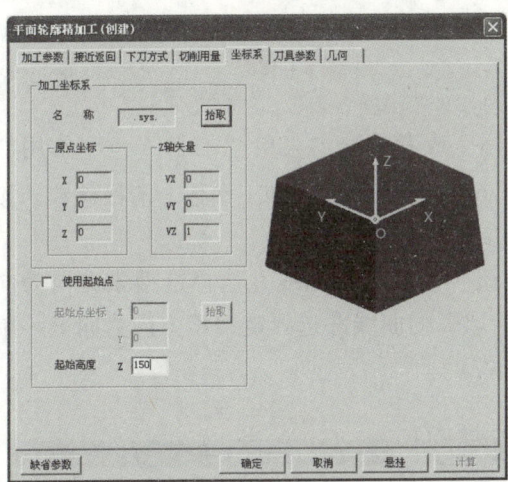

图6-184

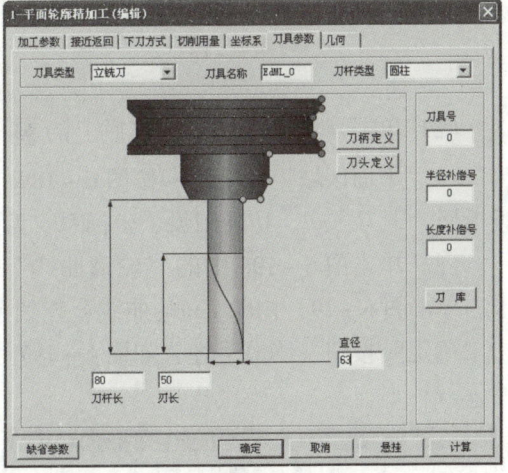

图6-185

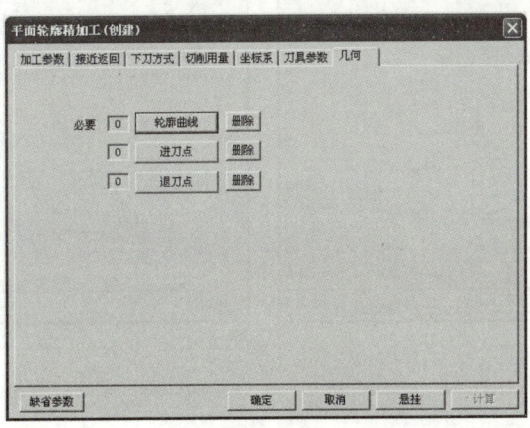

图6-186

·213·

(3) 单击图 6-186 中"轮廓曲线"按钮→拾取轮廓曲线并选择链搜索方向为向上→右击→单击"确定"按钮（隐藏毛坯，如图 6-187 所示）。

3. 粗铣"槽 A"

生成刀具轨迹的操作步骤：

(1) 在"XOY"平面绘制图 6-188 所示图形。

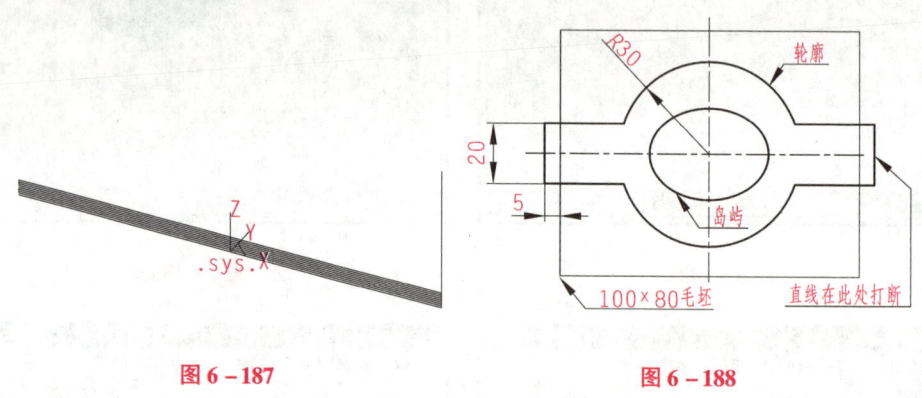

图 6-187　　　　　　　　图 6-188

(2) 单击[加工工具]工具栏上的 图标，或者单击主菜单"加工"→"常用加工"→"平面区域粗加工"→按图 6-189～图 6-196 分别设置加工参数、清根参数、接近返回、下刀方式、切削用量、坐标系、刀具参数、几何中各参数。

(3) 单击图 6-196 中的"轮廓曲线"按钮→拾取轮廓曲线并选择链搜索方向为向上→单击图 6-196 中的"岛屿曲线"按钮→拾取岛屿曲线并选择链搜索方向为向上→单击"确定"按钮（隐藏毛坯，如图 6-197 所示）。

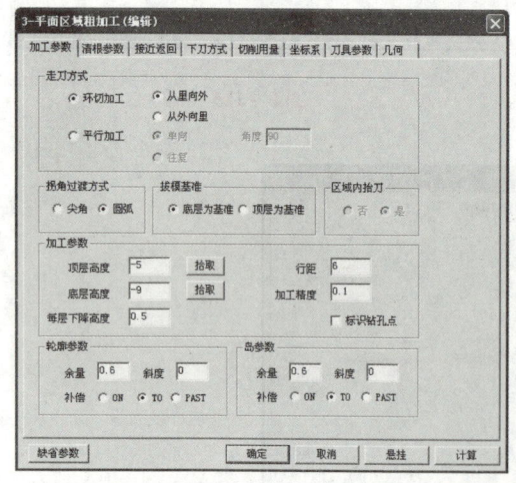

图 6-189

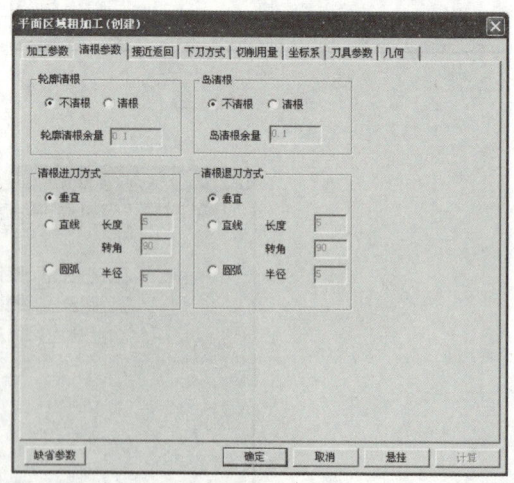

图 6-190

项目六 数控加工

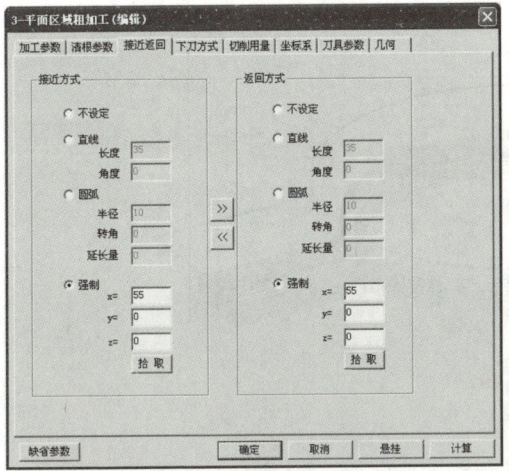

图 6-191

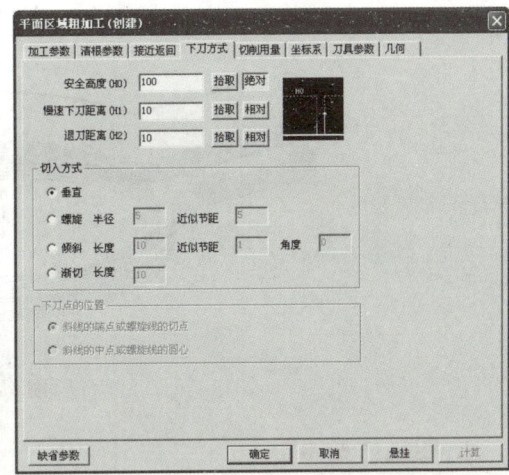

图 6-192

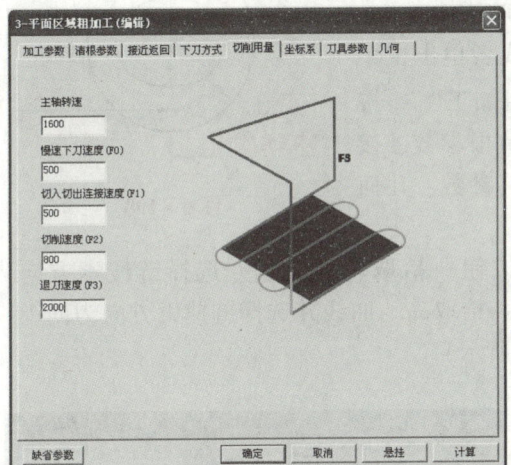

图 6-193

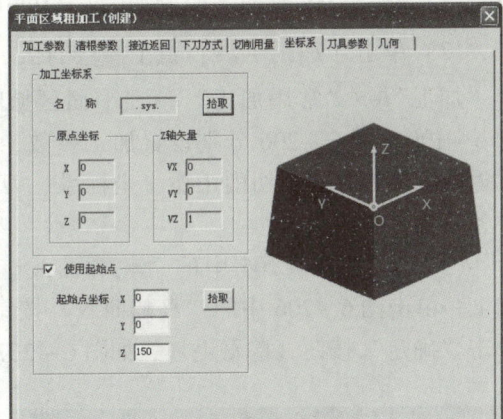

图 6-194

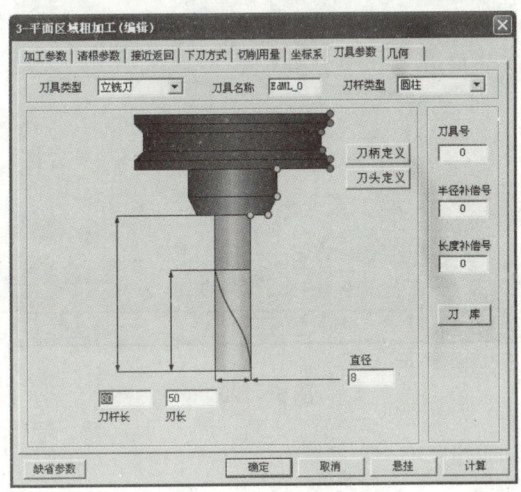

图 6-195

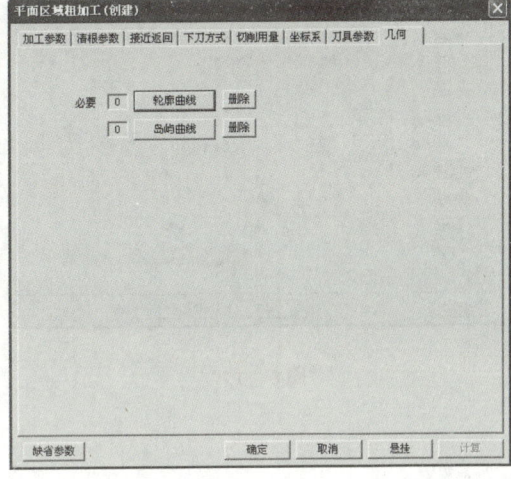

图 6-196

· 215 ·

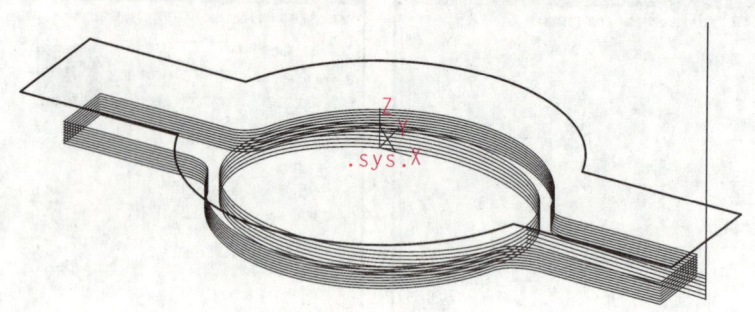

图 6-197

4. 粗铣"槽 B"

生成刀具轨迹的操作步骤：

（1）在"XOY 平面"绘制如图 6-198 所示图形；

（2）单击［加工工具］栏上 回 图标，或者单击主菜单"加工"→"常用加工"→"平面区域粗加工"→按图 6-199~图 6-206 分别设置加工参数、清根参数、接近返回、下刀方式、切削用量、坐标系、刀具参数、几何中各参数。

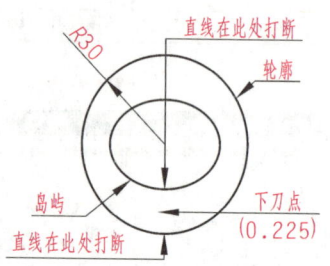

图 6-198

（3）单击图 6-206 中的"轮廓曲线"按钮→拾取轮廓曲线并选择链搜索方向为向上→单击图 6-206 中的"岛屿曲线"按钮→拾取岛屿曲线并选择链搜索方向为向上→单击"确定"按钮（隐藏毛坯，如图 6-207 所示）。

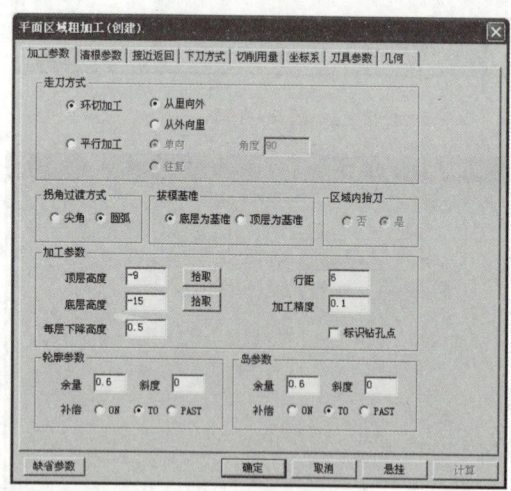

图 6-199

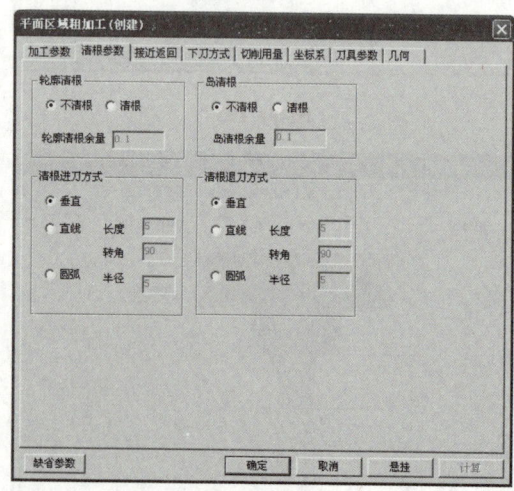

图 6-200

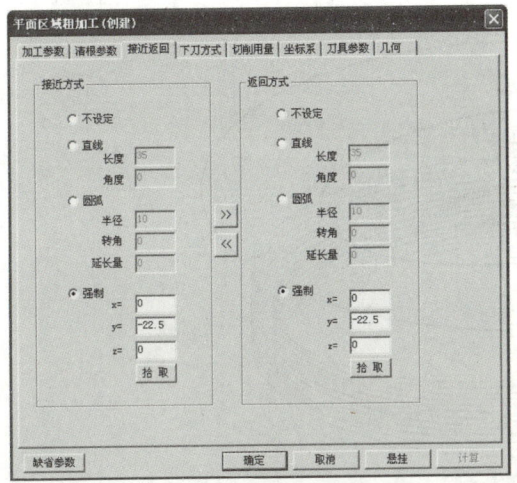

图 6-201

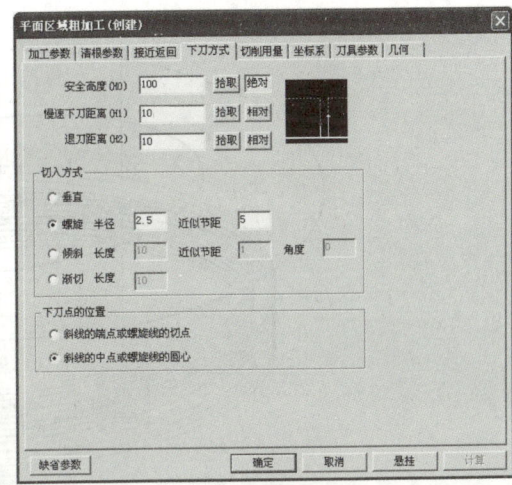

图 6-202

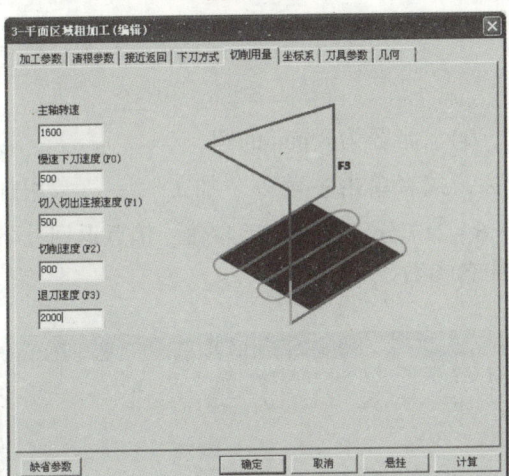

图 6-203

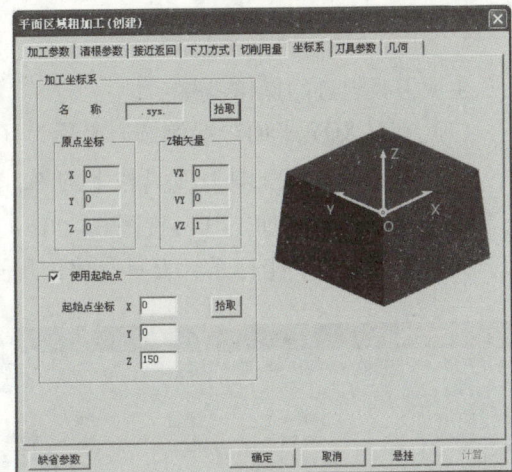

图 6-204

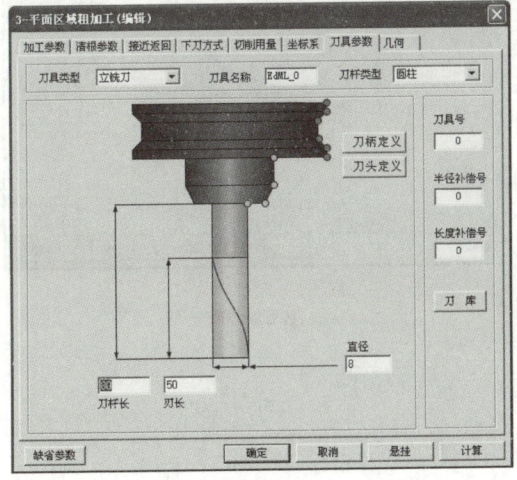

图 6-205

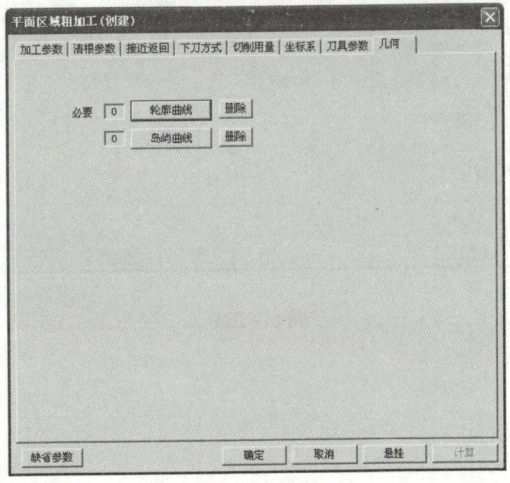

图 6-206

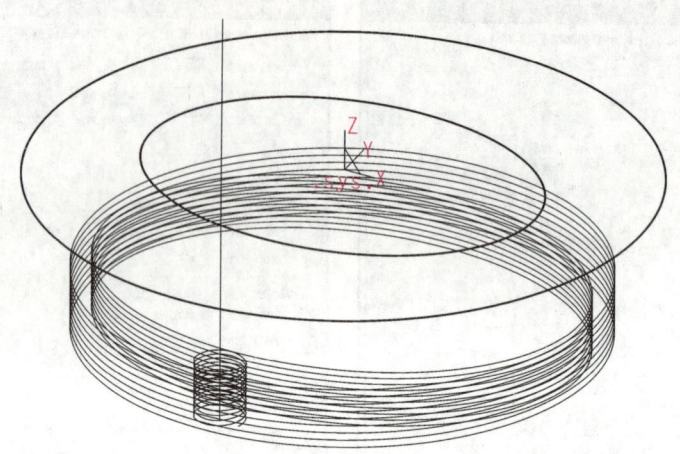

图 6－207

5. 粗铣 φ16 mm 沉孔

生成刀具轨迹的操作步骤：

（1）在"XOY 平面"绘制圆心坐标为（0，0）、半径为 8 mm 的圆。

（2）单击［加工工具］工具栏上的 图标，或者单击主菜单"加工"→"常用加工"→"平面轮廓精加工"→按图 6－208～图 6－214 分别设置加工参数、接近返回、下刀方式、切削用量、坐标系、刀具参数、几何中各参数。

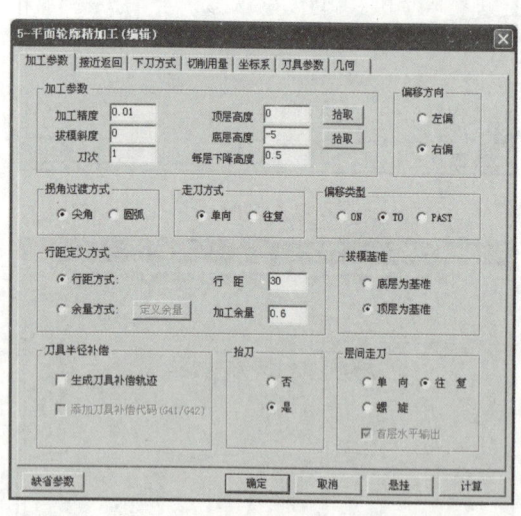

图 6－208

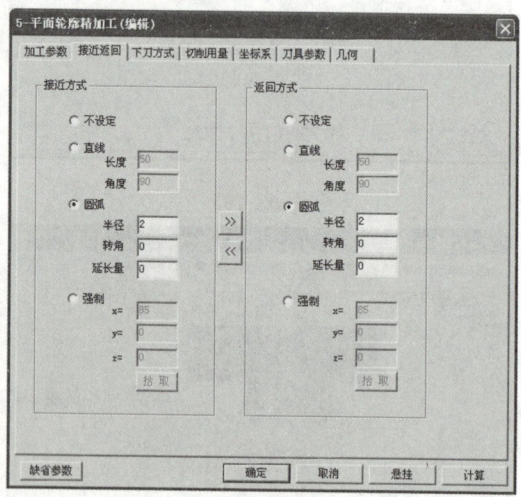

图 6－209

项目六 数控加工

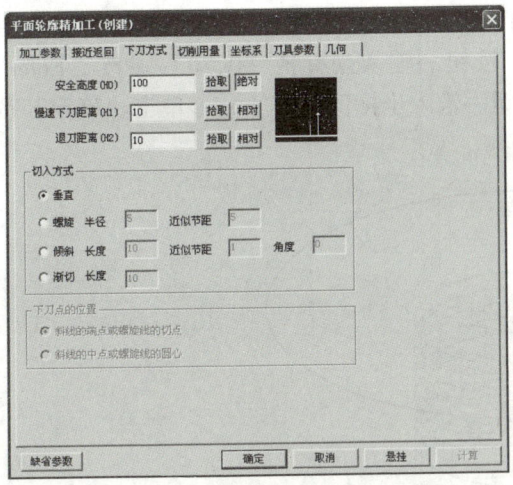

图 6-210

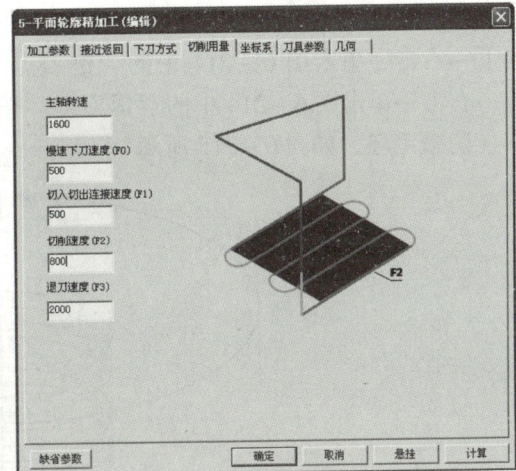

图 6-211

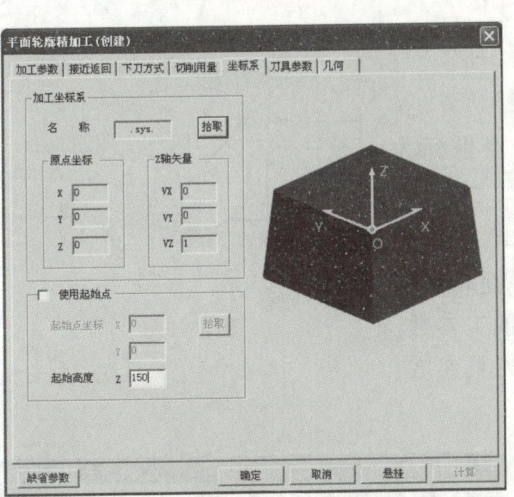

图 6-212

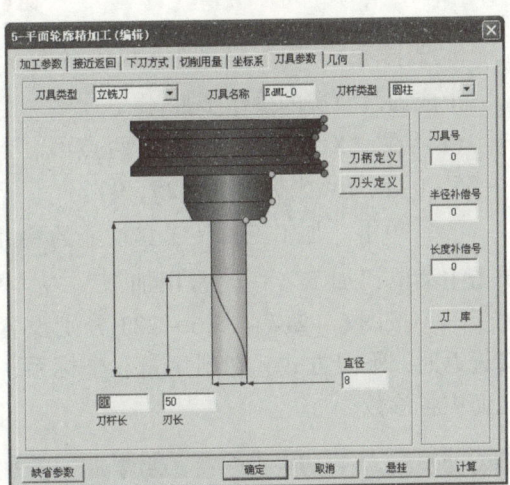

图 6-213

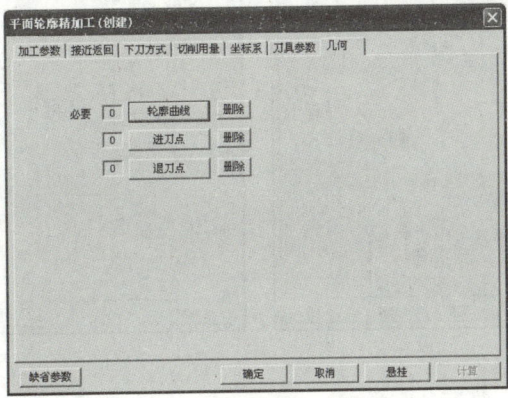

图 6-214

(3) 单击图 6-214 中的"轮廓曲线"按钮→拾取轮廓曲线并选择链搜索方向为向下→右击→单击图 6-214 中的"进刀点"按钮→输入坐标值（0，0）→按"Enter"键→右击→单击图 6-214 中的"退刀点"按钮→输入坐标值（0，0）→单击"确定"按钮（隐藏毛坯，如图 6-215 所示）。

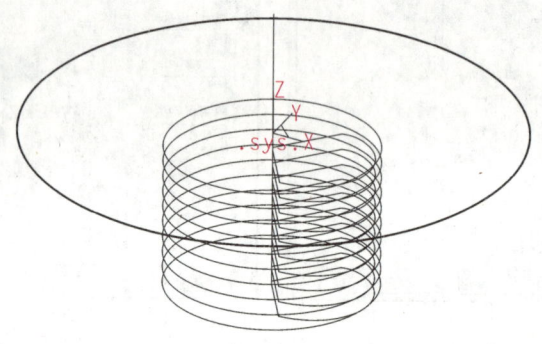

图 6-215

6. 去除粗铣"槽 A"留下残料（图 6-216）

生成刀具轨迹的操作步骤：

（1）在"XOY 平面"绘制两点线，起点坐标为（-55，0），终点坐标为（-25，0）。

（2）单击［加工工具］工具栏上的 图标，或者单击主菜单"加工"→"常用加工"→"平面轮廓精加工"→按图 6-217～图 6-223 分别设置加工参数、接近返回、下刀方式、切削用量、坐标系、刀具参数、几何中各参数。

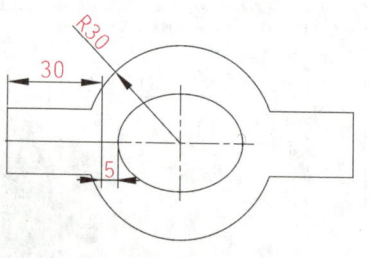

图 6-216

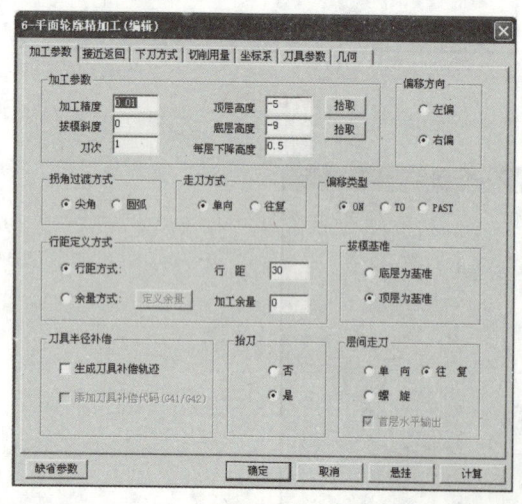

图 6-217　　　　　　　　　　　图 6-218

· 220 ·

项目六 数控加工

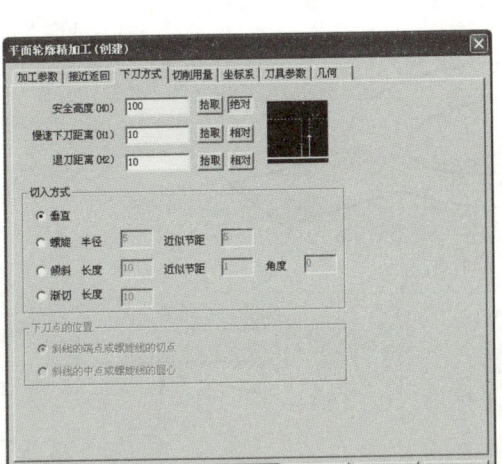

图 6-219

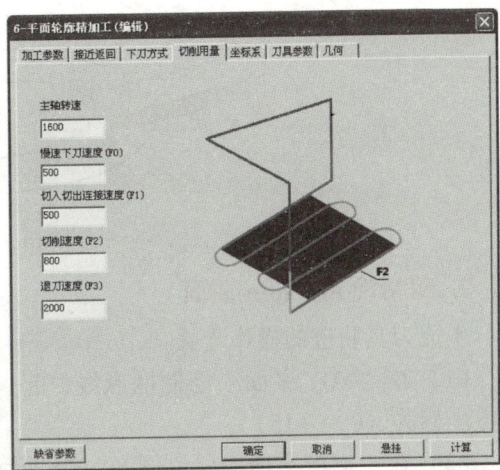

图 6-220

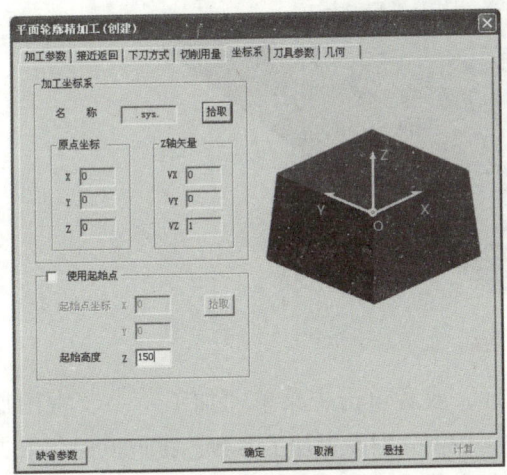

图 6-221

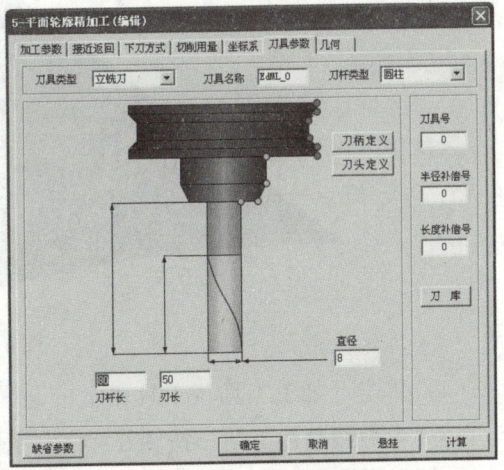

图 6-222

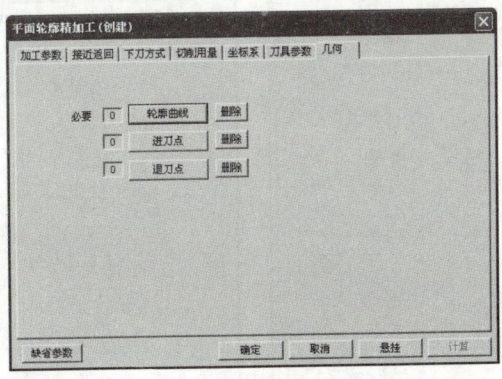

图 6-223

（3）单击图 6-223 中"轮廓曲线"按钮→拾取轮廓曲线并选择链搜索方向为向下→右击→单击"确定"按钮（隐藏毛坯，如图 6-224 所示）。

· 221 ·

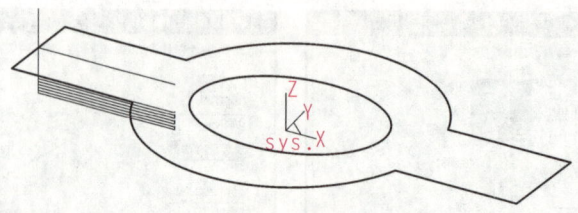

图 6-224

7. 粗精铣 R80 mm 曲面

生成刀具轨迹的操作步骤：

(1) 在"XOY 平面"绘制两点线，起点坐标为 (0, 15)，终点坐标为 (0, -15)。

(2) 在"XOZ 平面"绘制图 6-225 所示圆弧。

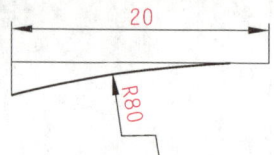

图 6-225

(3) 利用"导动面"功能生成曲面，如图 6-226 所示。

图 6-226

(4) 单击 [加工工具] 工具栏上的  图标，或者单击主菜单"加工"→"常用加工"→"参数线精加工"→按图 6-227 ~ 图 6-233 分别设置加工参数、接近返回、下刀方式、切削用量、坐标系、刀具参数和几何中各参数。

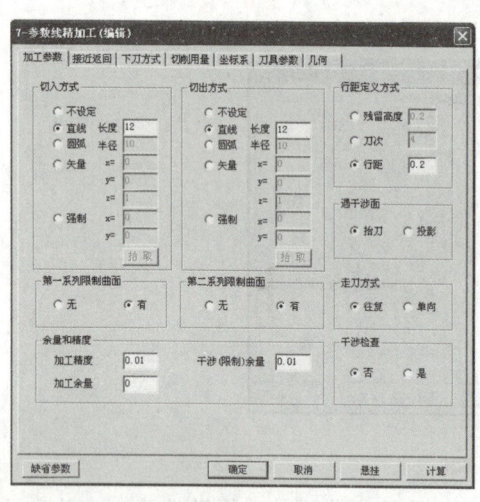

图 6-227　　　　　　　　　　　图 6-228

项目六　数控加工

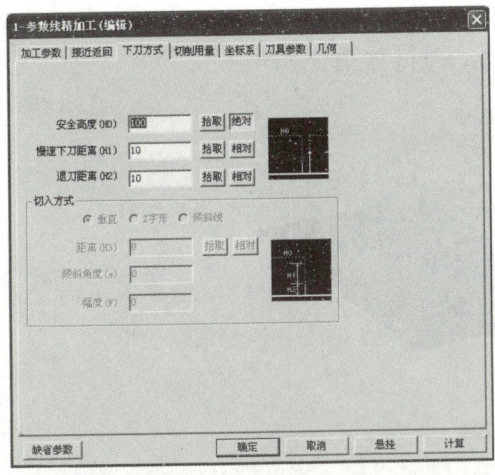

图 6-229

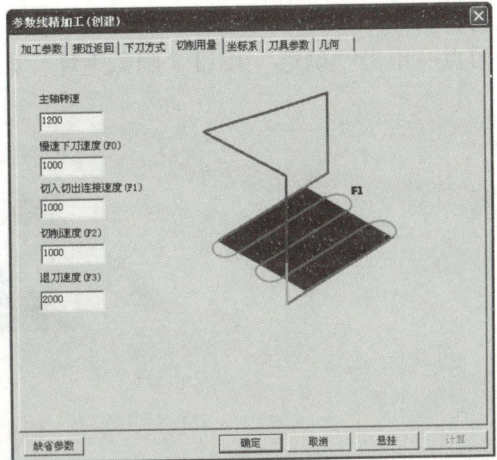

图 6-230

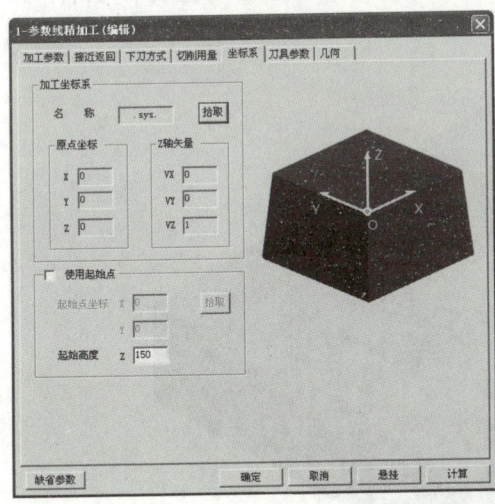

图 6-231

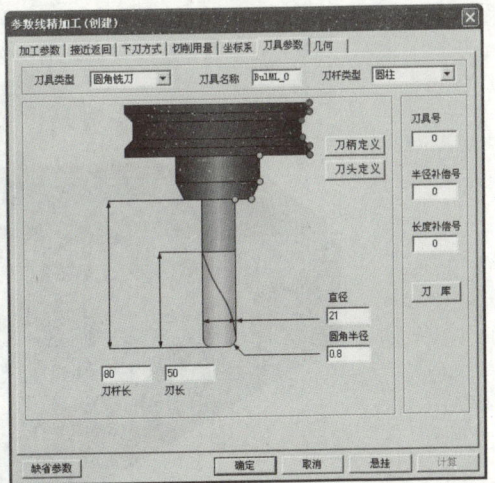

图 6-232

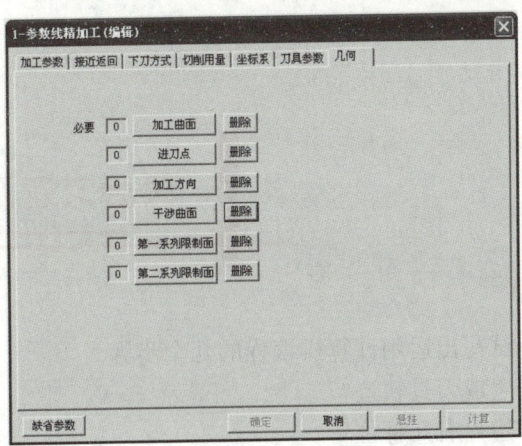

图 6-233

(5) 单击图6-233中"加工曲面"按钮→拾取整个实曲面→选择正确的加工方向、进刀点→单击"确定"按钮（隐藏毛坯，如图6-234所示）。

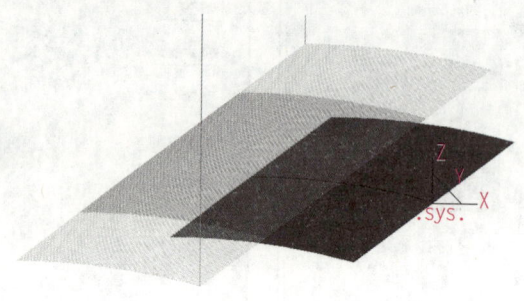

图6-234

8. 实体仿真

鼠标左键选取轨迹树上所有"刀具轨迹"→单击鼠标右键→选择"实体仿真"（图6-235所示）→退出仿真。

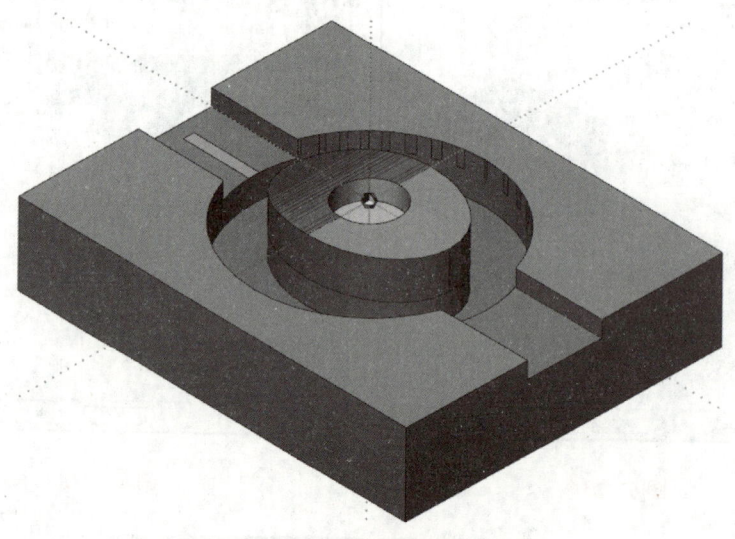

图6-235

课后习题及上机操作训练

1. 根据实践学习，试写出运用计算机编程的几个步骤。
2. 哪些图素可用来生成刀具轨迹？
3. 刀具相对于加工边界有几种位置？
4. 根据图6-236~图6-238，用CAXA制造工程师2016完成其数控编程。

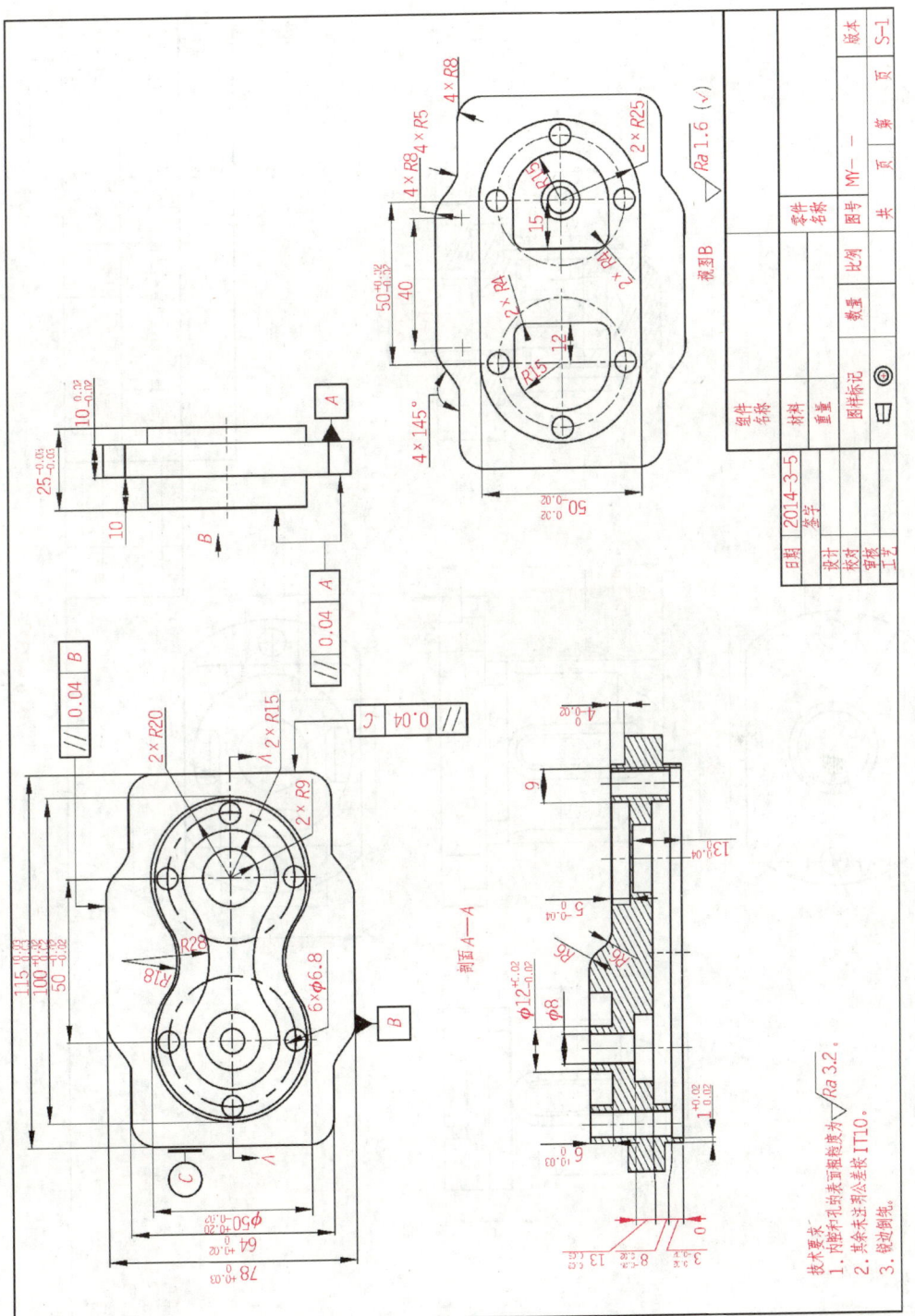

图 6-236

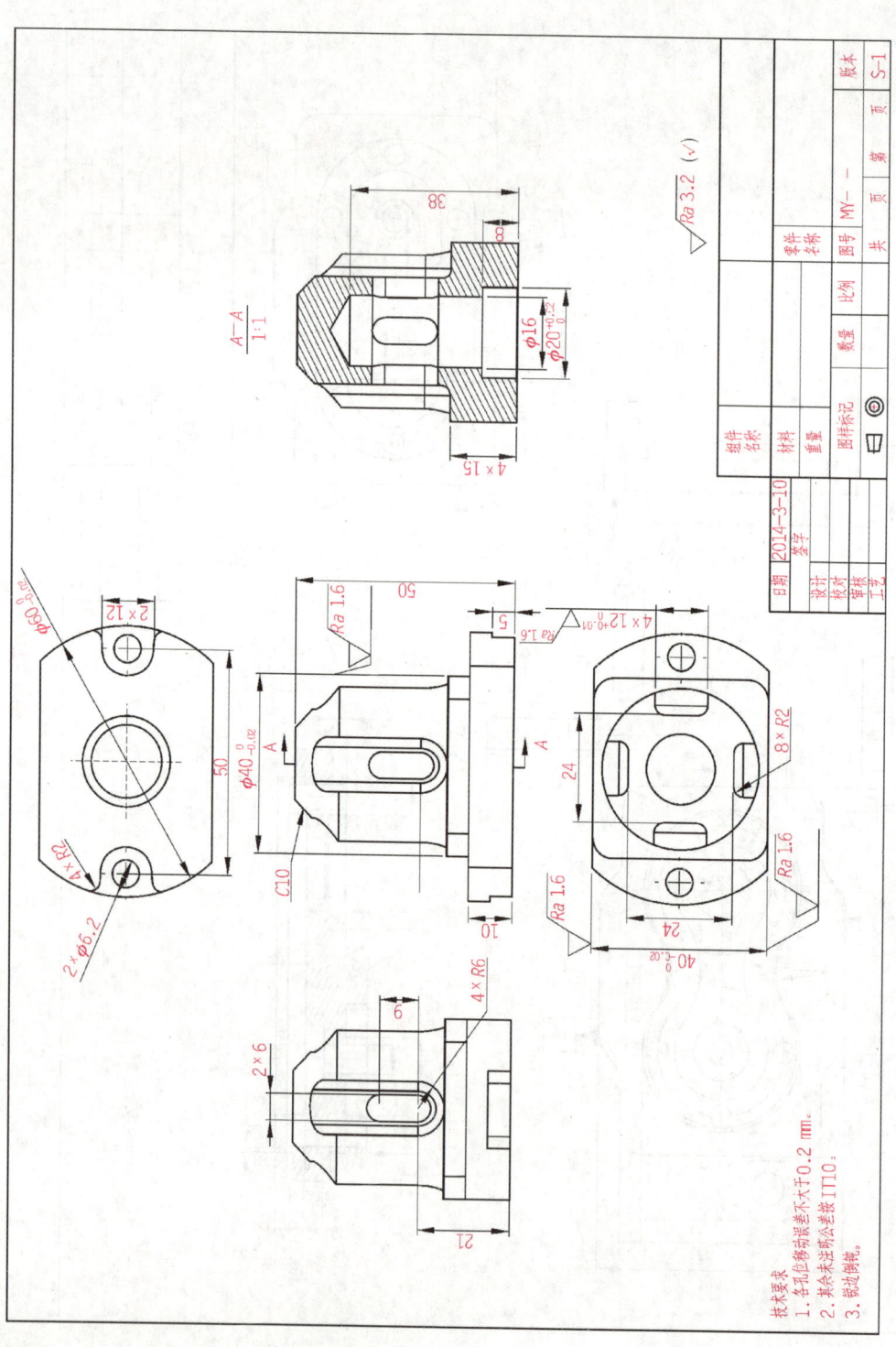

图 6-237

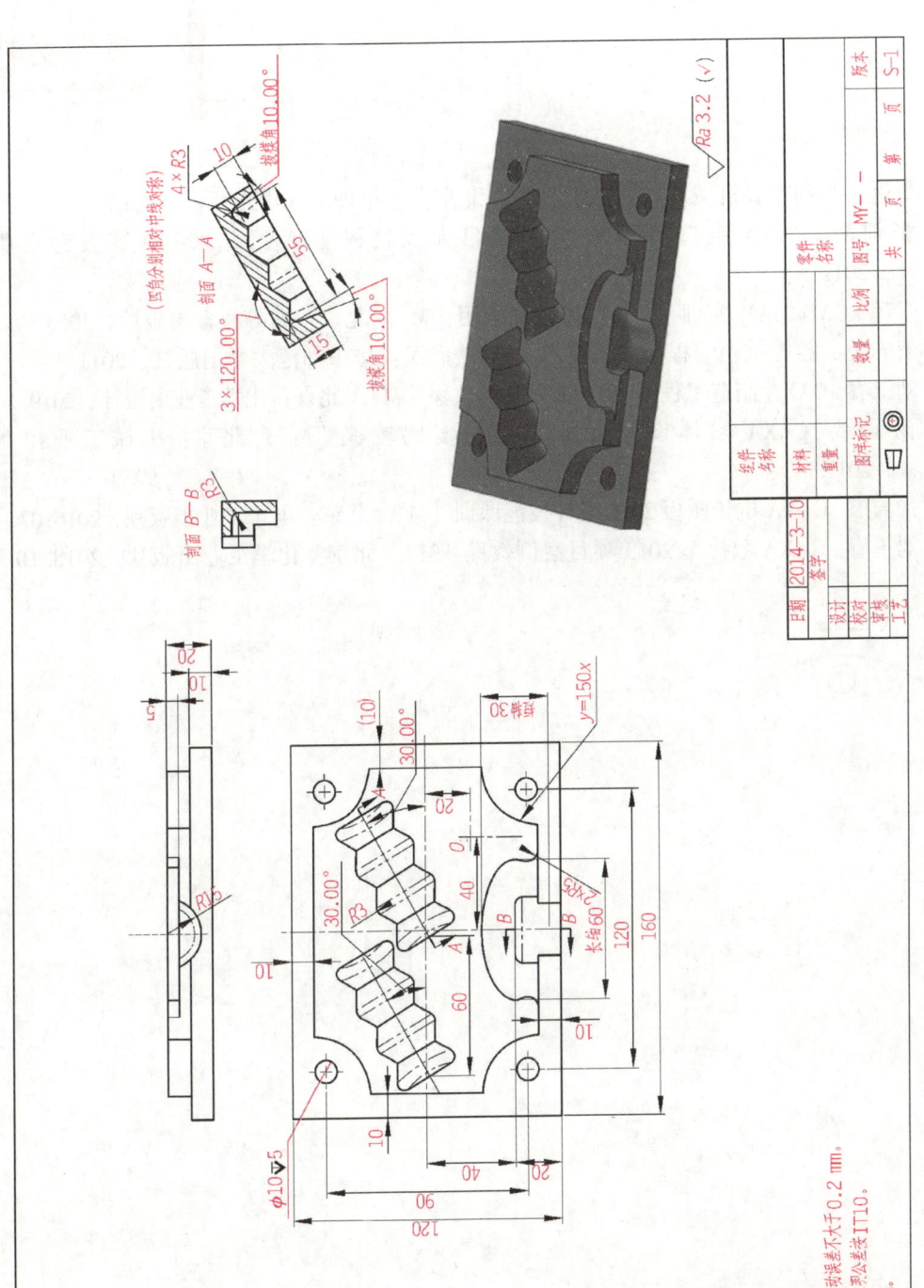

图 6-238

参考文献

［1］胥进，马利军. 机械 CAD/CAM［M］. 北京：北京理工大学出版社，2012.

［2］张莉洁. CAXA 制造工程师 2008 项目训练教程［M］. 北京：高等教育出版社，2012.

［3］李超. CAD/CAM 实训——CAXA 软件应用［M］. 北京：高等教育出版社，2003.

［4］贺志范. 数控铣削编程与加工技术［M］. 武汉：华中师范大学出版社，2011.

［5］刘玉春. CAXA 制造工程师 2016 项目案例教程［M］. 北京：化学工业出版社，2019.

［6］汤爱君. CAXA 实体设计 2016 基础与实例教程［M］. 北京：机械工业出版社，2017.07.

［7］张云杰. CAXA 电子图板 2015 设计技能课训［M］. 北京：电子工业出版社，2016.07.

［8］刘玉春. CAXA 数控车 2015 项目案例教程［M］. 北京：化学工业出版社，2018.10.